北京理工大学"双一流"建设精品出版工程

Test Technology for Tank and
Armored Vehicle Drivetrain

坦克装甲车辆
动力传动系统试验技术

李宏才　徐保荣　徐丽丽 ◎ 编著

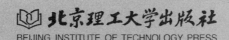

北京理工大学出版社
BEIJING INSTITUTE OF TECHNOLOGY PRESS

内 容 简 介

本书介绍了坦克装甲车辆试验的概念、要素、类型、特点、设计、规划以及理论和标准基础，分析了测试系统技术，重点阐述了发动机、传动装置及其典型组成部件的实验室内台架试验内容与方法，对于研究性试验、可靠性试验、新装备试验也用较大笔墨进行了阐述。

本书重点介绍坦克装甲车辆动力传动系统试验的内容和相关技术，突出试验内容的可操作性，主要面向坦克装甲车辆专业研究人员、工程技术人员和试验技术人员，也可作为高等院校相关专业的教学参考书。

图书在版编目（CIP）数据

坦克装甲车辆动力传动系统试验技术／李宏才，徐保荣，徐丽丽编著 . – – 北京：北京理工大学出版社，2022.4

ISBN 978 – 7 – 5763 – 1250 – 8

Ⅰ . ①坦… Ⅱ . ①李…②徐…③徐… Ⅲ . ①坦克—传动系—试验②装甲车—传动系—试验 Ⅳ . ①TJ811

中国版本图书馆 CIP 数据核字（2022）第 061041 号

出版发行／北京理工大学出版社有限责任公司
社　　址／北京市海淀区中关村南大街 5 号
邮　　编／100081
电　　话／（010）68914775（总编室）
　　　　　（010）82562903（教材售后服务热线）
　　　　　（010）68944723（其他图书服务热线）
网　　址／http：//www.bitpress.com.cn
经　　销／全国各地新华书店
印　　刷／三河市华骏印务包装有限公司
开　　本／787 毫米×1092 毫米　1/16
印　　张／21.75
彩　　插／1　　　　　　　　　　　　　　责任编辑／李玉昌
字　　数／497 千字　　　　　　　　　　　文案编辑／李玉昌
版　　次／2022 年 4 月第 1 版　2022 年 4 月第 1 次印刷　　责任校对／周瑞红
定　　价／69.00 元　　　　　　　　　　　责任印制／李志强

PREFACE

前言

装甲装备的发展离不开动力与传动部件试验，动力传动系统试验技术是装甲车辆设计、总体设计优化、技术状况判定与评估的重要技术手段。

伴随着装甲车辆快速迅猛发展，装甲车辆试验技术也得到了长足的发展，同时也越来越受到从事装甲车辆设计、装甲车辆运用等相关专业研究、教学人员的重视。作者结合我军装甲车辆发展历程及未来的发展需要，从适应我军机械化、信息化发展的需求出发，在总结多年来科研实践和教学经验的基础上编写了本书，本书重点介绍动力传动系统实验室台架试验技术，不包括实装试验和仿真试验。

本书共分6章。第1章由中国人民解放军陆军试验训练基地第四试验训练区徐保荣博士编写，主要介绍了坦克装甲车辆试验概念、要素、类型、特点、试验设计及规划，重点介绍了动力传动系统的试验形式和试验组织与管理；第2章由北京理工大学徐丽丽编写，介绍了试验理论基础、参数测量原理、传感器以及误差分析与数据处理；第3~6章由北京理工大学李宏才编写，其中遥测系统部分内容由北京鼎昱晨星技术服务有限公司耿冲博士提供：第3章介绍试验台架测试技术和试验台架测试系统、测试系统特性、遥测系统和数采系统等，第4章介绍动力系统台架试验系统的组成和试验技术，第5章是传动装置的相关试验内容和方法，第6章为动力传动系统的试验技术以及新的混合动力驱动系统的相关试验技术。

在本书编著过程中，参考了行业内的诸多相关书籍、论文和科研成果，并得到了许多同志的关心、帮助和指正，谨表谢意。

在本书编撰和出版过程中，北京理工大学出版社提供了非常大的帮助，在此表示感谢。

本书编著过程中力求全面、系统地介绍动力传动系统台架试验的相关知识，由于编著者水平有限，书中难免有遗漏与不妥之处，恳请读者批评指正。

编著者
2022 年 1 月

目　录
CONTENTS

第1章

坦克装甲车辆试验概述

坦克装甲车辆试验是车辆在装备部队之前必须经历的阶段性工作，是车辆设计思想转化为装备实体的必要手段。坦克装甲车辆试验作为武器装备研制领域的一个重要组成部分，扮演者越来越重要的角色[1]。

本书重点介绍坦克装甲车辆动力传动系统的台架试验技术。

1.1 坦克装甲车辆试验概念与分类

装甲车辆泛指各种军用履带式战斗车辆和辅助车辆，坦克是装甲车辆的典型代表，通常称为坦克装甲车辆。按照行动装置结构，装甲车辆可分为履带式装甲车辆和轮式装甲车辆[2]。按照用途可以分为多种形式，图1-1-1所示为目前通用的坦克装甲车辆的分法。随着军队机械化、装甲化和信息化程度的不断提高，装甲车辆的类型还将逐步增多，如无人车辆、多栖车辆等也将纳入坦克装甲车辆范畴。

1.1.1 坦克装甲车辆试验

"试验"在科学技术领域的解释是："检验原材料或成品的过程。"试验通常需要规定试验条件（如温度、湿度、压力等）、试验内容、试验方法（包括样品的准备、操作程序和结果处理）和试验用仪器、试剂等。试验得到的结果可与标准相互比较，以评定试件质量或性能。

坦克装甲车辆试验是为满足装备科研、生产和使用需要，按照规定的程序和条件，对装备进行验证、检验和考核的活动；通过试验获取有价值的数据资料（信息），并对其进行处理、逻辑组合和综合分析，将其结果与规定的指标（如战术技术指标、作战使用要求等）进行分析比较，对实现坦克装甲车辆研制目标的情况进行评价，对坦克装甲车辆（包括系统、分系统及其部件）的指标进行评定的过程，其目的是为坦克装甲车辆的定型工作、部队使用、研制单位验证设计思想和检验生产工艺提供科学决策依据。

坦克装甲车辆使用环境恶劣，寿命短，其底盘部分负担车辆越野行驶，主要由发动机、综合传动装置、操纵机构、行动装置等组成。这些部件既要具有全寿命周期中高的可靠性，又需要有较高的动态性能。在装甲车辆的研制过程中，要确保装备的战术技术性能，仅靠理论分析和经验的指导是远远不够的，动力传动系统台架试验是必不可少的过程，其对于车辆技术性能的提高具有举足轻重的作用。

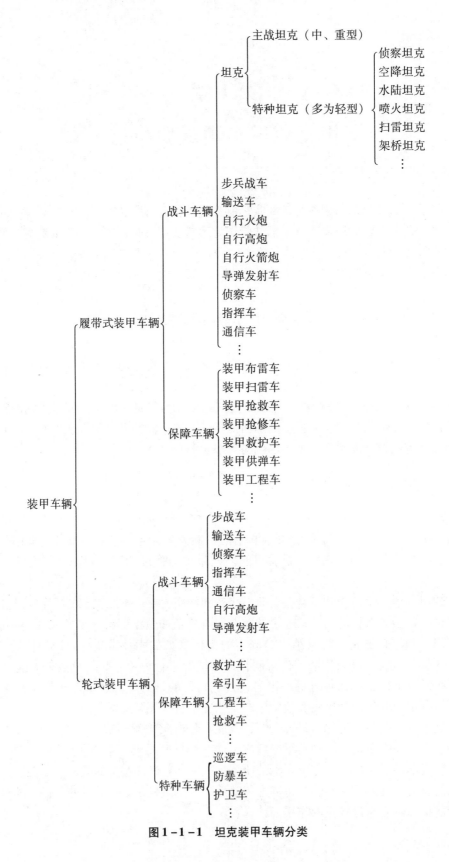

图1-1-1　坦克装甲车辆分类

在动力传动系统台架试验台上能够进行动力传动系统寿命、动态性能、振动和噪声、动力与传动系统匹配等试验，并能完成模拟道路试验及零部件的各种试验，验证设计思想、技术方案，不断改进产品性能；充分暴露产品缺陷和薄弱环节，以便进一步研究并提出修改意见，提高产品的可靠性。

本书中的试验包括坦克装甲车辆动力和传动装置在室内台架上开展的稳态性能试验、动态性能、寿命试验、可靠性试验、动力传动系统匹配试验以及为提高产品性能而进行的研究性试验、原理和故障分析的验证性试验等，不包括实装试验和行动部分的试验。

1.1.2 坦克装甲车辆试验的分类

坦克装甲车辆试验按照不同的试验分类方法可以有不同的分法，如图 1 - 1 - 2 所示[1-3]。

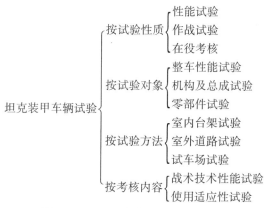

图 1 - 1 - 2 坦克装甲车辆试验分类

1.1.2.1 按照试验性质分类

所谓试验性质，也就是试验目的、用途。对于不同的单位来说，试验目的或用途可能有所不同。对于装备建设管理部门来讲，试验鉴定改革调整前，装备试验包括定型试验、鉴定试验、科研试验、交验试验等；试验鉴定改革调整后，装备试验一般包括性能试验、作战试验和在役考核。对于装备研制方来讲，按照试验目的不同有探索性试验和用户验收性试验两种。对于装备承试单位来讲则有三种：要进行试验设计和开发且给出试验结果和鉴定结论；只给出试验结果；只提供试验条件和保障。为方便读者使用，本书针对动力传动系统或部件，主要介绍性能试验。性能试验工作从试验总案批复开始，持续到申请状态鉴定开展前，分为性能验证试验和性能鉴定试验。

1. 性能验证试验

性能验证试验主要是指验证技术方案的可行性和装备性能指标的符合度，为检验装备研制总体技术方案和关键技术提供依据的试验活动，属于科研过程试验。因此，对于研制方，称为科研试验。

科研试验是在坦克装甲车辆研制过程中由研制单位进行的部件、单机或系统试验，其主要目的是对采用的新技术、新结构、新材料、新方法、新工艺等进行试验与鉴定，验证坦克装甲车辆设计方案、工艺方案、所选材料以及元器件的正确和成熟性。此外，新的试验方法与测试技术的探讨、试验标准的制定也是研究性试验的目的之一。

科研试验包括在研制单位的实验室或试验场进行的试验和在试验基地进行的试验。

在科研生产单位进行的科研试验主要是为了掌握和评价装备研制情况，帮助改进工程设计及验证装备是否满足技术规格要求而进行的，包括部件与分系统试验、仿真试验、实验室试验、条件要求不高的系统试验以及简易的外场试验。

在试验基地进行的科研试验，是在装备工程研制的最后阶段，在接近实际使用条件下进行的，其目的是验证设计方案的正确性，检验各分系统之间的协调性，评价坦克装甲车辆战术技术性能是否达到技术规格要求。

2. 性能鉴定试验

性能鉴定试验主要考核装备性能的达标度，为状态鉴定提供依据，属于鉴定考核试验。状态鉴定是对通过性能试验的装备，是否符合立项批复和研制总要求明确的主要战术技术指标和使用要求进行评定，对其数字化模型进行审验的活动。装备通过状态鉴定性能试验且符合规定的标准和要求后，可申请状态鉴定。

1.1.2.2　按照试验对象分类

按试验对象分为整车性能试验、机构及总成试验和零部件试验[3-4]。

1. 整车性能试验

整车性能试验目的是考核整车的主要技术性能，测量各项技术性能指标，如动力性、经济性、接近角、离去角、最小离地间隙、最小通过半径等。

2. 机构及总成试验

机构及总成试验主要考核机构及总成的工作性能和耐久性。例如，发动机功率、变速器效率、悬架装置的特性，以及它们的结构强度、疲劳寿命、耐久性等。

3. 零部件试验

零部件试验主要考核车辆零部件设计和工艺的合理性，测试其精度、强度、磨损和疲劳寿命以及研究材料的选择是否合适。

1.1.2.3　按照试验方式分类

按照试验采取的方式，坦克装甲车辆试验可分为台架试验、实装试验、仿真试验三种类型[1]。

1. 台架试验

台架试验是在实验室条件下构建仿真工作环境，对真实的被试设备或装置进行试验，其主要针对分系统、设备或元器件，测试性能和验证关键技术。其优点是可以有针对性地对某一性能或原理反复验证，试验条件可控；缺点是其试验条件多为理想条件、典型工况，或者是实际工况的近似模拟，模拟的动态过程和实车状态存在一定差距，某些试验结果不能完全代替实车试验。

组成样车的系统、装置、整机、关键部件，凡需要进行台架试验的，初样阶段均需进行台架性能测试与寿命考核试验；正样阶段则应进行性能测试与系统匹配试验，以鉴定其台架性能是否符合有关规定和性能指标要求。

2. 实装试验

实装试验是在逼真的战场环境下，全部采用实装作为试验对象所进行的试验。主要考核装备全系统的综合性能，目的是检验装备性能是否达到规定的技术指标要求。

实装试验按照预先制定的试验项目、试验规范，在规定的行驶条件下进行。试验场可以设置比实际道路更加恶劣的行驶条件和各种典型道路与环境，在这种条件和环境下进行可靠性试验、寿命试验及环境试验，也可以进行强化试验，可缩短试验周期，提高试验结果的对比性。

3. 仿真试验

仿真试验是以相似原理、系统技术和信息技术等为基础，以计算机和各种专用物理效应设备为工具，利用系统模型对武器装备潜在的或客观存在的技术性能进行动态研究，以预测和评估被试装备战术技术性能的试验。仿真试验在节省经费、重复使用和避免试验危险等方面具有不可替代的作用。

仿真试验主要适用于方案优选和实物试验条件设置难度极大、实物试验风险极大或实物试验耗费巨大这两种情况。

1.1.2.4　按照考核内容分类

在装备设计定型时，应对装备的战术技术性能与部队的使用适用性进行全面的严格考核，这种考核是通过战术技术性能试验与使用适用性试验完成的[1]。

1. 战术技术性能试验

战术技术性能试验是检验装备遂行作战任务的能力和在作战使用中的作战性能，验证各项战术技术指标是否满足作战要求，包括静态检查与测试、射击试验、效能评估试验等。

2. 使用适用性试验

使用适用性试验的目的是评估装备的使用适用性，即检验部队在平时与作战使用装备时，装备是否好用及令人满意的程度。使用适用性试验通常包括可靠性试验、环境适应性试验、维修性试验、保障性试验、测试性试验、安全性试验、电磁兼容性试验、运输性试验、互操作性试验和人因工程试验等多种试验。

这里，介绍动力传动系统必不可少的可靠性与寿命试验[5]。

1）可靠性与寿命试验概念

可靠性试验是为了解、评价、分析和提高产品的可靠性而进行的各种试验的总称，其目的是发现产品在设计、材料和工艺方面的缺陷，确认是否符合可靠性定量要求，为评估产品的战备完好性、任务成功性、维修人力费用和保障资源费用提供信息。对暴露的问题，经分析和改进设计，使产品可靠性逐步得到增长，最终达到预定的可靠性水平。

可靠性试验工作贯穿于产品的全寿命周期，是可靠性工程的一个重要环节。在产品的研制阶段，开展可靠性研制试验，暴露产品的缺陷，分析和改进，使产品的可靠性得到保证或提高；在设计定型前，进行可靠性鉴定试验，验证产品的可靠性指标是否达到规定的要求，为产品设计定型提供依据；在生产阶段，对批生产的产品在交付使用前，要通过可靠性验收试验；在研制阶段和生产阶段，产品均要实施环境应力筛选，以便发现和排除不良元器件、制造工艺或其他原因引入的缺陷造成的早期故障；在使用维护阶段，为了了解产品在使用现场的可靠性水平，还要进行外场试验等。

广义而言，寿命试验也属于可靠性试验，其主要针对具有耗损特性的产品，测定产品在规定条件下的寿命，发现设计中可能过早发生耗损故障的零部件，并确定故障的根本原因和可能采取的纠正措施。

产品可靠性通常用平均故障间隔时间（Mean Time Between Failure, MTBF，也称平均寿命）和故障率 $\gamma(t)$ 等参数来度量。耐久性通常用首次大修期限（Time to First Overhaul，TTFO）（简称首翻期）、可靠寿命（Reliable Life）、大修间隔期（Time Between Overhauls，TBO）和总寿命（Total Life）等参数来度量。

2）可靠性与寿命试验的分类

可靠性与寿命试验有很多分类方法，这里只介绍几种主要的分类方法，如图 1 – 1 – 3 所示。

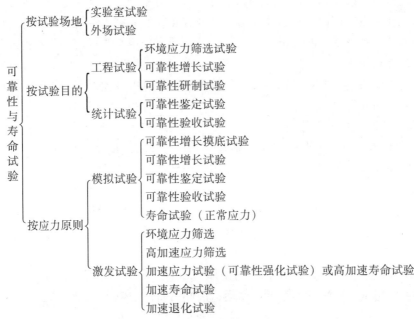

图 1 – 1 – 3 可靠性与寿命试验的分类

按试验场地分类，可分为实验室试验和外场试验两大类。实验室试验是在实验室中模拟产品的实际使用条件的一种试验；外场试验是产品在使用现场进行的可靠性与寿命试验。

按试验目的，可靠性试验可分为工程试验与统计试验。工程试验旨在暴露产品设计、工艺、元器件、原材料等方面存在的缺陷，采取措施加以改进，以提高产品的可靠性，包括环境应力筛选试验（Environment Stress Screening，ESS）、可靠性研制试验（Reliability Development Test，RDT）与可靠性增长试验（Reliability Growth Test，RGT）等；统计试验是为了验证产品的可靠性或寿命是否达到了规定的要求，包括可靠性鉴定试验（Reliability Qualification Test，RQT）、可靠性验收试验（Reliability Acceptance Test，RAT）等。

按施加应力的原则分类，可靠性试验分为模拟试验和激发试验。模拟试验是模拟产品真实使用条件的一种实验室试验；激发试验则是采用人为施加较正常使用条件更严酷应力的方法，加速激发潜在的缺陷，分析、改进提高产品可靠性的试验方法。模拟试验包括可靠性增长摸底试验、可靠性增长试验、可靠性鉴定试验、可靠性验收试验和寿命试验（正常应力）等。激发试验包括环境应力筛选试验、高加速应力筛选试验（Accelerated Stress Screening，ASS）、加速应力试验（Accelerated Stress Testing，AST，也称可靠性强化试验，Realiability Enhancement Testing，RET）或高加速寿命试验（Highly Accelerated Life Testing，HALT）、加速寿命试验（Accelerated Life Testing，ALT）和加速退化试验（Accelerated Degradation Testing，ADT）等。

1.2　坦克装甲车辆试验组织与管理

1.2.1　坦克装甲车辆试验标准

在装甲车辆产品生产各阶段活动中，都需要遵循一定的规程或标准；试验过程也必须遵循车辆试验标准。

车辆试验标准是指试验方法标准，或称之为标准试验方法，其具有一定的权威性、通用性、先进性和相对稳定性。权威性是指试验方法一经形成标准，在试验中就应严格遵照执行，不应随意改变。通用性是指以试验方法标准作为权威方法，在试验中有一定的指导作用，它应适用于不同部门、多种车型的试验。

现在的标准很多，有国际标准、国际区域性标准、国家标准、行业标准、企业标准等。

对于军用履带式和轮式车辆的试验，我国制定了国家军用标准，这些标准分别适用于坦克装甲战斗车辆、军用汽车和军用工程机械。例如，适用于坦克装甲车辆的几个标准如下：

GJB 848—90《装甲车辆设计定型试验规程》；

GJB 899—90《可靠性鉴定与验收试验》；

GJB 5210—2003《装甲车辆综合传动装置台架试验方法》；

GJB 4368—2002《装甲车辆液力机械传动及操纵系统用油规范》；

GJB 59—88《装甲车辆试验规程》；

GJB 150—86《军用装备实验室环境试验方法》。

在引用标准时，须引用最新的标准。

1.2.2　坦克装甲车辆试验要素

坦克装甲车辆试验应当包含以下要素：试验大纲、试验主体、仪器设备、被试装备和试验报告等[1]。

1. 试验大纲

装备试验大纲是规范装备试验组织实施的指导性技术文件，是参试单位试验中应严格遵守的技术法规。试验大纲主要包括试验依据、试验性质、试验目的、被试装备及技术状态、陪试装备及技术状态、试验项目、试验方法、任务分工、试验评定标准、试验实施网络图、试验保障措施等。装备试验大纲是制定试验方案、拟定试验实施计划、执行试验程序、编写试验报告、评价试验结果的基本依据。

承试单位依据国军标和任务书拟定试验大纲时，应听取装备总体论证单位、研制管理单位、研制单位等各方面的意见。拟定的试验大纲须经专家评审、上报审批后方可实施。

试验前，研制单位应根据试验大纲要求向承试单位提供试验样机、质量证明书、制造与验收规范、样机设计图样、使用维护说明书、软件源程序、软件产品规范、软件设计说明、软件测试报告、软件用户手册等文件。

上面所说为严格的装备试验大纲，包括鉴定试验大纲、设计定型试验大纲、生产定型试验大纲等。研制单位开展的旨在提高产品性能的、各种预研性质的等研究性试验，可以参考上述试验大纲要求，程序上可以适当简化。

2. 试验主体

试验主体包括两个层面：一是承试单位；二是试验操作人员。

1）承试单位

工程研制阶段的试验主要由研制单位在本单位内部组织人员实施。设计定型阶段的基地试验由上级授权的试验基地实施。部队试验由作战部队实施，定型测评由上级确定的具有资质的定型测评单位承担。

2）试验操作人员

试验操作人员包括从事试验技术、试验管理和试验专门人员。

从事装甲车辆试验的专门人员必须具有良好的政治素质、业务素质，拥有丰富的专业知识和经验、较强的工作能力和较高的决策水平。

承接新的试验任务后，对参试人员应进行必要的技术培训。

3. 仪器设施

仪器设施是完成坦克装甲车辆试验所必需的外部条件，包括试验仪器和试验设施两部分。

1）试验仪器

坦克装甲车辆试验所采用的试验仪器，是指用于提供检测结果或辅助检测的工具和手段。外场试验通用试验仪器包括：长度测量仪器（如钢卷尺、钢板尺、直尺、激光测距仪等）、角度测量工具（如象限仪、量角器、坡度计等）、时间测量工具（如秒表、计时器）、温度测量工具、电气测量工具（如电流表、电压表等）等，专用试验仪器包括负荷测功车、路面不平度及土壤参数测量系统等；实验室试验通用试验仪器一般包括转速测量仪器、转矩测量仪器、压力传感器、流量传感器、温度传感器、加速度传感器等，以及数据处理系统等。专用试验仪器主要针对具体的试验内容开发或定制，如为研究液力变矩器流场的五孔压力探针、高速摄像机、多普勒激光测速仪等。

2）试验设施

坦克装甲车辆试验所采用的试验设施，是指用于提供典型试验环境和试验条件的相应手段。外场试验常用的试验设施包括障碍场试验设施（如垂直墙、壕沟、土岭、涉水池等）、试验跑道（如沙石路、水泥混凝土路、起伏土路等）等，实验室试验常用设施气候模拟实验室（如高、低温实验室，高原模拟实验舱等）、噪声与振动实验室等。

4. 被试装备

就试验对象而言，被试装备可能是一辆完整的坦克装甲车辆，也可能是车辆的某一分系统或设备，但对被试对象的要求是一致的，主要包括以下方面。

1）按设计图样生产

提交试验的被试装备应当按总设计师批准的设计图纸、技术文件生产，经研制单位检验，实物与图纸、技术文件规定相符，在结构尺寸、加工工艺和材料选择方面都应与设计图样相符。

2）经过质量检验

被试装备（包括整车、系统、装置、整机、部件、组件、零件）都应是经过研制方质检部门按照有关标准、技术文件规定检验合格签章的合格品。在提供的被试装备中，不允许使用代用品投入试验。

3）提交全套设计图纸和技术文件

研制单位在提交被试样车（样机）时应一并提供全套设计图纸和技术文件（含必要的设计计算书），为承试单位验证、评定被试装备设计的正确性、合理性、完善性及其与实物的吻合程度提供依据，为承试单位查明故障部件、分析故障原因、提出改进建议提供依据，为试验、使用操作人员正确使用维修车辆、换修机件、安装紧固等活动提供指导。

4）配齐随装工具

被试装备的维修操作方便性、维修工具适应性也是装备试验重点的考核内容。维修保养操作主要依靠保养工具和维修专用工具来完成，通过维修保养操作过程，不仅要考核装备本身的维修性，还要对配备的维修保养工具的适应性和完整性进行评价。

5）提供备品、备件

装备试验过程本身也是暴露技术问题、评价其可靠性水平的过程。在试验过程中会产生大量的故障，对于不可修复部件进行换件修理，为保证试验过程的连贯性，研制方应当向承试单位提供合格的必要数量的备品、备件。

5. 试验报告

试验报告是试验实施单位依据试验大纲，按照规定的程序和要求，对试验实施过程进行说明、对试验结果做出分析或评价的文书。试验报告在试验数据收集、整理完毕之后，由试验人员依据所掌握的试验数据与结果、被试品试验全过程的具体情况和战术技术要求，完成试验报告的撰写。

试验报告一般分为正文和附件两部分。正文部分包括试验任务和目的、试验基本情况和过程，试验状态、试验中出现的主要问题及分析处置情况、试验结论、有关建议和措施等，主要供首长和上级机关了解产品的试验质量、产品达到的战术技术性能等。附件部分是详细说明试验情况的附属材料，主要供研制单位查阅和改进产品性能，因此要较为详细地反映试验结果、试验中出现的问题及处理情况等。

上述为严格的装备鉴定试验、设计定型或生产定型试验等的试验报告。研制单位开展的旨在提高产品性能的、各种预研性质的研究性试验的试验报告，可以参考上述要求。

1.2.3　试验的计划与组织

车辆试验是技术性较强的工作，必须周密计划和组织[3-4]。

试验可分为试验准备、试验实施和试验总结三个阶段。

1. 试验准备阶段

试验准备阶段可以说就是计划阶段，要在调查研究的基础上，根据主管部门的要求，制定试验大纲和试验方案，进行试验人员培训和物资准备以及为完成试验而进行的其他活动。

试验准备阶段要完成以下任务：

（1）成立试验领导小组和试验组，指定负责人，对所有人员进行分工。

（2）调查研究。准备阶段首先应对被试对象的研制情况、被试对象的技术状态进行调查，收集被试对象的技术资料，研制或承制单位提供的技术文件必须有质量保证，一定要正确、完整。还要对同类相似的装备部件的使用和维修情况进行调查，搜集使用方面的资料，搜集的资料对制定试验大纲和试验方案具有指导意义。

（3）技术资料的分析研究和制定试验大纲。在调查研究熟悉被试对象的基础上，对研制单位或承制方提供的设计任务书、图样等技术资料进行分析研究。根据试验标准和相关要求制定试验大纲、试验方案和试验程序以及绘制试验流程图等。

试验大纲主要包括试验目的和任务、试验内容与条件、试验项目和测量参数、试验仪器、试验技术和方法、人员组织和分工、试验进度和计划。

（4）试验设施、设备、仪器等的选择、检查、维护保养与标定。

（5）试验人员的培训。所有参加试验的人员应熟悉试验进度和试验要求，每个试验人员必须了解自己的职责，应能胜任所分担的工作。

（6）试验安全防护措施检查。

2. 试验实施阶段

试验实施阶段一般经历启动预热、工况监测、采样读数和校核数据四个过程。

不论是车辆试验还是总成、部件试验，除另有规定（如冷启动试验）外，都必须进行启动预热过程，使试验设备和被试装备达到正常状态，然后负荷由小到大、转速由低到高进行试验。在试验进行中，必须随时监测车辆和设备的运转工况（如发动机的机油温度、冷却水温度），注意限制极限加载值，防止发生破坏事故。按试验大纲规定，在指定工况下记录数据。在稳态试验中，要读取在一定时间（如 3 s）内的稳定值；在动态试验过程中，一般采用自动采样记录数据，保证被试件的动作和记录数据同步。

在试验结束后，应立即汇总主要测试数据，校核参数测定值，及时判断试验是否有效。若发现试验数据不符合要求，应重新进行试验。

在试验过程中，必须遵守下列原则：

（1）试验现场不得临时改变试验项目或内容，避免考虑不周、准备不足而发生意外事故。

（2）试验中规定的最大允许负荷、最高转速、最大压力、最高温度等极限值以及试验人员应明确，在任何情况下都不得超过。

（3）试验中发现车辆、设备、仪器出现故障，应停止试验，进行检修。

（4）测试数据应及时汇总处理，发现问题及时在下次试验前解决。

（5）试验中，严格遵守试验大纲规定的关于人身安全的规定，并在试验前进行安全确认。

3. 试验总结阶段

试验完成后的总结工作，包括对观察到的现象和发现的问题进行定性的分析研究；对测得的数据，采用试验统计理论、误差分析方法进行处理，以确定实测所得性能指标和诸参数的关系。对强度、疲劳、磨损试验，则在试验完毕后，对被试件进行分解、检查和测量，以取得试验后的数据。在完成上述工作后就可以对被试件做出评价，最后总结试验全过程，写出试验报告。

1.3　动力传动系统台架试验形式

车辆动力传动系统是车辆底盘的主要系统，发动机动力发出后，经传动机构后驱动车辆行驶，具有传递动力、减速增扭、中断动力以及实现车辆倒驶等功能，保证车辆在不同的工况下均能正常行驶。

动力传动系统试验台是在实验室内完成动力、传动系统的各种性能试验以及各种研究性试验的试验装置。所谓的动力传动系统试验台，可以是单独的动力试验台或者是单独的传动试验台，也可以是动力传动系统联合试验台。

动力传动系统试验台按照不同的方式有不同的分法[4]。

根据加载情况，可将动力传动系统试验台分为空载试验台和加载试验台。空载试验台的结构和原理比较简单，不需要加载装置。但是，由于试验工况和被试件的实际使用工况差别较大，因而无法对其性能进行全面测试，仅做空损试验、基本动作试验等；加载试验台可以通过加载装置模拟其实际使用工况对被试件进行加载，试验结果更加可靠。

根据试验目的可将动力传动系统试验台分为新产品开发设计用性能试验台、出厂试验台和维修检测试验台。新产品开发设计用性能试验台是用于新产品的静、动态性能试验，考核动力传动系统结构设计的合理性，加工制造、装配和调试的工艺性以及有关性能指标是否达到设计要求，或考察产品改型时有关参数的变化对其静、动态特性的影响；出厂试验台主要用于对所生产的动力传动系统或部件进行质量控制，被试件从成品中随机抽取或逐台进行，测试内容主要为其部分负荷运转及基本的操纵功能等，以确定系统装配是否有误，各部件工作是否正常；维修检测试验台是对修复前、后的动力传动系统部件进行检测，以判别故障所在或检测故障是否已得到修复并恢复原有性能。

根据能量传递与转换方式的不同，动力传动系统试验台有开放式试验台和封闭式试验台。

开放式试验台的结构和工作原理比较简单，负荷稳定，制造成本低，维护保养简便，可靠性高，需要较大功率的原动机和测功机，动力全部消耗于试验台内部运转中，能量消耗非常大，无法实现能量的回馈利用，一般不适合进行大功率加载试验。开放式加载试验台投资小，不足之处是加载能量全部消耗，所以有时也称耗散型试验台。常用的耗能装置有直流电机配耗能电阻、水力测功机和电涡流测功机。

开放式试验台的测功机能量一般不能在系统内回收利用，而封闭式试验台部分试验功率可在试验台系统内循环利用，降低试验功率消耗。

封闭式试验台是被试件通过两个传动箱形成一个封闭的传动系统，通过加载器使该封闭系统产生一个内扭矩 T，当动力源驱动整个系统以转速 ω 运转时，被试件就相当于正在传递功率 $P = T\omega$，此时，动力源只需克服整个试验传动系统的阻力，系统就可以在给定载荷下运行。试验台消耗的能量较小，一般占试验功率的 5% ~ 20%。

封闭式试验台分为电封闭式（图 1 - 3 - 1）、液压封闭式（图 1 - 3 - 2）和机械封闭式（图 1 - 3 - 3）。与开放式试验台一样，电封闭式试验台也是由动力源、输入传感器、被试件、输出传感器、增速箱、加载装置组成。两种试验台的工作原理都是由动力源驱动被试件，由加载装置加上给定的载荷，由各种传感器测出所需的参数。电封闭式试验台加载装置实际上就是一台发电机，其利用发电机的负载转矩来给试验台加载，发电机所发出的电能返回电网，或通过试验台的母线回馈给驱动电机，能量基本上形成了一个封闭系统，因而称为电封闭式试验台。

电封闭式试验台应用越来越广。

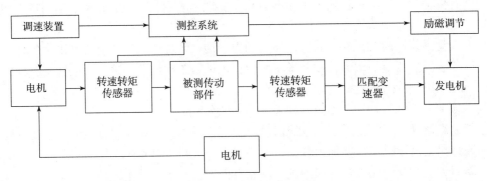

图 1-3-1　电封闭式试验台

液压封闭式试验台加载器是利用液压能对被试件进行加载，在加载器两端之间产生力矩，并将力矩封闭在试验台中，液压封闭式试验台组成如图 1-3-2 所示，液压加载器试验台试验力矩最大可达 $6 \times 10^4 \mathrm{N \cdot m}$。

机械封闭式试验台加载器是利用机械传动，对试验台实施加载并形成封闭功率流，常用的形式主要是力矩式加载器，也有简式加载器和支反力式加载器。力矩式加载器在加载性能、能源消耗及动态加载方面优势明显，在多种传动机构的试验台中均采用力矩式加载器。采用力矩式加载器组成的机械封闭式试验台组成如图 1-3-3 所示。机械封闭式试验台功率流内部封闭，能源消耗不大，具有节能、控制方便和可靠性好等优点；缺点是结构复杂，被试件必须成对进行试验，并受到封闭系统尺寸的限制，试验中无法实现对被试传动装置的动态加载，试验台稳定性不高、通用性较差。

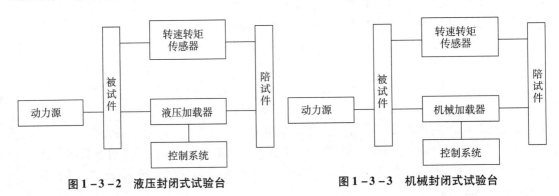

图 1-3-2　液压封闭式试验台　　　　图 1-3-3　机械封闭式试验台

第 2 章
试验理论与技术基础

坦克装甲车辆试验是按照规定的程序和条件，对装备进行验证、检验和考核的活动；通过试验获取转速、转矩、压力、温度等有价值的数据资料（信息），获取信息的过程需要遵从一定的试验理论并需要一定技术手段的支持。

2.1 试验理论

2.1.1 相似理论

相似理论是说明自然界和工程中各相似现象相似原理的学说，是研究自然现象中个性与共性，或特殊与一般的关系以及内部与外部条件之间关系的理论。只有模型和原型保持相似，才能由模型试验结果推算出原型结构的相应结果。相似理论是近百年来科学领域中的一个新分支。近十几年来，这种方法在汽车、拖拉机工业中应用越来越多。例如，用来进行汽车空气动力学及汽车、拖拉机的行走机构与土壤相互作用关系的研究等，已成为其试验研究能力的组成部分[4]。

1. 相似概念

现象相似是指在同一特性现象中，表征现象的所有物理量，在空间相对应的各点和时间上相对应的各瞬时，各自成一定的比例。对于每类物理量，相似倍数有其唯一确定的数值，而相应点的坐标与时间无关。

相似概念是从几何学中借来的。如图 $2-1-1$ 所示，三角形 A 和三角形 B 相似，各对应线段成比例，各对应角相等，即

$$\begin{cases} \dfrac{L_1''}{L_1'} = \dfrac{L_2''}{L_2'} = \dfrac{L_3''}{L_3'} = C_L \\ \alpha_1'' = \alpha_1', \alpha_2'' = \alpha_2', \alpha_3'' = \alpha_3' \end{cases} \tag{2.1.1}$$

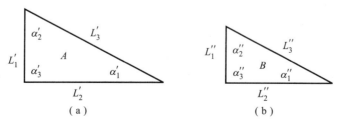

图 $2-1-1$ 三角形 A 和三角形 B 相似

两个三角形相似的必要与充分条件为

$$\frac{L_1''}{L_1'} = \frac{L_2''}{L_2'} = \frac{L_3''}{L_3'} = C_L \tag{2.1.2}$$

几何相似，推而广之，存在时间相似、运动相似、动力相似、应力场相似、温度场相似、压力场相似、浓度场相似和电磁场相似等。

（1）时间相似。时间相似是指现象对应的时间间隔的比值相等（图2-1-2），即

$$\frac{t_1''}{t_1'} = \frac{t_2''}{t_2'} = \frac{t_3''}{t_3'} = C_t \tag{2.1.3}$$

式中　C_t ——时间相似倍数。

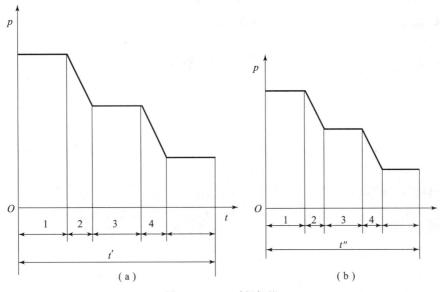

图 2-1-2　时间相似

（2）运动相似。A 和 B 两个系统中的对应点，在对应时刻，速度或加速度成一定的比例，即

$$\begin{cases} \dfrac{v_{a1}}{v_{b1}} = \dfrac{v_{a2}}{v_{b2}} = \dfrac{v_{a3}}{v_{b3}} = \cdots = C_v \\[3mm] \dfrac{a_{a1}}{b_{b1}} = \dfrac{a_{a2}}{b_{b2}} = \dfrac{a_{a3}}{b_{b3}} = \cdots = C_a \end{cases} \tag{2.1.4}$$

式中　C_v ——速度相似倍数；

　　　C_a ——加速度相似倍数。

运动相似意味着空间相似和时间相似。

（3）动力相似。A 和 B 两个系统中的对应点，在对应时刻，所受的力成比例，即

$$\frac{F_{a1}}{F_{b1}} = \frac{F_{a2}}{F_{b2}} = \frac{F_{a3}}{F_{b3}} = \cdots = C_F \tag{2.1.5}$$

式中　C_F ——动力相似倍数。

（4）应力场相似。A 和 B 两个系统中的对应点，在对应时刻，所受应力方向一致，大

小互相成一定的比例，即

$$\frac{\sigma_{a1}}{\sigma_{b1}} = \frac{\sigma_{a2}}{\sigma_{b2}} = \frac{\sigma_{a3}}{\sigma_{b3}} = \cdots = C_\sigma \tag{2.1.6}$$

式中　C_σ——应力相似倍数。

2. 相似定理

1）相似第一定理

彼此相似的现象，必定具有数值相同（不变量）的相似准则。相似第一定理亦称相似正定理。下面用经典力学中的牛顿第二定律加以解释[6]。

假设原型外力与加速度的关系、模型外力与加速度的关系分别为

$$F_p = M_p a_p \tag{2.1.7}$$

$$F_m = M_m a_m \tag{2.1.8}$$

若原型的运动状态与原型相似，则对应的各物理量需要成一定的比例，假设外力、质量和加速度的比值分别为

$$F_m = C_F F_p, m_m = C_m m_p, a_m = C_a a_p \tag{2.1.9}$$

式中　C_F——力相似常数；

C_m——质量相似常数；

C_a——加速度相似常数。

将式（2.1.9）代入式（2.1.7）和式（2.1.8）并相除，可得

$$\frac{C_F}{C_m C_a} F_p = m_p a_p$$

式中　$\dfrac{C_F}{C_m C_a}$——相似指标。

相似指标是缩比模型与原型是否相似的条件的判别条件。若相似指标为 1，则两个系统之间的物理现象相似。当相似指标为 1 时，有

$$\frac{F_m}{m_m a_m} = \frac{F_p}{m_p a_p} \tag{2.1.10}$$

式（2.1.10）的结果为无量纲量，称为相似准数，也作相似判决。对于相似的物理系统，相似准数相等。

总体来说：①在相似的物理系统或物理现象中，两个相互对应的量之间的比值为一常数，称为相似常数；②由各相似常数组成的无量纲量为相似指标，在相似的物理系统中，相似指标为 1；③与相似指标无量纲量对应的由物理量组成的无量纲量，称为相似准数，在相似的物理系统中，对应的相似准数相等。

2）相似第二定理

具有同一特性的现象，当单值条件彼此相似，由单值条件的物理量所组成的相似准则相等，这些现象必定相似。相似第二定理也称相似逆定理。

相似第二定理是物理现象或者物理系统相似的必要充分条件，即满足什么条件，现象才能相似。单值条件是确定具体特定现象的，通常单值条件所包含的物理量为定性量，并把全由单值条件所组成的相似准则称为定性准则。

下面以运动相似说明这一定理[4]。

设有运动现象一和运动现象二，运动现象二的运动方程为

$$v_m = \frac{\mathrm{d}l_m}{\mathrm{d}t_m} \tag{2.1.11}$$

当运动现象一与运动现象二的相似准则相等，即

$$\frac{v_m t_m}{l_m} = \frac{v_p t_p}{l_p}$$

则

$$\frac{\dfrac{v_p}{v_m} \dfrac{t_p}{t_m}}{\dfrac{l_p}{l_m}} = 1$$

即

$$\frac{C_v C_t}{C_l} = 1 = C$$

将 $v_m = C_v v_p$、$l_m = C_l l_p$、$t_m = C_t t_p$ 代入式（2.1.11），则

$$C_v v_p = \frac{C_l \mathrm{d}l_p}{C_t \mathrm{d}t_p}$$

即

$$\frac{C_v C_t}{C_l} v_p = \frac{\mathrm{d}l_p}{\mathrm{d}t_p}$$

因为

$$\frac{C_v C_t}{C_l} = 1 = C$$

则

$$v_p = \frac{\mathrm{d}l_p}{\mathrm{d}t_p}$$

因此，当两个运动现象的相似准则相等，表明两个运动能用文字上完全相同的方程表示，即两个运动现象相似。

若这两个运动的单值条件相同，则得到的解将是一个，这两个运动是完全相同的同一运动；若这两个运动的单值条件相似，则得到的解互为相似，即这两个运动是完全相似的运动；若两个运动的单值条件既不相同也不相似，则得到的仅是服从同一数学规律的两个互不相同也不相似的运动。

相似第二定理是模型试验必须遵守的条件和法则，也称模型法。

3）相似第三定理

相似第三定理：当现象由 n 个物理量的函数关系来表示，这些物理量中含有 k 种基本量纲时，则能得到 $n-k$ 个相似准则，而且描述这现象的函数关系式可表示成 $n-k$ 个相似准则间的函数关系式。相似第三定理也称 π 定理。

第三定理说明如何整理试验结果，使在模型上得到的结论推广到与之相似的实物上。

相似第三定理可表示为

$$f(x_1, x_2, \cdots, x_n) = 0 \Rightarrow F(\pi_1, \pi_2, \cdots, \pi_{n-k}) = 0 \tag{2.1.12}$$

相似第三定理是相似理论的主要内容。相似第一定理阐明了模型试验时应测量的那些量：必须测量相似准则所包含的一切量，试验结果要整理成相似准则的关系式；相似第二定理阐明了模型试验应遵守的条件：必须保证模型和原型的单值条件相似，而且单值条件的物理量所构成的定型准则，在数值上要相等；相似第三定理阐明了如何整理试验结果：必须把试验结果整理成相似准则的关系式。这样，就可以用模型的试验研究来揭示原型的内在规律性。

2.1.2　模拟理论

模拟的实质就是用一个模型来模仿真实系统。模型和真实系统不可能完全相同，但最基本的内容应该一致，即模型至少必须反映现象的主要特征[4]。

模型一般分为物理模型和教学模型两类。物理模型就是根据相似原理，把真实系统按比例放大或缩小制成的模型，其状态变量和真实系统完全相同。根据物理模型来模拟实际系统，称为模型模拟。数学模型是一种用数学方程或信号流程图、结构图来描述系统性能的模型。应用数学模型进行模拟称为数学模拟或仿真。数学模拟以计算机为主要手段，所以又称为计算机模拟，可分为模拟机模拟和数字机模拟[7-8]。

另外，还有一种是建立在真实系统上对实物的工作状况进行模拟，所以称为工况模拟，也称为试验等效技术，主要用于疲劳寿命试验。

1. 模型模拟

模型设计依据的是相似第二定理。模型中的现象与原型中的现象应当是同类现象，模型和原型必须几何相似，单值条件相似，对应瞬时的对应点或对应截面上诸定性准则要相等。

符合上述要求的模型为理想模型，实际上这是难以做到的，因为所有的物理量在测量和控制上都有误差。当误差对结论影响很小时，这种实际模型是理想模型的近似。如果条件不能满足，模型就不能预测原型，这种模型称为畸变模型，畸变模型必须进行修正。

对于畸变模型，可通过理论分析或试验的方法能求得一个系数对畸变模型试验求得的各非定性准则值进行修正，以便其适用于原型。

2. 数字计算机模拟

由于数字计算机技术的迅速发展，使大容量、高精度、快速计算成为可能；同时，数值计算方法的开发使许多难以模拟求解的数学问题变得易于计算，因此数字计算机模拟技术得到了广泛的应用[4]。现在许多专业商用软件可以完成非常多的工程模拟工作。

计算机一般模拟过程如下：

（1）描述问题，建立数学模型；

（2）准备模拟模型；

（3）绘制实现模拟的流程图，并用通用语言或仿真语言编成计算机程序，或采用专业商用软件完成仿真模型的建立；

（4）验证或认可模型，验证模拟和数学模型是否符合要求；

（5）运行仿真模型，确定不同的初始条件和参数下系统响应或预测各种决策变量的响应。

模拟过程不是一次性的计算或求解过程，而是反复多次运行的过程。运行的结果应当是模型的完善和模拟精度的提高。

2.1.3　动力传动系统试验载荷谱

对于车辆而言，在实际工作中，受到的载荷是变化的，体现为扭矩和速度是变化的；同时，不同挡位所使用的频繁程度也不同，三者之间的对应关系，就是车辆的载荷谱。对于不同的对象，载荷谱的内容也不相同。广义而言，载荷谱是整机结构或零部件所承受的典型载荷时间历程，经数理统计处理后所得到的表示载荷大小与出现频次之间关系的图形、表格、矩阵和其他概率特征值的统称。载荷谱是军用车辆环境条件的综合表征，是零部件综合应力强度的描述，是对零部件的疲劳寿命、可靠性设计、定型考核试验的基础[4,9]。

原始形态的载荷时间历程必须要经过一定的统计处理，可以使用的载荷谱才可用于结构寿命分析或疲劳试验。另外，对于新产品，不存在实际的载荷时间历程，载荷谱必须根据产品相关标准、资料进行模拟计算或通过类似产品的使用数据及经验来编制。

设计阶段需要准确的载荷谱数据作为边界条件进行结构优化设计和计算；试验阶段，需要准确的载荷谱制定可靠性试验方法，规范试验时间和载荷的分配。

1. 载荷数据处理方法

在测试过程中，由于各种干扰因素的存在使得系统采集到的数据偏离其真实数值。因此，在信号分析前，需要对采集的数据进行预处理，以提高数据的可靠性和真实性。试验数据的预处理包括伪读数的去除、峰谷值的检测和二维低载的截除等[4]。

为便于载荷谱的仿真计算和试验加载，需要对载荷数据做进一步的处理，主要是载荷计数、载荷幅值、载荷累计频次等。

在工程实际中，车辆零部件的工作载荷是随机的，在对零部件进行疲劳可靠性分析时，只能使用统计分析方法对随机载荷进行分析与描述，即通过实测或参考有关资料对载荷 – 时间历程进行统计分析。常用的统计分析方法主要有计数法和功率谱法。功率谱法是基于随机载荷信号的傅里叶变化而得到信号功率变化与频率的关系。循环计数法是将连续的随机载荷信号离散成一个个闭环的载荷循环，分别统计载荷循环的特征信息。循环计数法由于其直观、便捷以及对载荷信号特征的充分统计的特点，在工程上广泛使用。由于使汽车零部件产生疲劳损伤的主要原因是载荷幅值和载荷循环次数，因而常用计数法进行分析。

把一个随机过程的载荷 – 时间历程简化成一系列的全循环或半循环，从而得到相应载荷幅值和载荷循环次数的过程称为计数法。计数法的理论基础是疲劳损伤理论，计数方法的选取直接影响到疲劳试验的准确性。近年来出现的双参数计数法、雨流计数法、变程对均值计算法、四峰值计数法等，能根据载荷的时间历程正确地给出载荷的幅值平均值和幅值的变化值。由于雨流法在计数原理上与实际工作载荷对金属零件的循环应力 – 应变较相似，有坚实的力学基础，具有较高的正确性，计数方法便于用计算机完成，也易于实现自动化与程序化，因而得到广泛的应用，近年来被认为是最有效的计数方法[10]。

雨流计数法主要用于工程领域，特别在疲劳寿命计算中应用非常广泛。雨流计数法又称为塔顶法，是 20 世纪 50 年代由英国的 Matsuiski 和 Endo 考虑了材料应力 – 应变过程提出的，他们认为塑性的存在是疲劳损伤的必要条件，而且其塑性性质表现为应力 – 应变的迟滞回线。雨流计数法主要优点是，在计数原则上有一定的力学基础。其主要功能是把实测载荷历程简化为若干个载荷循环，供疲劳寿命估算和编制疲劳试验载荷谱使用。雨流计数法以双参数法为基础，考虑了动强度（幅值）和静强度（均值）两个变量，符合疲劳载荷本身固有的特性。把载荷 – 时间历程数据记录转过 90°，时间坐标轴竖直向下，数据记录犹如一系列屋面，雨水顺着屋面往下流，故称为雨流计数法。

雨流计数法计数规则如下[10]：

（1）将载荷谱时间历程曲线顺时针旋转 90°，如图 2 – 1 – 3 所示。将载荷历程看作多层屋顶，假想有雨流滴沿最大峰或谷处开始往下流。若无屋顶阻拦，则雨滴反向，继续流至端点。

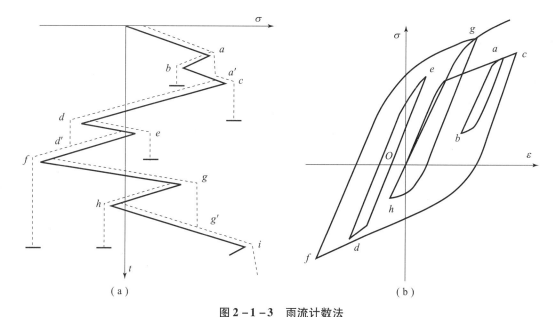

图 2 - 1 - 3　雨流计数法
(a) 雨流计数法简图；(b) 应力 - 应变迟滞回线

(2) 起始于波谷的雨流，遇到比它更低的谷值便停止；起始于波峰的雨流，遇到比它更高的峰值便停止。

(3) 当雨流遇到来自上面屋顶流下的雨时就停止流动，并构成了一个循环。

(4) 根据雨滴流动的起点和终点，画出各个循环，将所有循环逐一取出来，并记录其峰谷值。

(5) 每一雨流的水平长度可以作为该循环的幅值。

雨流计数法的主要功能是把经过峰谷值检测和无效幅值去除后的实测载荷历程数据以离散载荷循环的形式表示出来。任何长度的时域信号都可以缩减成一个雨流矩阵和留数，而且可以还原成一段连续时域信号。现在商用工程软件可以轻松实现载荷谱到雨流计数的转换。

2. 载荷幅值直方图

载荷幅值直方图是载荷谱研究和寿命估计中用得最多的一种幅值分布表示形式，通常有幅值频次图、幅值频率图、试验幅值密度分布直方图三种表示方法[4]。

(1) 幅值频次图。幅值频次图横坐标为幅值，纵坐标为相应幅值出现的次数，所有直方图的高度之和为总频次。

(2) 幅值频率图。幅值频率图横坐标为幅值，纵坐标为相应幅值出现的近似概率，其纵坐标含概率的意义，其各直方图的高度之和为 100%。图 2 - 1 - 4 所示为某一个任务条件下发动机缸内气体压力幅值频率图。

(3) 试验幅值密度分布直方图。试验幅值密度分布直方图横坐标为幅值，纵坐标为相应幅值的近似概率密度，其各直方图的面积为 1。

3. 幅值累计频次曲线

幅值累计频次图的横坐标是表示幅值出现的累计频次，纵坐标则表示幅值的大小，对于

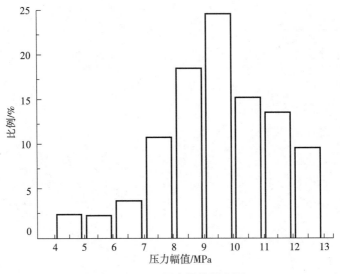

图 2 - 1 - 4　压力幅值频率图

容量大的样本多以对数表示。累计频次分布表示极大应力 $\sigma_{max,i}$ 和极小应力 $\sigma_{min,i}$ 怎样频繁地被达到和被超过，因此有时也称之为超越曲线。累计频次按幅值由大到小累积，某一任务条件下发动机缸内气体压力幅值，如图 2 - 1 - 5 所示。

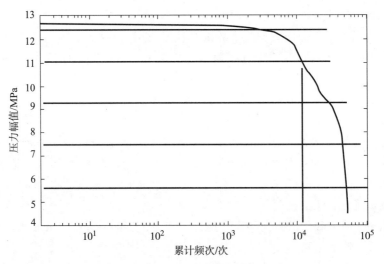

图 2 - 1 - 5　缸压幅值累计频次

4. 动力传动系统载荷谱编制

1）载荷参数

装甲车辆经常在复杂的气候和地理环境下工作，动力传动系统载荷非常复杂，承受的载荷主要分为整机载荷、零部件载荷和环境载荷三类[4]。

（1）整机载荷参数。作为武器装备，装甲车辆要适应爬坡、越障、高速行驶等工况，承受设计、振动等冲击，动力传动系统承受的工作载荷变化大。整机载荷参数主要用于反映装甲车辆动力传动系统的运行工况，如车辆工况参数（车速、挡位）和发动机工况参数

（转速、扭矩、油门齿杆位移、冷却水温、机油压力、排气温度）等。

（2）零部件载荷参数。零部件载荷主要为外部作用于结构或结构运动产生的力。动力传动系统零部件的机械载荷参数有缸内气体爆发压力，活塞的往复惯性力，曲轴的旋转离心力，活塞与缸套的侧向力，压气机、涡轮的气动力，传动轴（齿轮）的转速、转矩等。

（3）环境载荷参数。发动机环境载荷参数是指动力传动系统工作过程中所经受的环境因素，如大气压力、大气温度和相对湿度等。

具体的各参数的测试，可参阅后面的第 4 章。

2）载荷谱的分类

载荷谱有按载荷来源、编谱目的、全寿命周期、载荷序列、任务剖面和任务对象等多种分法。

（1）按载荷来源，载荷谱可分为应力谱、温度谱、振动谱、磨损谱、操纵谱和声载荷谱等。

（2）按编谱目的，可分为用于动力传动系统构件、部件以及整机的疲劳、耐久性试验载荷谱，用于估算动力传动系统结构关键部件的疲劳寿命、进行疲劳失效分析的应力谱，用于计算发动机关键磨损部件的磨损量、进行磨损失效分析的磨损谱三种。

（3）按系统全寿命管理周期，可分为设计使用载荷谱、服役使用载荷谱和使用载荷谱。设计载荷谱是供新机设计使用的载荷谱，在系统设计阶段为进行零部件疲劳损伤和磨损失效分析以及零部件试验所编制；服役使用载荷谱是在系统服役期间通过专门设备测试所编制；使用载荷谱是供现役动力传动系统使用的载荷谱，是由动力传动系统载荷实测得到的，可用于动力传动系统的定寿和延寿，也称实测谱。

（4）按载荷顺序，可分为无顺序载荷谱、等幅谱和程序块谱。

①无顺序载荷谱主要用于编制程序块谱，还可用于判断和比较各种载荷谱的严重程度，这种谱中只是各级载荷大小的实有频数和累计频数，没有载荷顺序的信息。

②等幅谱主要用于材料疲劳性能试验，也用于疲劳分析方法的研究，有时还用于比较两个结构疲劳性能的优劣，其载荷大小为某一定值，载荷顺序单一。

③程序块谱是在一个载荷谱块中载荷顺序为固定顺序的载荷谱，固定的载荷顺序一般为低－高－低、低－高或高－低等。

载荷顺序指载荷谱中各级载荷大小排列的先后次序，载荷顺序既包括一个载荷块谱内各级载荷大小的排列顺序，也包括一个块谱内各种任务的排列顺序。图 2－1－6 所示为程序块谱。

（5）按适用对象，可分为整机载荷谱和零部件载荷谱。整机载荷可以是发动机整机载荷或动力传动系统整机载荷。

发动机整机载荷谱适用于整台发动机，由发动机的总体性能参数所构成，综合反映发动机在使用中的负荷变化；发动机零部件载荷谱适用于发动机特定零部件的载荷谱，由该零部件寿命、可靠性和强度分析与试验考核相关的载荷参数所构成，零部件载荷谱一般可通过发动机整机载荷谱转换得到。

3）动力传动系统载荷谱编制实例

车辆所承受的外部载荷是随时间而变化的动态载荷，其中大部分是循环随机载荷，车上的许多构件上都产生动态应力，引起疲劳损伤，其最终破坏形式是疲劳断裂。测量车辆道路

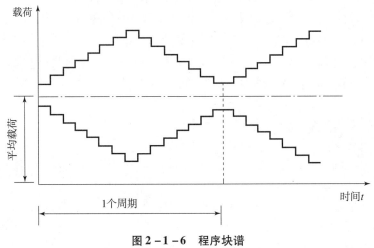

图 2 - 1 - 6　程序块谱

行驶载荷谱主要有两种方法：一是测量局部应力应变，这种方法直接在零部件的高应力 - 应变点布置应变片，测量结果可直接用于疲劳损伤的计算，但其结果不能换算到其他零部件，该方法的优点在于可以很精确地了解系统及其零部件在某一个位置的应力 - 应变情况，但工作量繁重，可操作性也不太好；二是测量车辆的外部载荷，这种方法一般采用力传感器，测量作用于部件输出端部（如发动机输出端、传动输出端）的 6 个分力，经过多体系统动力学与有限元计算可得到车辆任意一个零部件的载荷，从而计算出该零部件的疲劳寿命，因此测量车辆外部载荷更具有广泛意义。

载荷谱编制流程[12]如下：

（1）动态随机载荷的测试；

（2）对试验测得的数据进行预处理，得到载荷的时域曲线；

（3）采用雨流计数法对载荷时间历程进行统计处理；

（4）计算出载荷循环的均值和幅值，采用频率直方图和频次直方图来描绘载荷谱。

下面以某动力传动系统中传动输入端的载荷谱为例[9]，介绍动力传动系统载荷谱的编制。这里省略了原始数据的采集。

（1）雨流计数法计算载荷谱。采集的原始数据经过去均值、滤波，通过剔除最大、最小两个值中间的过渡值，提取峰谷值后，采用雨流法进行数据计数。

雨流计数原则如下：如图 2 - 1 - 7 所示，假设载荷时间历程有 N 个峰、谷值 $P(1)$，$P(2)$,…,$P(N)$ 构成，满足下列式（2.1.13）和式（2.1.14）的相邻四点取出，记为一个变程和均值的循环，记录循环的均值作为该循环的载荷值，即

$$\begin{cases} P(I+1) > P(I) \\ P(I+3) \geqslant P(I+1) \text{ 与 } P(I+2) \geqslant P(I) \end{cases} \tag{2.1.13}$$

或

$$\begin{cases} P(I+1) > P(I) \\ P(I+3) \geqslant P(I+1) \text{ 与 } P(I+1) \geqslant P(I+2) \end{cases}$$

$$\begin{cases} P(I+1) < P(I) \\ P(I+3) \leqslant P(I+1) \text{ 与 } P(I+2) \leqslant P(I) \end{cases} \tag{2.1.14}$$

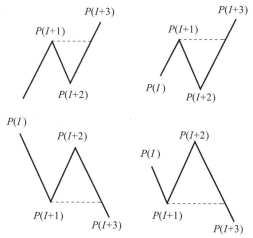

图 2 - 1 - 7　雨流法相邻四点判别计数条件

或

$$\begin{cases} P(I+1) < P(I) \\ P(I+3) \leqslant P(I+1) \ 与 \ P(I+1) \leqslant P(I+2) \end{cases}$$

满足式（2.1.13）或式（2.1.14）条件的四点即可取出一个循环，该循环的变程为 $|P(I+2) - P(I+1)|$，均值为 $0.5|P(I+2) + P(I+1)|$，幅值为 $0.5|P(I+2) - P(I+1)|$。

根据以上原则对载荷时间历程进行雨流法计数。雨流法计数可直接给出每种载荷循环的平均值，其载荷谱计算结果采用频次直方图、频率直方图及累计频次图表示。

（2）频次直方图与累计频次图的绘制。频次直方图的编制方法是将载荷循环计算结果的平均值按载荷最大值平均分为 n 级（通常是分为 8 级），每级载荷计数的频次结果直接作为纵坐标绘制。频率直方图的编制方法是将频次直方图的频次除以总频次得到每个载荷级在总载荷中所占的比例。图 2 - 1 - 8 所示为该动力传动系统中传动输入端在环形铺面路行驶速度为 30 km/h 时的载荷频次直方图（该例载荷分为 20 级）。

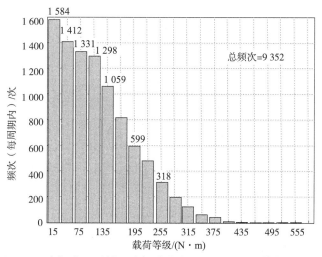

图 2 - 1 - 8　车辆在环形铺面路行驶速度为 30 km/h 时载荷频次直方图

累计频次图的编制是以概率为 10^6 所对应的载荷为最大载荷，即最大载荷是 10^6 次循环中只发生一次的载荷，按载荷从大至小逐级频次累加得到，载荷幅值大于零时的累计频次为 10^6 次。当载荷总频次小于 10^6 次时，按实际频次进行累加。以累计频次为横坐标，以载荷级为纵坐标绘制出的曲线为累计频次图。图 2 - 1 - 9 所示为该动力传动系统中传动输入端在环形铺面路行驶速度为 30 km/h 时的载荷频次直方图（该例载荷分为 20 级）。

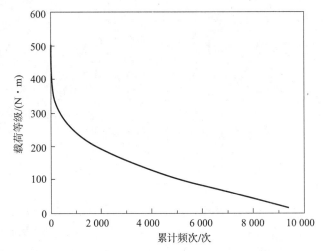

图 2 - 1 - 9　车辆在环形铺面路行驶速度为 30 km/h 时载荷累计频次图

2.2　传感原理

2.2.1　传感器概述

传感器起源于仿生研究，是测试系统中不可缺少的环节，位于研究对象与测控系统之间的接口位置，是感知、获取与检测信息的窗口。它能将被测对象的测量参数转换为便于传输且易于被计算机处理的电信号，从而成为测量系统的基础。传感器处于测试系统的输入端，其性能直接影响到测试系统的测量精度[13]。

本章传感器原理部分仅对传感器原理做简单介绍，更详细的传感器资料请参阅相关文献。

1. 传感器的组成

传感器典型构成如图 2 - 2 - 1 所示，一般由敏感元件、转换元件、转换电路和辅助电源组成[14]。

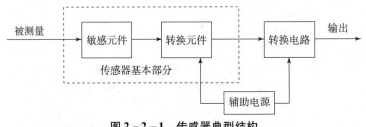

图 2 - 2 - 1　传感器典型结构

（1）敏感元件是传感器的核心部分，可以直接感受或响应被测物理量。

（2）转换元件的输入即将敏感元件的输入，将敏感元件感受或响应到的被测量转换成便于传输和测量的信号（一般指的是电信号）。

（3）转换电路一般有两个作用：一是将转换元件输出的较弱的信号进行转移和放大；二是将经过转换的信号进行滤波、调制解调、运算等处理，目的是将信号转换成更容易传输和测量的信号（如电压、电流、频率以及电路的通断等）。

（4）辅助电源为传感器的其他部分提供工作能量。

需要指出的是，并非所有的传感器都能明确区分敏感元件和转换元件两个部分，如热敏电阻、压敏电阻和光敏元件等元件将检测到热、力和光直接转换成电信号输出，也就是将敏感元件和转换元件功能合二为一。

2. 传感器的分类

传感器工作原理各异，检测对象类别繁多，因此种类很多。从工作原理、能量转换方式、测量原理、被测量类别、输出信号性质和技术特征分类如下[15]：

（1）根据传感器的工作机理，可分为结构型传感器与物性型传感器两大类。结构型传感器是依靠传感器的结构参数变化而实现信号变换，如变极距式电容传感器即是依靠改变电容极板间距的结构参数来实现传感功能的。

物性型传感器是在实现变换过程中传感器的结构参数基本不变，而仅依靠传感器中元件内部的物理、化学性质变化实现传感功能的，如光电式或热电式传感器是在受光、受热情况下结构参数基本不变，依靠接受这些刺激后材料内部电参数变化而实现信号变换的。

（2）按传感器的能量转换情况分类，可分为能量控制型传感器（参量型传感器）和能量转换型传感器（发电型传感器）。

能量控制型传感器是在信号变换过程中，其能量需要辅助电源供给，因此也称有源传感器，电阻式、电感式、电容式等电路参量式传感器都属于这一类。基于应变电阻效应、磁阻效应、热阻效应、霍尔效应等的传感器也属能量控制型传感器。

能量转换型传感器是直接由被测对象输入能量使其工作，它不需要外电源，因此称为无源传感器，如基于压电效应、热电效应等的传感器都属于能量转换型传感器。

（3）根据传感器的测量原理，可分为电参量式传感器、电动势式传感器、光电式传感器、半导体式传感器及其他原理的传感器等。

电参量式传感器包括电阻式、电容式、电感式三种基本形式，以及由此而派生出来的差动变压器式、涡流式、压磁式、感应同步器式、容栅式等；电动势式传感器包括磁电感应式、霍耳式、压电式等；光电式传感器一般包括光电式、光栅式、激光式、光电码盘式、光导纤维式等。

（4）按照被测物理量来进行分类，车辆上主要有用来测量力的拉（压）力传感器、转矩传感器，测量位移的位移传感器，测量温度的温度传感器等。这种分法在第3章动力传动系统典型参数测量中介绍。

（5）根据传感器输出的是模拟信号还是数字信号，可分为模拟传感器和数字传感器。

下面仅对在车辆动力传动系统测试中常用的传感器原理做简单介绍。

2.2.2　电阻应变式传感器

电阻应变式传感器利用被测物理量的变化转换成导电材料电阻值的变化，再经过转换电路换算之后输出测量结果。电阻应变式传感器在力、力矩、压力、位移、加速度、温度等参数的测量中得到了广泛的应用。

电阻应变式传感器有金属电阻应变片式和半导体应变片式两种形式。

1. 金属电阻应变片（应变效应为主）

金属电阻应变片的工作原理是基于金属导体的应变效应，即金属导体在外力作用下发生机械变形时，其电阻值随着它所受机械变形（伸长或缩短）的变化而发生变化的现象。常用的金属电阻应变片有金属丝式、金属箔式两种[16]。

金属丝式电阻应变片出现较早，其典型结构如图 2-2-2 所示。敏感栅是应变片最重要的组成部分，由某种金属细丝绕成栅形。一般用于制造应变片敏感栅的金属有康铜、镍铬合金、镍铬铁合金、镍铬铝合金等；细丝的直径一般在 0.015～0.05 mm 范围内；敏感栅的栅长一般有 0.2 mm、0.5 mm、1 mm、100 mm、200 mm 等规格，分别适用于不同的用途。基底用于保持敏感栅、引线的几何形状和相对位置；盖片既保持敏感栅和引线的形状和相对位置，还可以保护敏感栅；使用黏结剂将敏感栅固定在基底上，并将盖片与基底粘贴在一起；由引线接入后续电路，以便测量。电阻应变片的电阻值为 60 Ω、120 Ω、200 Ω、350 Ω 等规格，以 120 Ω 最为常用。

金属箔式应变片的电阻敏感元件不是金属丝栅，而是通过光刻、腐蚀等工序制成的薄金属箔栅，故称为箔式电阻应变片，如图 2-2-3 所示。金属箔的厚度一般为 0.003～0.010 mm，它的基片和盖片多为胶质膜，基片厚度一般为 0.03～0.05 mm。与金属丝应变片相比较，金属箔式应变片的金属箔栅很薄，横向效应较小，提高了测量精度；箔栅尺寸准确、均匀，能制成任意形状；箔材表面积大，散热条件好；便于成批生产。

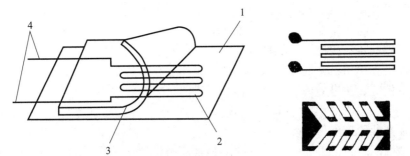 

图 2-2-2　金属丝式电阻应变片　　　　图 2-2-3　金属箔片式电阻应变片

1—基片；2—电阻丝；3—覆盖层；4—引出线

使用特制胶水将应变片粘固在弹性元件或被测物体表面上，在外力作用下，敏感栅随同被测物体一起变形，由于敏感栅的应变效应，其电阻值发生相应的变化，由此可以将被测量转化为电阻变化。

2. 压阻式传感器（压阻效应为主）

压阻式传感器的工作原理是利用半导体应变片的压阻效应，即单晶半导体材料在沿某一轴向受到外力作用后，其电阻率发生明显变化的现象，典型结构如 2-2-4 所示[15]。

半导体应变片的使用方法与金属应变片相同，即粘贴在弹性元件或被测试件上，随被测试件的应变，其电阻发生相应的变化。

3. 电阻应变式传感器的典型应用

基于电阻应变片的工作原理，电阻应变片能将应变直接转换成电阻，如果测量应变（或应力），可直接将电阻应变片粘贴在被试件上进行测量；如果要测量力、压力或加速度等其他物理量，需要将待测物理量转换成应变再做测量。完成这种转换的元件称作弹性元件。

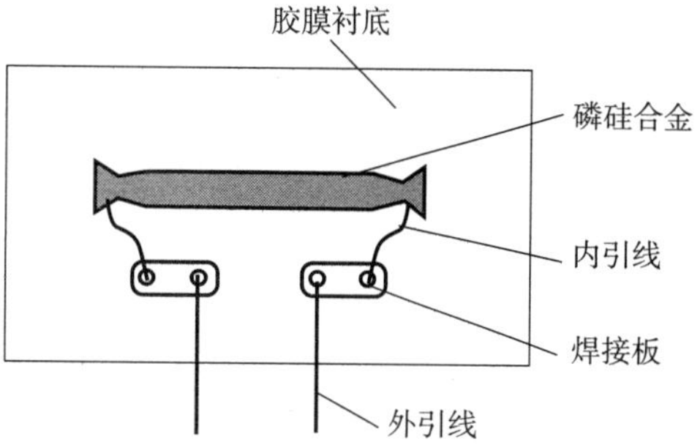

电阻应变式传感器在车辆传动上的典型应用有拉（压）力传感器和加速度传感器等。

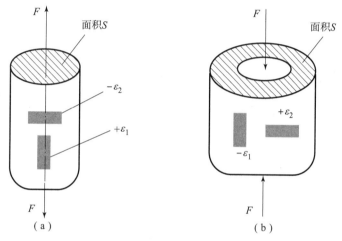

图 2 - 2 - 4　半导体应变片结构

1）拉（压）力传感器

拉（压）力传感器的弹性元件有实心和空心两种，如图 2 - 2 - 5 所示。电阻应变片一般粘贴在弹性元件外壁应力分布相对均匀的中间部分，对称粘贴多片。

图 2 - 2 - 5　柱式拉（压）传感器结构

（a）实心圆柱；（b）空心圆柱

应变片的粘贴和电桥连接如图 2 - 2 - 6 和图 2 - 2 - 7 所示。应变片的粘贴和桥路连接应尽可能消除偏心和弯矩的影响，R_1 和 R_3 串联，R_2 和 R_4 串联，并置于桥路相对桥臂位置以减小弯矩的影响。横向应变片（R_5、R_6、R_7、R_8）主要用于温度补偿[15]。

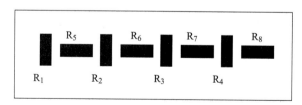

图 2 - 2 - 6　拉（压）力传感器应变片的粘贴圆柱面展开图

2）应变式加速度传感器

应变式加速度传感器用以测量物体的加速度。它需要经过质量 - 惯性系统将加速度转换

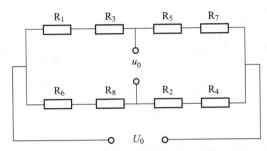

图 2 - 2 - 7　拉（压）力传感器桥路连接图

成力后作用于弹性元件上来实现测量，图 2 - 2 - 8 所示为其一般结构形式[15]，由端部固定并带有惯性质量块的悬臂梁及粘贴在梁上的应变片、基座及外壳等组成，通常壳体内充满硅油以调节系统阻尼系数。

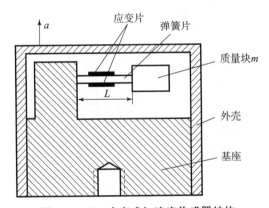

图 2 - 2 - 8　应变式加速度传感器结构

测量时根据所测振动体加速度的方向，把传感器刚性固定在被测部位。当被测件以加速度 a 运动时，悬臂梁自由端质量块受到与被测件加速度方向相反的惯性力作用，使悬臂梁发生弯曲变形，悬臂梁上应变片随之产生应变并使应变片电阻发生变化，引起测量电桥不平衡而输出电压，即可测出加速度大小。这种测量方法主要用于低频（10 ~ 60 Hz）的振动和冲击测量。

2.2.3　电容式传感器

电容式传感器是将被测参数变化转化成电容量的变化的测量系统。电容式传感器具有测量范围大、灵敏度高、动态响应时间短、结构简单、适应性强、负载能力差、易受外界干扰产生不稳定现象等特点，广泛应用于位移、角度、加速度以及压力、压差等物理量的测量。

1. 电容式传感器的工作原理

电容式传感器的常见结构包括平板状和圆筒状，简称平板电容器或圆筒电容器。这里以平板为例介绍电容器的工作原理[15]。

如图 2 - 2 - 9 所示，两块金属平行板作电极可构成最简单的平行极板电容器。在忽略边缘效应的情况下，平板电容器的电容量为

$$C = \frac{\varepsilon A}{\delta} = \frac{\varepsilon_0 \varepsilon_r A}{\delta} \tag{2.2.1}$$

式中　A——两平行极板覆盖面积（m^2）；

　　　δ——两平行极板间距离（m）；

　　　ε_0——真空介电常数，$\varepsilon_0 = 8.854 \times \dfrac{10^{-12}F}{m}$；

　　　ε_r——极板间介质相对介电常数。

图 2 - 2 - 9　平板电容器结构

由此可见，当被测物理量变化引起 A、δ 或 ε_r 发生变化时，都会引起电容 C 的变化。实际应用过程中，首先保持其中的两个参数不变，仅改变另外一个参数，就可把该参数的变化变换转化为电容量的变化；然后通过相应的测量电路转换为电信号输出。平板电容器可分为变极距型、变面积型和变介质介电常数型三种。

这里介绍变极距型和变面积型两种。

1）变极距型电容式传感器的工作原理

变极距型电容式传感器如图 2 - 2 - 10 所示，极板 1 固定不动，极板 2 为可动电极（称动片），当动片随被测量变化而移动时，使两极板间距 δ 变化，从而使电容量产生变化[15]。

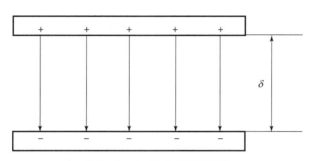

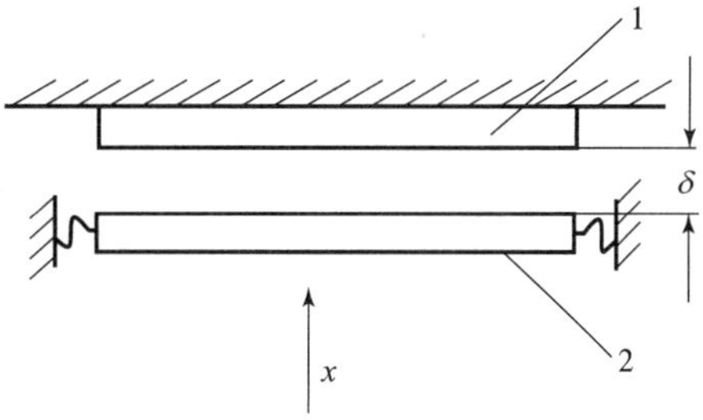

图 2 - 2 - 10　变极距型电容传感器

当传感器 A 和 ε_r 不变，两板初始间距为 δ_0，其初始电容量为

$$C_0 = \frac{\varepsilon_0 \varepsilon_r A}{\delta_0} \tag{2.2.2}$$

极板距离缩小 $\Delta\delta$ 之后，电容增大了 ΔC，则

$$C = C_0 + \Delta C = \frac{\varepsilon_0 \varepsilon_r A}{\delta_0 - \Delta\delta} = \frac{C_0}{1 - \dfrac{\Delta\delta}{\delta_0}} = \frac{C_0\left(1 + \dfrac{\Delta\delta}{\delta_0}\right)}{\left(1 - \dfrac{\Delta\delta}{\delta_0}\right)\left(1 + \dfrac{\Delta\delta}{\delta_0}\right)} = \frac{C_0\left(1 + \dfrac{\Delta\delta}{\delta_0}\right)}{\left(1 - \left(\dfrac{\Delta\delta}{\delta_0}\right)^2\right)} \tag{2.2.3}$$

当 $\dfrac{\Delta\delta}{\delta_0} \ll 1$，有

$$C \approx C_0 + C_0\left(\frac{\Delta\delta}{\delta_0}\right) \tag{2.2.4}$$

$$\Delta C \approx C_0\left(\frac{\Delta\delta}{\delta_0}\right) \tag{2.2.5}$$

由此可见，在 $\frac{\Delta\delta}{\delta_0} \ll 1$ 时，ΔC 和 $\Delta\delta$ 呈线性关系。一般取极板间距离变化范围 $\frac{\Delta\delta}{\delta_0} = 0.02 \sim 0.1$，此时，传感器的灵敏度近似为常数。

2）变面积型电容式传感器的变换原理

改变两个极板间覆盖面积，通常采用角位移和线位移两种方法。动极板随被测件移动从而改变两个极板覆盖面积，进而带来电容量的改变。

图 2 - 2 - 11 所示为角位移变面积型电容传感器原理图[14]。当极板覆盖半径为 r，动板转动角度为 θ，则

$$C = C_0 + \Delta C = \frac{\varepsilon_0\varepsilon_r A}{\delta} = \frac{\varepsilon_0\varepsilon_r\left(\frac{\pi r_2 - \theta r^2}{2}\right)}{\delta} = C_0 - \frac{\theta}{\pi}C_0 \tag{2.2.6}$$

$$\Delta C = -\frac{\theta}{\pi}C_0 \tag{2.2.7}$$

由此可见，角位移变面积型电容传感器电容改变量与动极板角位移 θ 呈线性关系。

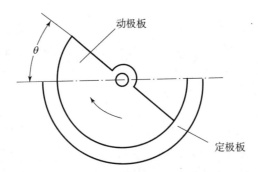

图 2 - 2 - 11　角位移变面积型电容式传感器原理图

平板状线位移变面积型电容式传感器原理如图 2 - 2 - 12 所示。当被测量带动动板沿箭头方向移动 Δx 时，有

$$C = C_0 + \Delta C = \frac{\varepsilon_0\varepsilon_r A}{\delta} = \frac{\varepsilon_0\varepsilon_r b(a - \Delta x)}{\delta} = C_0 - \frac{\Delta x}{a}C_0 \tag{2.2.8}$$

$$\Delta C = -\frac{\Delta x}{a}C_0 \tag{2.2.9}$$

由此可见，平板状线位移变面积型电容式传感器电容改变量与动极板线位移 Δx 呈线性关系。

2. 电容式传感器应用

电容式传感器具有结构简单、耐高温、耐辐射、分辨率高、动态响应特性好等优点，广泛用于压力、位移、加速度、厚度、振动、液位等测量中。

1）电容式压力传感器

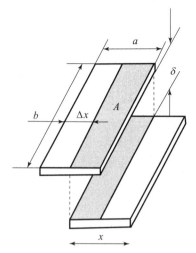

图 2 - 2 - 12　平板状线位移变面积型电容式传感器原理图

图 2 - 2 - 13 所示为差动电容式压力传感器结构图。它主要由一个膜片动极板和两个在带金属镀层的凹形玻璃定极板组成。被测压力作用于膜片并使之产生位移时，使两个电容器的电容量一个增加、一个减小，该电容值的变化经测量电路转换成电压或电流输出[14,16]。

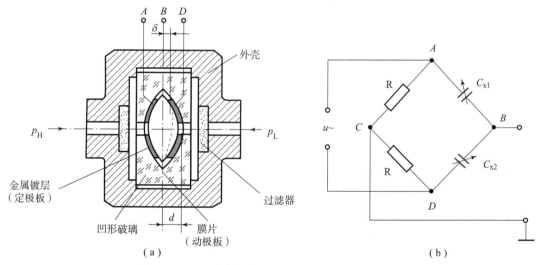

图 2 - 2 - 13　差动电容式压力传感器结构与转换电路

2）电容式位移传感器

图 2 - 2 - 14 所示为一种单电极的电容振动位移传感器[14]。传感器平面端作为电容的一个极板通过电机座由引线介入测量电路，被测物表面可以作为传感器的另一个极板。金属壳体与平面测端电极间用绝缘衬垫隔绝。工作时壳体被夹持在支撑台架上，壳体接地可起屏蔽作用。当被测物因振动发生位移时，电容器的两个极板间距发生变化，电容量随之变化，经测量电路转化后输出。

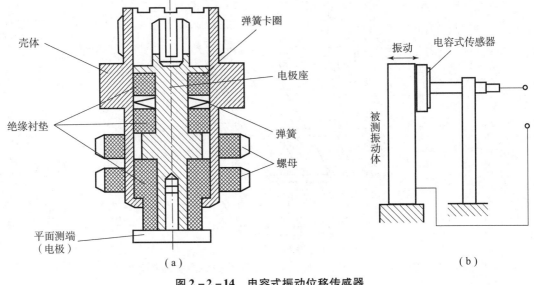

图 2 - 2 - 14 电容式振动位移传感器

（a）结构；（b）应用

3）电容式加速度传感器

电容式加速度传感器结构如图 2 - 2 - 15 所示[15]，它有两个固定极板，中间的质量块的两个端面作为动极板。当传感器壳体随被测对象在垂直方向作直线加速运动时，由于质量块的惯性作用，固定电极与动极板间的距离发生变化，一个增加，另一个减小，从而带动电容的变化。

2.2.4 电感式传感器

电感式传感器是利用电磁感应原理，通过把输入的物理量的变化转换为线圈的自感和互感系数的变化来实现测量的一种传感器，可以用来测量位移、振动、压力、应变、流量和密度等物理参数。根据转换原理不同，电感式传感器可分为自感型（包括可变磁阻式和涡流式）和互感型（差动变压器式）。

1. 可变磁阻式传感器

可变磁阻式传感器的结构原理如图 2 - 2 - 16 所示[14]，它由线圈、铁芯和衔铁组成。

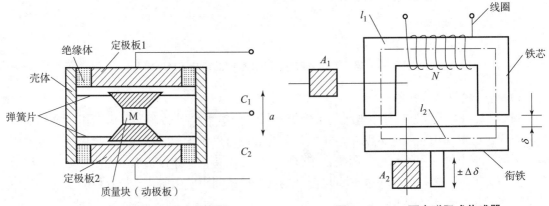

图 2 - 2 - 15 电容式加速度传感器   图 2 - 2 - 16 可变磁阻式传感器

在铁芯和衔铁之间有空气隙 δ。根据电磁感应定律，当线圈中通以电流 i 时，产生磁通 Φ，其大小与电流成正比，即

$$N\Phi = Li \qquad (2.2.10)$$

式中　N——线圈匝数；

　　　L——线圈自感。

根据欧姆磁路定律，有

$$\Phi = \frac{Ni}{R_m} \qquad (2.2.11)$$

则

$$L = \frac{N^2}{R_m} \qquad (2.2.12)$$

假设气隙是均匀气隙，忽略磁路磁损的情况下，磁路总磁阻为

$$R_m = \frac{l_1}{\mu_1 A_1} + \frac{l_2}{\mu_2 A_2} + \frac{2\delta}{\mu_0 A_0} \qquad (2.2.13)$$

式中　l_1，l_2——通过铁芯和衔铁中心线的长度；

　　　μ_0，μ_1，μ_2——空气、铁芯、衔铁的磁导率（$\mu_0 = 4\pi \times 10^{-7} \mathrm{H/m}$）；

　　　A_0，A_1，A_2——气隙、铁芯、衔铁的截面积；

　　　δ——单个气隙的厚度；

一般情况下 $\mu_0 \leqslant \mu_1$、$\mu_0 \leqslant \mu_2$，有

$$R_m \approx \frac{2\delta}{\mu_0 A_0} \qquad (2.2.14)$$

将式（2.2.14）代入式（2.2.12），可得

$$L \approx \frac{\mu_0 A_0 N^2}{2\delta} \qquad (2.2.15)$$

因此，可变磁阻式传感器，当线圈匝数一定时，电感 L 可通过改变气隙厚度和气隙截面积而改变，前者更为常见。

可变磁阻式传感器的特性曲线如图 2-2-17 所示。假设初始气隙厚度 δ_0，初始电感为

$$L_0 \approx \frac{\mu_0 A_0 N^2}{2\delta_0} \qquad (2.2.16)$$

当气隙厚度增加（或减少）$\Delta\delta$，则

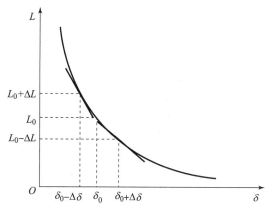

图 2-2-17　可变磁阻式传感器特性曲线

$$L = L_0 + \Delta L = \frac{\mu_0 A_0 N^2}{2(\delta_0 + \Delta\delta)} = L_0\left(\frac{1}{1 + \dfrac{\Delta\delta}{\delta_0}}\right) \qquad (2.2.17)$$

当 $\dfrac{\Delta\delta}{\delta_0} < 1$ 时，对式（2.2.17）泰勒级数展开，可得

$$L = L_0\left(\frac{1}{1 + \dfrac{\Delta\delta}{\delta_0}}\right) = L_0\left[1 \mp \frac{\Delta\delta}{\delta_0} + \left(\frac{\Delta\delta}{\delta_0}\right)^2 \mp \left(\frac{\Delta\delta}{\delta_0}\right)^3 + \cdots\right] \qquad (2.2.18)$$

$$\Delta L = L_0 \left[\mp \frac{\Delta\delta}{\delta_0} + \left(\frac{\Delta\delta}{\delta_0} \right)^2 \mp \left(\frac{\Delta\delta}{\delta_0} \right)^3 + \cdots \right] \qquad (2.2.19)$$

由此可得

$$\frac{\Delta L}{L_0} = \left[\mp \frac{\Delta\delta}{\delta_0} + \left(\frac{\Delta\delta}{\delta_0} \right)^2 \mp \left(\frac{\Delta\delta}{\delta_0} \right)^3 + \cdots \right] \qquad (2.2.20)$$

因 $\frac{\Delta\delta}{\delta_0} < 1$，并忽略高阶项，可得

$$\frac{\Delta L}{L_0} = \mp \frac{\Delta\delta}{\delta_0} \qquad (2.2.21)$$

因此，可变磁阻式传感器自感变化和气隙厚度变化近似正比，变化率和初始气隙相关。

2. 涡流式传感器

涡流传感器是基于电涡流效应原理制成的传感器，其主要优点是可以实现非接触式测量。涡流传感器可以测量振动、位移、厚度、转速、温度和硬度等参数，还可以进行无损探伤。

如图 2 - 2 - 18 所示为涡流式传感器原理[14]，它由激励线圈和被测金属体组成。根据法拉第电磁感应定律，当传感器励磁线圈中通以正弦交变电流时，线圈周围将产生交变磁场，使位于该磁场中的金属导体产生感应电流，该感应电流又产生新的交变磁场。新的交变磁场的作用是为了反抗原磁场，这就导致传感器线圈的等效阻抗发生变化。传感器线圈受电涡流影响时的等效阻抗为

$$Z = F(\rho, \mu, r, f, x) \qquad (2.2.22)$$

式中 ρ, μ ——被测体的电阻率和磁导率；

r, δ ——线圈与被测体的尺寸因子；

f ——线圈中励磁电流的频率；

x ——线圈与导体间的距离。

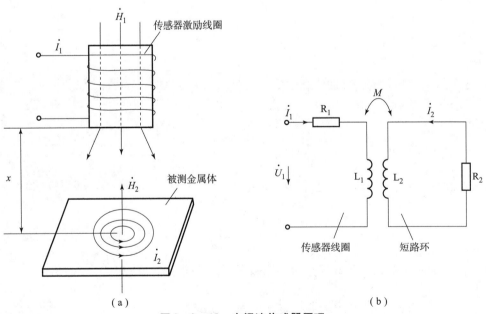

（a） （b）

图 2 - 2 - 18 电涡流传感器原理

（a）原理结构；（b）等效电路

线圈阻抗的变化完全取决于被测金属导体的电涡流效应，分别与 ρ、μ、r、f、x 因素有关。如果只改变其中的一个参数，保持其他参数不变，传感器线圈的阻抗 Z 就只与该参数有关，如果测出传感器线圈阻抗的变化，就可确定该参数。实际应用时通常改变线圈与导体间的距离 x，而保持其他参数不变。

3. 差动变压器式传感器

把被测的非电量变化转换为线圈互感量变化的传感器称为互感式传感器，其根据变压器的基本原理制成，二次绕组采用差动式连接，故称差动变压器式传感器。如图 2 - 2 - 19 所示，当线圈 W_1 输入交流电流 i_1 时，线圈 W_2 产生感应电势 e_{12}，其大小与电流 i_1 变化率成正比，即

$$e_{12} = -M\frac{\mathrm{d}i_1}{\mathrm{d}t} \tag{2.2.23}$$

式中　M——互感，其大小与两线圈相对位置及周围节制的导磁能力等因素有关，它表明两线圈之间的耦合程度[15]。

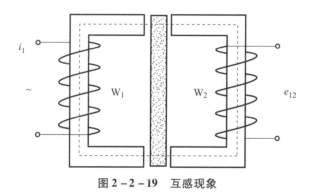

图 2 - 2 - 19　互感现象

常用的差动变压器式电感传感器，其结构形式有多种，以螺管型差动变压器应用较为普遍，螺管型差动变压器根据一、二次绕组不同有二节式、三节式、四节式和五节式等形式，如图 2 - 2 - 20 所示。

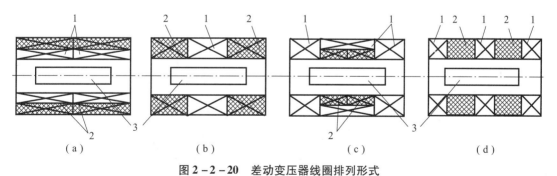

图 2 - 2 - 20　差动变压器线圈排列形式

（a）二节式；（b）三节式；（c）四节式；（d）五节式

1——次绕组；2—二次绕组；3—衔铁

图 2 - 2 - 21 所示为三节式螺管型差动变压器典型结构及工作原理。传感器主要由绕组、铁芯和活动衔铁组成。绕组包括一个一次绕组和两个反接的二次绕组，当一次绕组输入交流激励电压时，二次绕组将产生感压电动势 e_1 和 e_2。由于两个二次绕组极性反接，因此传感

器的输出电压为两者之差，即 $e_0 = e_1 - e_2$。活动衔铁能改变绕组之间的耦合程度。输出 e_0 的大小随活动衔铁的位置而变。当活动衔铁的位置居中时，即 $e_1 = e_2$，$e_0 = 0$；当活动衔铁向上移时，即 $e_1 > e_2$，$e_0 > 0$；当活动衔铁向下移时，即 $e_1 < e_2$，$e_0 < 0$。活动衔铁的位置往复变化，其输出电压也随之变化，输出特性如图 2-2-21（c）所示。

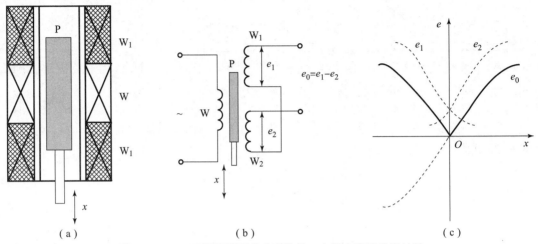

图 2-2-21　双螺管线圈差动型结构、电桥电路及输出特性

（a）差动型结构；（b）电桥电路；（c）输出特性

4. 电感式传感器应用

电感式传感器常用于位移、振动、压力、流量、密度等的测量，应用较为普遍的是涡流式和差动变压器式两种。

图 2-2-22 为微压力变送器结构示意图。在无压力作用时，膜盒处于初始状态，固连于膜盒中心的衔铁位于差动变压器线圈的中部，输出电压为零。当被测压力经接头输入膜盒后，推动衔铁移动，从而使差动变压器输出正比于被测压力的电压。这种微压力传感器可测 $(-4 \sim 6) \times 10^4 \mathrm{Pa}$ 的压力[16]。

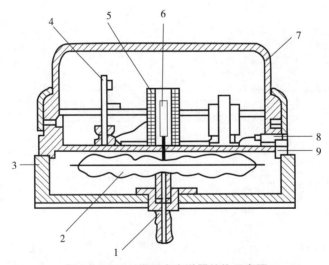

图 2-2-22　微压力变送器结构示意图

1—接头；2—膜盒；3—底座；4—线路板；5—差动变压器线圈；6—衔铁；7—罩壳；8—插头；9—通孔

电磁感应式车速传感器由永久性磁铁和电磁感应线圈组成，它被固定安装在变速器输出轴附近的壳体上，如图 2 - 2 - 23 所示。当变速器输出轴转动时，驻车锁定齿轮的凸齿，不断靠近或者离开车速传感器，使线圈内的磁通量发生变化，从而产生交流电，车速越高，输出轴转速也越高，感应电压脉冲频率也越高，电控组件根据感应电压脉冲的频率计算汽车行驶的速度[13]。

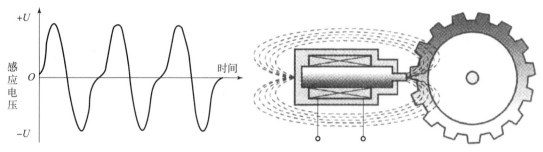

图 2 - 2 - 23   电磁感应式车速传感器的工作原理

2.2.5 磁电式传感器

磁电式传感器利用电磁感应原理，是一种机—电能量变换型传感器。

磁电式传感器不需要外部供电，电路简单，性能稳定，输出阻抗小，又具有一定的频率响应范围（一般为 10 ~ 1 000 Hz），适用于位移、振动、转速等测量。但这种传感器的尺寸和重量都较大。

1. 磁电式传感器原理及分类

根据法拉第电磁感应定律，当线圈在磁场中运动切割磁力线或线圈所在磁场的磁通变化时，线圈中所产生的感应电动势 E 的大小取决于穿过线圈的磁通量中的变化率，即

$$E = - N \frac{\mathrm{d}\Phi}{\mathrm{d}t} \qquad (2.2.24)$$

式中 E——感应电动势；

N——导电回路中线圈的匝数；

$\frac{\mathrm{d}\Phi}{\mathrm{d}t}$——穿越线圈磁通量的变化率。

由式（2.2.24）可见，线圈感应电动势的大小取决于匝数和穿过线圈的磁通变化率。而磁通变化率与磁场强度、磁路磁阻、线圈的运动速度有关，故若改变其中一个因素，都会改变线圈的感应电动势。按工作原理不同，磁电感应式传感器可分为恒定磁通型和变磁通型。

1) 恒磁通型磁电式传感器

恒磁通型磁电式传感器有动圈式和动铁式两种结构，如图 2 - 2 - 24 所示[13]。导体处于相对恒定均匀的磁场中，永久磁铁与线圈之间相对运动，线圈切割磁力线，从而引发感应电动势的变化。

磁铁与线圈相对运动使线圈切割磁力线，产生与运动速度 $\mathrm{d}x/\mathrm{d}t$ 成正比的感应电动势 E，其大小为

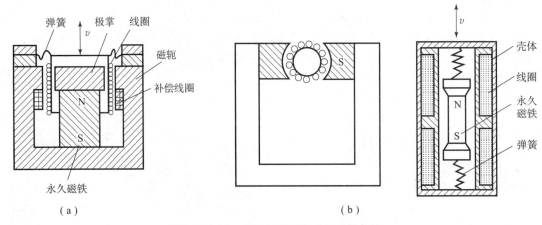

图 2 - 2 - 24　恒磁通型磁电式传感器结构

（a）动圈式；（b）动铁式

$$E = -NBL\frac{\mathrm{d}x}{\mathrm{d}t} \tag{2.2.25}$$

式中　N——线圈在工作气隙磁场中的匝数；

　　　B——工作气隙磁感应强度；

　　　L——每匝线圈平均长度。

当传感器结构参数确定后，N、B、L 均为恒定值，E 与 $\mathrm{d}x/\mathrm{d}t$ 成正比，被测速度与感应电动势成正比例关系。所以这类传感器能直接测量线速度，如果在其测量电路中接入积分电路或微分电路，那么还可以用来测量位移或加速度。但由上述工作原理可知，磁电感应式传感器只适用于动态测量。

2）变磁通型磁电式传感器

变磁通型磁电式传感器主要依靠改变磁路的磁通 Φ 大小进行测量，即通过改变测量磁路中气隙的大小改变磁路的磁阻，从而改变磁路的磁通。因此，变磁通型传感器又可以称为变磁阻式传感器或变气隙式传感器。其典型应用是转速计，用于测量旋转物体的角速度。变磁通型磁电式传感器的结构原理如图 2 - 2 - 25 所示[13]，有开磁路和闭磁路两种类型。

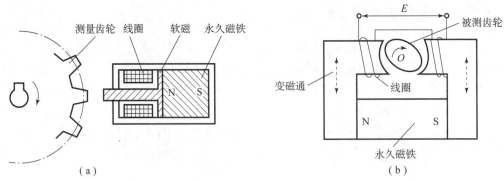

图 2 - 2 - 25　变磁通型磁电式传感器

（a）开磁路；（b）闭磁路

开磁路变磁通型传感器由永久磁铁、软磁铁、感应线圈和测量齿轮等组成。工作时线圈和磁铁静止不动；测量齿轮（导磁材料）安装在被测旋转体上，随被测物一起转动。测量齿轮的凸凹导致气隙大小发生变化，会影响磁路磁阻的变化，每当齿轮转过一个齿，传感器磁路磁阻变化一次，磁通就跟随变化一次，线圈中产生感应电动势，其变化频率等于被测转速与齿轮齿数的乘积。这种传感器结构简单、输出信号较弱，且由于平衡和安全问题不宜测量高转速。

闭磁路变磁通型传感器由装在转轴上的定子和转子、感应线圈和永久磁铁等部分组成。传感器的转子和定子都由纯铁制成，在它们的圆形端面上都均匀地分布有凹槽。工作时，将传感器的转子与被测物轴相连接，当被测物旋转时就会带动转子旋转，当转子和定子的齿凸相对时，气隙最小、磁通最大；当转子与定子的齿凹相对时，气隙最大、磁通最小。这样定子不动而转子旋转时，磁通就发生周期性变化，从而在线圈中感应出近似正弦波的电动势信号。变磁通式传感器对环境要求不高，它的工作频率下限较高，可以达到 50 Hz，上限可以达到 100 kHz。

2. 磁电式传感器应用

磁电式传感器主要用于转速、振动和扭矩的测量，如图 2 - 2 - 26 所示[13]。测量时，壳体固定在一个试件上，顶杆顶住另一试件，则线圈在磁场中的运动速度就是两试件的相对速度。速度计的输出电压与两试件的相对速度成正比，相对式速度计可测量的最低频率接近于零。当转轴不受扭矩时，两线圈输出信号相同，相位差为零。当被测轴感受扭矩时，轴的两端产生扭转角，因此两个传感器输出的两个感应电动势将因扭矩而有附加相位差 φ_0。扭转角 φ 与感应电动势相位差的关系为

$$\varphi_0 = Z\varphi \tag{2.2.26}$$

式中　Z——传感器定子、转子的齿数。

　　φ_0——附加相位差。

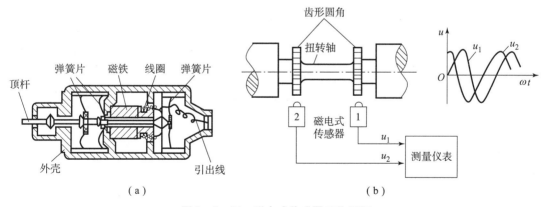

图 2 - 2 - 26　磁电式传感器工作原理

（a）磁电式相对速度计；（b）磁电式扭矩传感器

由此可知，附加相位差与扭转轴的扭转角成正比，这样传感器就可以把扭矩引起的扭转角转换成相位差的电信号。

2.2.6 压电式传感器

压电式传感器是一种基于压电效应的传感器。它的敏感元件由压电材料制成。压电式传感器用于测量力和能转换成力的非电物理量。

1. 压电效应与压电材料

某些电介质沿一定方向受外力作用时，其内部将产生极化而使其两个相对表面上出现正负相反的电荷聚集现象，当外力解除后，又会恢复到不带电的状态，这种现象称为正压电效应。相反，当在这些电介质的极化方向上施加电场，这些电介质也会发生变形，电场去掉后，电介质的变形随之消失，这种现象称为逆压电效应。

自然界中大多数晶体都有压电效应特性，一般比较微弱。常见的压电材料有石英晶体、压电陶瓷、压电聚合物和压电复合材料等。

1）石英晶体

石英晶体（SiO_2）是常用的压电材料之一，单晶结构。石英晶体是各向异性材料，如图 2-2-27 所示，用三根互相垂直的轴表示其晶轴，其中，纵轴 z 为光轴，沿该方向不产生压电效应；经过六面体棱线而垂直于光轴的 x 轴称为电轴，沿此方向受力产生的压电效应称为纵向压电效应；垂直于光轴和电轴的 y 轴称为机械轴，沿此方向产生的压电效应称为横向压电效应。

如果从晶体上垂直于 x 轴切下一块晶片，如图 2-2-27（c）所示[13]，沿 x 轴方向施加作用力，将在 xOy 平面上产生电荷，其大小为

$$q_x = d_{11}f_x \tag{2.2.27}$$

式中，d_{11} 为石英晶体在 x 方向上受力时的压电系数。f_x 为 x 方向所受的作用力。

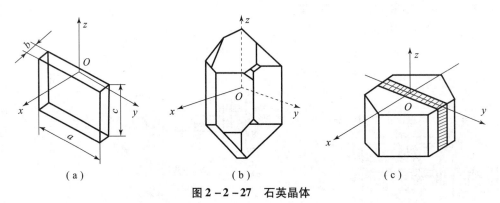

图 2-2-27　石英晶体

（a）天然石英体的常见外形；（b）切割方向；（c）切片

2）压电陶瓷

压电陶瓷是人工制造的多晶压电材料，具有电畴结构，内部晶粒有一定的极化方向。在无外电场作用时，晶粒杂乱分布，各自的极化效应被相互抵消。因此，原始压电陶瓷呈中性，内部极化强度为零，如图 2-2-28（a）所示[14]。

施加外电场后，晶粒的极化方向变化，趋向于按外电场方向的排列，从而使材料整体极化，如图 2-2-28（b）所示。外电场足够强，强到使材料极化达到饱和程度，即所有电畴极化方向都整齐地与外电场方向一致时，去掉外电场后，材料的极化方向基本不变化，即剩

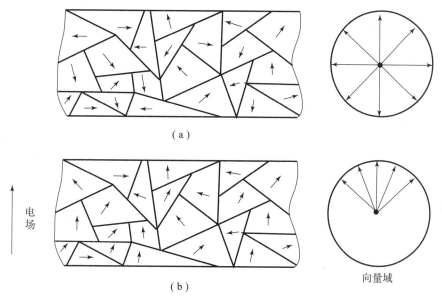

图 2 - 2 - 28　石英晶体

余极化强度很大，这时的压电陶瓷材料才具有压电特性。此时，当外力作用于陶瓷材料时，晶粒发生移动，将导致在垂直于极化方向（即外电场方向）的平面上出现极化电荷，电荷量大小正比与外力大小。

2. 压电式传感器应用

1）压电式加速度传感器

压电式加速度传感器的结构如图 2 - 2 - 29 所示[14]，它主要由压电元件、质量块、预压弹簧、基座及外壳等组成。测量时将被测件和传感器底座刚性固定在一起，当加速度传感器和被测物一起受到冲击振动时，质量块以一个与加速度成正比的交变力作用于压电片：$f = ma$，压电片在压电效应作用下输出电荷。当振动频率远小于传感器固有频率时，传感器的输出电荷与作用力成正比，也就是与被测件加速度成正比。

2）压电式压力传感器

压电式压力传感器基本结构如图 2 - 2 - 30 所示[15]。当膜片受到压力 F 作用后，在压电晶片表面上产生电荷，电荷大小正比于压强 p。

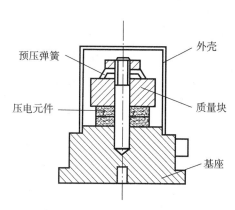

图 2 - 2 - 29　压电式加速度传感器

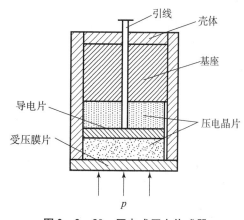

图 2 - 2 - 30　压电式压力传感器

2.2.7 热电式传感器

在试验生产过程中，温度通常是需要监测的重要参数之一。热电式传感器用于将温度变化转换为易于测量的电信号的变化。热电式传感器中，把温度量转换为电动势和电阻的方法最为常见，用到的敏感元件分别叫作热电偶和热电阻。

1. 热电偶式传感器测量原理

热电偶传感器基于热电效应工作（图 2 - 2 - 31），把两种不同的导体或半导体 A 和 B 组合成闭合回路，只要两接点处的温度不同，在闭合回路中就会产生与导体材料及两接点的温度有关的电动势。这两种导体组成的回路称为热电偶，这两种导体 A 和 B 称为热电极。两接点中温度高的一端称为热端（工作端 T，测量时置于被测温度场中），另一端被称作冷端（自由端 T_0，一般要求其恒定在某一温度）[15]。

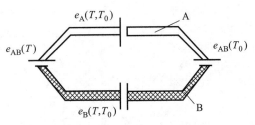

图 2 - 2 - 31　热电偶回路总电动势

回路中电动势来源于两个部分：一是两种导体的接触电动势；另一部分是单一导体的温差电动势。

1）接触电动势

当两种不同的导体 A、B 连接在一起，二者内部自由电子密度不同，因此在接触处就会发生朝向两个方向扩散速率不同的电子扩散，最终会达到一种动态平衡，此时导体 A 与 B 两接触处就产生了接触电动势。

$$E_{AB}(T) = \frac{kT}{e}\ln\frac{N_A(T)}{N_B(T)} \tag{2.2.28}$$

$$E_{AB}(T_0) = \frac{kT_0}{e}\ln\frac{N_A(T_0)}{N_B(T_0)} \tag{2.2.29}$$

式中　$E_{AB}(T)$，$E_{AB}(T_0)$——A、B 两种材料在温度 T 和 T_0 时的接触电动势；

　　　k——玻耳兹曼常数（$k = 1.38 \times 10^{-23}$ J/K）；

　　　T，T_0——两接触处的绝对温度；

　　　$N_A(T)$，$N_A(T_0)$——材料 A 在温度 T 和 T_0 下的自由电子密度；

　　　$N_B(T)$，$N_B(T_0)$——材料 B 在温度 T 和 T_0 下的自由电子密度；

　　　e——单个电子电荷量（$e = 1.6 \times 10^{-19}$ C）。

2）单一金属导体的温差电动势

单一金属导体，如果将导体两端分别置于不同的温度场 $T(T > T_0)$ 中，热端的自由电子具有较大的动能，将向冷端移动，这样导体两端将产生一个热端向冷端的静电场。该电场阻止电子从热端向冷端转移，并使电子反方向移动，最终将达到动态平衡状态。这样，在导体两端产生电位差，形成恒定的温差电动势（汤姆森电动势）：

$$E_A(T,T_0) = \int_T^{T_0}\delta_A dt \tag{2.2.30}$$

$$E_B(T,T_0) = \int_T^{T_0}\delta_B dt \tag{2.2.31}$$

式中　δ_A，δ_B——导体 A、B 的汤姆森系数，即表示温度变化为 1℃ 时所产生的电动势，与材料性质相关。

3）热电偶回路总电动势

综上所述，热电偶回路的总电动势由四个电动势累加而成，即

$$E_{AB}(T, T_0) = E_{AB}(T) - E_A(T, T_0) - E_{AB}(T_0) + E_B(T, T_0)$$

$$= \frac{k}{e}(T - T_0) \ln \frac{N_A(T_0)}{N_B(T_0)} - \int_T^{T_0} (\delta_A - \delta_B) \, dt$$

$$= \left[E_{AB}(T) - \int_0^T (\delta_A - \delta_B) \, dt \right] - \left[E_{AB}(T_0) - \int_0^{T_0} (\delta_A - \delta_B) \, dt \right]$$

$$= f(T) - f(T_0) \tag{2.2.32}$$

从式（2.2.32）中可以看到，热电偶回路电动势是 T 和 T_0 的温度函数的差，而不是温差的函数。可以用测量到的热电动势 E 来得到对应的温度值 T。热电偶热电动势的大小只与导体 A 和 B 的材料有关，与冷、热端的温度有关，而与导体的粗细、长短及两导体接触面积无关。

根据国际温标规定，$T_0 = 0 \, ℃$ 时，用试验的方法测出各种不同热电偶在不同工作温度下所产生热电势的值，列成表格，称为分度表，共使用时查阅，其中间值可按照内插法计算估算。

2. 热电阻传感器

热电阻传感器是利用导金属导体的电阻率随温度变化而变化的特性来实现对温度的测量的传感器。

用于制造热电阻的金属材料应满足电阻温度系数大且电阻随温度变化保持单值关系、热容量小、电阻率尽量大、工作范围内物理和化学性能稳定和经济性好的特点。基于这些特征，目前世界上大都采用铂和铜两种金属作为制造热电阻的材料。

热电阻的电阻比是表征其性能的一个非常重要的指标，通常用 W_{100} 表示：

$$W_{100} = \frac{R_{100}}{R_0} \tag{2.2.33}$$

式中　R_{100}——水沸点（100℃）时的电阻值；

R_0——水冰点（0℃）时的电阻值。

具体铂热电阻和铜热电阻的阻值与温度关系见后面温度测量部分。

3. 热敏电阻

热敏电阻是利用半导体的电阻值随温度显著变化的特性而制成的热敏元件，其是由某些金属氧化物（主要是钴、锰和镍等的氧化物），采用不同比例配方，经高温烧结而成的。与金属热电阻相比，热敏电阻灵敏度高、体积小、热惯性小、响应速度快。但其主要缺点是互换性和稳定性差、非线性严重，而且不能在高温环境下使用。

热敏电阻有正温度系数（PTC）热敏电阻、负温度系数（NTC）热敏电阻、临界温度系数（CTR）热敏电阻等几类。

2.2.8　光电式传感器

光电式传感器是将光通量转换为电量的一种传感器，光电式传感器的基础是光电转换元件的光电效应。光电传感器一般由光源、光学通路和光电元件三部分组成。

1. 光电效应

光电效应是指物体吸收了光能后转换为该物体中某些电子的能量，从而产生的电效应。光电效应分为外光电效应和内光电效应两大类。

1）外光电效应

在光照作用下，物体内的电子逸出物体表面向外发射的现象称为外光电效应。向外发射的电子称为光电子。频率为 γ 的光子能量为

$$E = h\gamma \tag{2.2.34}$$

根据爱因斯坦假设，一个电子一次只能吸收一个光子的能量，所以要使一个电子从物体表面逸出，必须使光子的能量大于该物体的表面逸出功，超过部分的能量表现为逸出电子的动能。根据能量守恒定理，有

$$h\gamma = \frac{1}{2}v_0^2 + A \tag{2.2.35}$$

式中　v_0——电子逸出时初速度；

　　　A——逸出功。

2）内光电效应

当光照射在物体上，使物体的电阻率 ρ 发生变化，或产生光生电动势的现象叫作内光电效应。内光电效应多发生于半导体内，又分为光电导效应和光生伏特效应两类。

在光线作用下，电子吸收光子的能量从键合状态过渡到自由状态，从而引起材料电导率的变化，这种现象叫作光电导效应。基于这种效应的光电器件有光敏电阻。

在光线作用下能够使物体产生一定方向的电动势的现象叫作光生伏特效应。基于该效应的光电器件有光电池和光敏二极管、光敏三极管。

2. 光敏元器件

1）光敏电阻

光敏电阻是利用光电导效应制成的电阻元件。受到光照时，在光量子的作用下，物质吸收能量，内部释放出电子，使载流电子密度或迁移率增加，从而导致电导率增加、电阻值减小。

如图 2-2-32 所示[15]，如果把光敏电阻连接到外电路中，在外加电压的作用下，改变光敏电阻上的光通量就能改变电路中电流的大小。

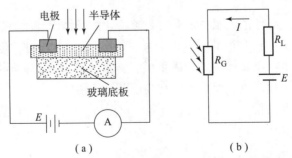

图 2-2-32　光敏电阻的结构及连接电路

（a）结构；（b）连接电路

2）光电池

光电池是利用光生伏特效应，把光直接转变成电能的光敏元件。在光照作用下，光电池实际上就是一个电压源。光电池种类繁多，当前应用最广、最有发展前途的是硅光电池和硒光电池。

以硅光电池为例，光电池的结构如图 2-2-33 所示[15]。当光照到 PN 结区时，如果光子能量足够大，将在结区附近激发出电子-空穴对，在 N 区聚积负电荷，P 区聚积正电荷，这样 N 区和 P 区之间出现电位差。若将 PN 结两端用导线连起来，电路中就有电流流过，电流的方向由 P 区流经外电路至 N 区。若将外电路断开，就可测出光生电动势。

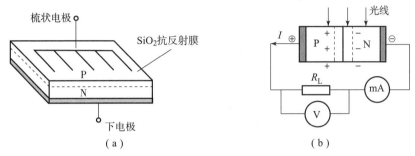

图 2-2-33　光电池的结构和工作原理

（a）结构；（b）工作原理

3）光敏晶体管

光敏晶体管通常指光敏二极管和光敏三极管，它们的工作原理也是基于内光电效应，即利用半导体材料在受到光照时载流子增加的原理。

光敏二极管的结构和普通二极管类似，只是它的 PN 结装在管壳顶部，光线通过透镜制成的窗口可以集中照射在 PN 结上。光敏二极管在电路中通常处于反向偏置状态。光敏二极管结构及工作原理如图 2-2-34 所示[15]。

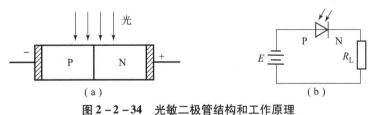

图 2-2-34　光敏二极管结构和工作原理

（a）结构；（b）工作原理

光敏三极管结构与一般三极管很相似，有 PNP 型和 NPN 型两种，具有电流增益。当光照到 PN 结附近时，使 PN 结附近产生电子-空穴对，它们在内电场作用下，定向运动形成增大了的反向电流，即光电流。由于光照射集电结产生的光电流相当于一般二极管的基极电流，因此集电极电流被放大了 $\beta+1$ 倍，从而使光敏三极管具有比光敏二极管具有更高的灵敏度。光敏三极管工作原理如图 2-2-35 所示。

3. 光电传感器测量方法

光电式传感器测量方式分为辐射式（直射式）、吸收式、遮光式和反射式，如图 2-2-36 所示[13]。

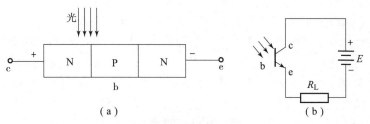

图 2 - 2 - 35 光敏三极管结构和工作原理

（a）结构；（b）工作原理

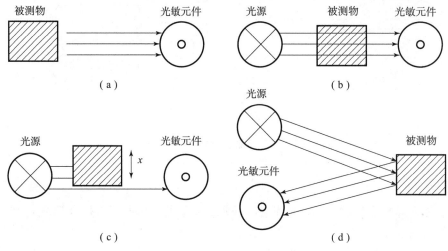

图 2 - 2 - 36 光敏元件的测量方式

（a）辐射式；（b）吸收式；（c）遮光式；（d）反射式

1）辐射式

当被测物本身就是辐射源时，其所发出的光直接照在传感器光敏元件上（或经过一定的光通路照在光敏元件上），这样可以通过光强度和光敏元件的输出建立对应关系。红外探测、光敏高温计、烟感等均属于辐射式光电传感类型。

2）吸收式

被吸收的光通量与被测物体的透明度有关。根据被测物体对光的吸收程度或对其谱线的选择来测定被测物体介质中的被测参数，这些介质可以是气体，也可以是液体，可以测量介质的透明度、浑浊度，对气体进行成分分析，对液体进行某种物质的含量确定等。

3）遮光式

当光源发出的光经过被测物体时被遮挡一部分，这样光敏元件上的光通量减弱，其强度与被测物体在光电通路中的位置有关。这样可依据被测物体阻挡光通量的多少来测定被测参数，如长度、厚度、位移等。

4）反射式

根据被测物体反射的光通量的多少来测定被测物表面性质和状态，如表面粗糙度、表面缺陷、表面温度、湿度等。

4. 光电式传感器的应用

光电式传感器具有结构简单、重量轻、体积小、价格便宜、敏度高等优点，在检测和自动控制等领域中有广泛应用。光电传感器结构上一般由光源、光学元件、光电变换器三部分组成。由被测量控制光电变换器处于"通"或"断"两种状态，可实现光电式转速测量功能，实现光电继电器、光电计数器、光电开关等功能；利用光电变换器输出光电流是输入光通量的函数特性，可实现光电位移测量（光电位移计）、振动测量（振动计）、照度测量（带材照度计）等。

这里简单介绍光电式转速传感器[16]。

图 2 - 3 - 37 所示为光电式数字转速表工作原理图。在被测转速的电机轴上固定一个调制盘，将光源发出的恒定光调制成随时间变化的调制光。光线每照射到光电器件上一次，光电器件就产生一个电信号脉冲，经放大器整形后计数处理。

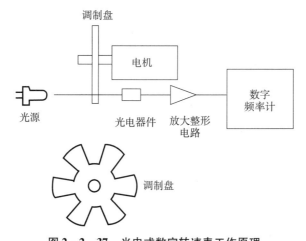

图 2 - 2 - 37　光电式数字转速表工作原理

如果调制盘上开 Z 个缺口，测量电路计数时间为 T（s），被测转速为 N（r/min），则此时得到的计数值为

$$C = \frac{ZTN}{60} \tag{2.2.36}$$

为了使读数 C 能直接读转速 N 值，一般取 $ZT = 60 \times 10^n (n = 0,1,2,\cdots)$。

2.3　信号及其描述

2.3.1　信号的分类与描述

1. 信号的时域和频域描述

在试验系统中，直接检测或记录到的信号，一般是随时间变化的物理量，称为信号的时域描述。信号时域描述能够反映信号幅值随时间变化的关系，而不能明显揭示信号的频率结构特征。

信号的频域描述就是以频率作为独立变量进行信号的表示，也就是信号的频谱分析。频域描述可以反映信号各频率成分的幅值和相位特征。信号中各次谐波的幅值和相位随频率不同而变化的规律为信号的频谱特性，包括幅频特性和相频特性。

信号的时域描述和频域描述是可以相互转换的，而且包含有同样的信息量。下面以周期方波信号为例介绍信号的时域描述和频域描述[17]。

图 2-3-1 所示为以周期方波信号，其时域描述为

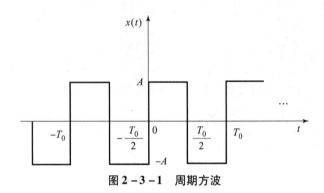

图 2-3-1　周期方波

$$\begin{cases} x(t) = x(t + nT_0) \\ x(t) = \begin{cases} A, & 0 < t < \dfrac{T_0}{2} \\ -A, & -\dfrac{T_0}{2} < t < 0 \end{cases} \end{cases} \tag{2.3.1}$$

将该信号进行傅里叶级数展开：

$$x(t) = \frac{4A}{\pi}\Big(\sin\omega_0 t + \frac{1}{3}\sin 3\omega_0 t + \frac{1}{5}\sin 5\omega_0 t + \cdots \Big) \tag{2.3.2}$$

式中　$\omega_0 = \dfrac{2\pi}{T_0}$。

上述公式表明，该周期方波信号是由一系列幅值和频率不等、相角为零的正弦信号叠加而成。式（2.3.2）可写为

$$x(t) = \frac{4A}{\pi}\Big(\sum_{n=1}^{\infty} \frac{1}{n}\sin\omega t \Big) \tag{2.3.3}$$

式中　$\omega = n\omega_0, n = 1,3,5,\cdots$。

从式（2.3.3）可以看出，除时间变量 t 之外，还有另外一变量 ω。如果视 t 为参变量，ω 为独立变量，则上式即为该周期方波的频域描述。在信号分析中，将组成信号的各频率成分找出来，按序排列，得出信号的频谱。若以频率为横坐标，分别以幅值或相位为纵坐标，便分别得到信号的幅频谱或相频谱。图 2-3-2 表示了该周期方波的时域图形、幅频谱和相频谱三者的关系。

信号时域描述直观地反映出信号瞬时值随时间变化的情况；频域描述则反映信号的频率组成及其幅值、相角大小。为了解决不同问题，往往需要掌握信号不同方面的特征，因而可采用不同的描述方式。每个信号有其特有的幅频谱和相频谱，在频域中每个信号都需同时用幅频谱和相频谱来描述。

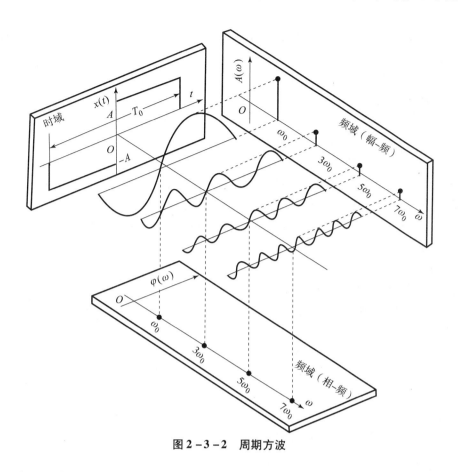

图 2 - 3 - 2　周期方波

2. 信号的分类

1) 确定性信号和非确定性信号

信号按数学关系可进行分类[18]，如图 2 - 3 - 3 所示。

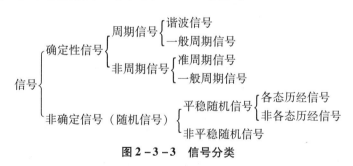

图 2 - 3 - 3　信号分类

（1）确定性信号。确定性信号就是能用明确的数学关系式表达的信号。例如汽车悬架的单自由度的无阻尼质量 – 弹簧振动系统，其位移信号可以写为

$$x(t) = A\cos\left(\sqrt{\frac{k}{m}}t + \varphi_0\right) \tag{2.3.4}$$

确定性信号分为周期信号和非周期信号两类。当信号按一定时间间隔周而复始重复出现时，称为周期信号，否则称为非周期信号。

周期信号的数学表达式为

$$x(t) = x(t + nT_0) \tag{2.3.5}$$

式中　$n = \pm 1, \pm 2, \cdots$；

T_0 ——周期，$T_0 = 2\pi/\omega_0 = 1/f_0$；

ω_0 ——角频率；

f_0 ——频率。

周期信号分为谐波信号和一般周期信号。式（3.4.5）所示的这种频率单一的正弦或余弦信号称为谐波信号。一般周期信号是由多个乃至无穷多个频率成分（频率不同的谐波分量）叠加所组成，叠加信号存在公共周期，例如周期方波、周期三角波等。

非周期信号分为准周期信号和一般非周期信号。准周期信号也是由多个频率成分叠加的信号，但叠加后不存在公共周期。一般非周期信号又称为瞬变非周期信号，是在有限时间段存在，或随着时间的增加而幅值衰减至零的信号。

（2）非确定性信号。非确定性信号又称为随机信号，是无法用明确的数学关系式表达的信号，这类信号需要采用数理统计理论来描述，无法准确预见某一瞬时的信号幅值。非确定性信号根据是否能满足平稳随机过程的条件，又可以分成平稳随机信号和非平稳随机信号。

2）连续信号和离散信号

信号按取值特征可分为连续信号和离散信号。

如图 2－3－4 所示，如果信号的独立变量取值连续，则是连续信号，如图 2－3－5（a）所示；如果信号的独立变量取值离散，则是离散信号，如图 2－3－5（b）所示。信号幅值也可分为连续的和离散的两种。如果信号的幅值和独立变量均连续，则称为模拟信号；如果信号幅值和独立变量均离散，则称为离散信号。计算机的输入/输出信号都是数字信号。

$$\text{信号}\begin{cases}\text{连续信号}\begin{cases}\text{模拟信号}\\\text{一般连续信号}\end{cases}\\\text{离散信号}\begin{cases}\text{一般离散信号}\\\text{数字信号}\end{cases}\end{cases}$$

图 2 – 3 – 4　信号分类

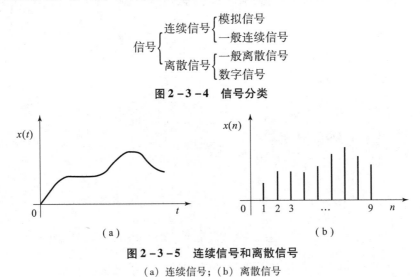

（a）　　　　　　　　　　　　　　（b）

图 2 – 3 – 5　连续信号和离散信号

（a）连续信号；（b）离散信号

2.3.2　周期信号与离散频谱

1. 周期信号三角函数展开

最简单的周期信号（简谐信号）为正弦信号：

$$x(t) = A\sin(\omega t + \varphi) \tag{2.3.6}$$

式中　A——正弦信号的幅值；

　　　ω——正弦信号的角频率；

　　　φ——相角。

在电路分析中正是利用三要素来描述交流电压和交流电流，使交流电路的分析变得简便可行。除了简单的正弦信号外，常见的还有许多其他的周期信号，如矩形波、三角波、锯齿波、各种形式的周期脉冲波等复杂周期信号。一般的工程技术中所遇到的周期信号都能满足狄里赫利条件：①连续或只有有限个第一类间断；②只有有限个极值点，那么该周期信号可以用傅里叶级数展可展开为

$$x(t) = a_0 + \sum_{k=1}^{\infty}(a_k\cos k\omega_0 t + b_k\sin k\omega_0 t)$$
$$= a_0 + \sum_{k=1}^{\infty}(A_k\sin(k\omega_0 t + \varphi_k)) \qquad (2.3.7)$$

式中　$a_0 = \dfrac{1}{T}\displaystyle\int_0^T x(t)\,\mathrm{d}t$；

　　　$a_k = \dfrac{2}{T}\displaystyle\int_0^T x(t)\cos k\omega_0 t\,\mathrm{d}t = A_k\sin\varphi_k$；

　　　$b_k = \dfrac{2}{T}\displaystyle\int_0^T x(t)\sin k\omega_0 t\,\mathrm{d}t = A_k\cos\varphi_k$；

　　　$A_k = \sqrt{a_k^2 + b_k^2}$，$\varphi_k = \arctan\left(\dfrac{a_k}{b_k}\right)$。

式中　T——非正弦信号的周期；

　　　ω_0——周期信号的基频。

由此可见，一个周期信号可以用该信号的平均值 a_0 及各频率成分（包括基波和各次谐波）的幅值 $A_1, A_2, \cdots, A_k, \cdots$ 和初相位 $\varphi_1, \varphi_2, \cdots, \varphi_k, \cdots$ 来描述。

傅里叶级数除了用三角函数表示外，还可以用复指数形式表示。

2. 周期信号频谱特点

（1）离散性。只在 $n\omega_0(n = 0,1,2,\cdots)$ 离散值上取值或只在 $m\omega_0(m = 0, \pm1, \pm2, \cdots)$ 离散点上取值；

（2）谐波性。每条频谱只出现在基波频率（$\omega_0 = 2\pi/T$）的整数倍的频率上，基波频率是诸分量频率的公约数，相邻谱线间隔为 $\Delta\omega$。

（3）收敛性。常见的周期信号幅值总的趋势是随谐波次数的增多而减小。由于这种收敛性，实际测量中在一定误差范围内可以忽略那些次数过多的谐波。

2.3.3　非周期信号与连续频谱

非周期信号包括准周期信号和瞬变冲激信号两种，其频谱各有独自的特点。

周期信号的频谱具有离散性，可展开成许多乃至无限项简谐信号之和，各谐波分量的频率具有一个公约数——基频。但是，几个简谐信号的叠加不一定是周期信号，也就是说具有离散频谱的信号不一定是周期信号。只有各简谐成分的频率比是有理数，它们能在某个时间间隔后周而复始，合成后的信号才是周期信号。

准周期信号就是由几个简谐信号叠加形成，具有离散频谱，但简谐信号频率比不是有理

数，合成后不是周期信号。

一般所说的非周期信号是指瞬变冲激信号，如矩形脉冲信号、指数衰减信号、衰减振荡、单脉冲等。对这种非周期信号，不能直接用傅里叶级数展开。

1. 准周期信号

准周期信号是由彼此频率比不全为有理数的两个以上函数信号叠加而成的信号，可用下式表示：

$$x(t) = \sum_{n=1}^{\infty} A_n \sin(\omega_n t + \varphi_n) \tag{2.3.8}$$

式中 $n = 1, 2, 3, \cdots, i, j, \cdots$；$\dfrac{\omega_i}{\omega_j} \neq$ 有理数。

信号仍然保持着离散谱的特点，处理方法同周期信号。

2. 瞬变非周期信号

对于周期 T 为无穷大的非周期信号，当周期 $T \to \infty$ 时，频谱谱线间隔 $\Delta\omega \to d\omega$，$T \to 2\pi/d\omega$。离散变量 $n\omega_0 \to \omega$，变为连续变量，求和运算后就变为求积分运算，于是信号的复指数形式可用下式表示：

$$x(t) = \frac{1}{2\pi} \int_{-\infty}^{\infty} X(\omega) \mathrm{e}^{\mathrm{j}\omega t} \mathrm{d}\omega \tag{2.3.9}$$

式（2.3.9）为傅里叶积分，记为 $x(t) = F^{-1}[X(\omega)]$。

$X(\omega)$ 可表示为

$$X(\omega) = \int_{-\infty}^{\infty} x(t) \mathrm{e}^{-\mathrm{j}\omega t} \mathrm{d}t \tag{2.3.10}$$

则 $X(\omega)$ 称为 $x(t)$ 的傅里叶正变换，$x(t)$ 称为 $X(\omega)$ 的傅里叶逆变换，两者互称为傅里叶变换对。

用傅里叶积分来描述非周期信号，其频谱是连续的，由无限多个频率无限接近的频率成分所组成。谱线幅值在各频率上趋于无穷小，故用频谱密度 $X(\omega)$ 来描述，在数值上相当于将分量放大 $T = 2\pi/d\omega$ 倍，同时保持各频率分量幅值相对分布规律不变。

2.3.4 随机信号

在工程实际中，许多信号无法用确切的数学关系式来描述，如气温的变化、机器振动的变化、环境噪声、飞机的颠簸等，它们是非确定的信号，称为随机信号。图 2-3-6 所示为汽车在水平柏油路上行驶时，车架主梁上一点的应变时间历程。可以看到，在工况完全相同（车速、路面、驾驶条件等）的情况下，各时间历程的样本记录是完全不同的，这种信号就是随机信号[17]。

虽然随机信号的函数值是不可预计的，但对于平稳随机过程（或更严格地限定为各态遍历过程），随机信号的统计数学指标则是可知的。一个随机时间信号 $x(t)$，如果其均值与对间 t 无关，其自相关函数 $R_{xx}(t_1, t_2)$ 和 t_1, t_2 的选取起点无关，而仅和 t_1, t_2 之差有关，那么，我们称 $x(t)$ 为宽平稳的随机信号，或广义平稳随机信号。对一平稳信号 $x(t)$，如果它的所有样本函数在某一固定时刻的一阶和二阶统计特性与单一样本函数在长时间内的统计特性一致，我们则称 $x(t)$ 为各态遍历（历经）信号。工程上的随机信号大多假设为各态遍历信号来处理，并能取得较好的结果[17]。

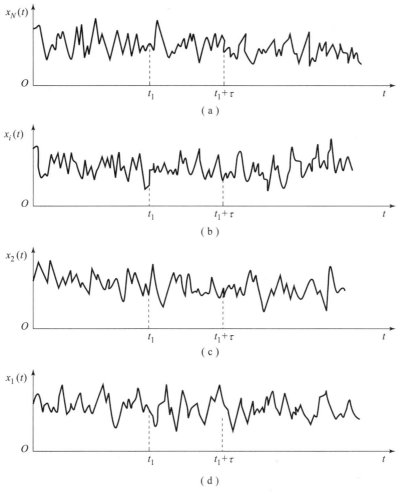

图 2 - 3 - 6　随机过程样本函数

这里简单介绍随机信号的主要统计参数。

1. 均值

随机信号的样本记录在整个时间范围内的平均称为均值：

$$\mu_x = E[x(t)] = \lim_{T \to \infty} \frac{1}{T} \int_0^T x(t) \, dt \tag{2.3.11}$$

平均值表示了信号直流分量的大小。在实际中，取有限长的样本作估计：

$$\hat{\mu}_x = E[x(t)] = \frac{1}{T} \int_0^T x(t) \, dt \tag{2.3.12}$$

2. 均方值

随机信号的平方值的均值，称为均方值，亦称平均功率：

$$\varphi_x^2 = E[x^2(t)] = \lim_{T \to \infty} \frac{1}{T} \int_0^T x^2(t) \, dt \tag{2.3.13}$$

均方值表示了信号的强度或功率。实际中，取有限长的样本作估计：

$$\widehat{\varphi_x^2} = \frac{1}{T}\int_0^T x^2(t)\,\mathrm{d}t \qquad (2.3.14)$$

有时，采用均方根值来表示：

$$\widehat{x}_{\text{rms}} = \sqrt{\widehat{\varphi_x^2}} = \sqrt{\frac{1}{T}\int_0^T x^2(t)\,\mathrm{d}t} \qquad (2.3.15)$$

3. 方差

方差是信号减去平均值后的均方值。

$$\sigma_x^2 = E\big[(x(t) - E[x(t)])^2\big] = \lim_{T\to\infty}\frac{1}{T}\int_0^T [x(t) - \mu_x]^2\,\mathrm{d}t \qquad (2.3.16)$$

方差反映了信号相对于均值的分散程度。均值、均方值和方差之间的关系为

$$\varphi_x^2 = \mu_x^2 + \sigma_x^2 \qquad (2.3.17)$$

4. 概率密度函数

随机信号的概率密度函数定义为

$$P(x) = \lim_{\Delta x\to 0}\frac{P[x < x(t) < x + \Delta x]}{\Delta x} \qquad (2.3.18)$$

式中　$P[x < x(t) < x + \Delta x]$ 表示瞬时值落在 Δx 范围内可能出现的概率。

对于各态历经过程，有

$$P(x) = \lim_{\Delta x\to 0}\frac{1}{\Delta x}\lim_{T\to\infty}\frac{T_x}{T} \qquad (2.3.19)$$

式中　$T_x = \Delta t_1 + \Delta t_2 + \cdots$ 表示在 $0 \sim T$ 这段时间里，信号瞬时值落在 Δx 区间的时间，如图 2 - 3 - 7 所示。

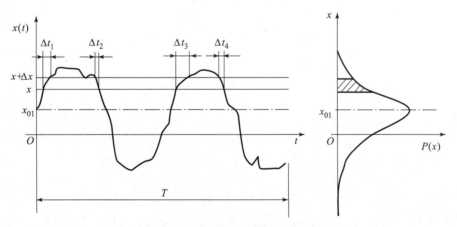

图 2 - 3 - 7　随机信号的概率密度函数

一般在有限长时间取样长度上求出其估计值：

$$\widehat{P}(x) = \frac{T_x}{T\Delta x} = \frac{\Delta t_1 + \Delta t_2 + \cdots}{T\Delta x} \qquad (2.3.20)$$

5. 相关函数

相关函数是描述两个信号之间的关系或其相似程度，称为互相关函数；也可以描述同一个信号的现在值与过去值的关系，称为自相关函数。

1）自相关函数

自相关函数 $R=(x)$ 是信号 $x(t)$ 与其经 τ 时移后得到的信号 $x(t+\tau)$ 相乘，再作积分平均运算，即

$$R_x(\tau) = \lim_{T\to\infty} \frac{1}{T} \int_0^T x(t) x(t+\tau)\,\mathrm{d}t \tag{2.3.21}$$

在工程实际中，常用估计值：

$$\widehat{R}_x(\tau) = \frac{1}{T} \int_0^T x(t) x(t+\tau)\,\mathrm{d}t \tag{2.3.22}$$

2）自相关函数

两个随机信号互相关函数定义为

$$\widehat{R}_{xy}(\tau) = \lim_{T\to\infty} \frac{1}{T} \int_0^T x(t) y(t+\tau)\,\mathrm{d}t \tag{2.3.23}$$

3）相关系数函数

由于相关函数与信号 $x(t)$、$y(t)$ 本身的大小有关，所以仅根据相关函数值的大小并不能确切反映信号的相关程度。故把相关函数作归一化处理，除去信号本身幅值大小对度量结果的影响，引入相关系数函数。

自相关系数函数为

$$P_x(\tau) = \frac{R_x(\tau)}{R_x(0)} \tag{2.3.24}$$

互相关系数函数为

$$P_{xy}(\tau) = \frac{R_{xy}(\tau)}{\sqrt{R_x(0) R_y(0)}} \tag{2.3.25}$$

式中　$R_x(0)$，$R_y(0)$ ——时差 τ 取零值时自相关函数 $R_x(\tau)$ 和 $R_y(\tau)$ 的值。

6. 功率谱密度函数

随机信号的自功率谱密度函数是其自相关函数的傅里叶变换，即

$$S_x(\omega) = \int_{-\infty}^{\infty} R_x(\tau) \mathrm{e}^{-\mathrm{j}\omega\tau}\,\mathrm{d}\tau \tag{2.3.26}$$

$$R_x(\tau) = \frac{1}{2\pi} = \int_{-\infty}^{\infty} S_x(\omega) \mathrm{e}^{\mathrm{j}\omega\tau}\,\mathrm{d}\omega \tag{2.3.27}$$

同理，可以定义两个随机信号之间的互功率谱密度函数为

$$S_{xy}(\omega) = \int_{-\infty}^{\infty} R_{xy}(\tau) \mathrm{e}^{-\mathrm{j}\omega\tau}\,\mathrm{d}\tau \tag{2.3.28}$$

$$R_{xy}(\tau) = \frac{1}{2\pi} = \int_{-\infty}^{\infty} S_{xy}(\omega) \mathrm{e}^{\mathrm{j}\omega\tau}\,\mathrm{d}\omega \tag{2.3.29}$$

利用谱密度函数可以定义相干函数：

$$\gamma_{xy}^2(\omega) = \frac{|S_{xy}(\omega)|^2}{S_x(\omega) S_y(\omega)} \tag{2.3.30}$$

相干函数是在频域内鉴别两信号相关程度的指标。

2.4　测量误差分析

2.4.1　测量误差的基本概念

1. 误差的定义与表示方法

1) 误差的定义

所谓误差，就是测量得到的测量值和被测量的真值之间的差值，可表示为

$$误差 = 测得值 - 真值$$

在观测一个量时，该量具有的真实大小就是所谓的真值，真值是被测物理量客观存在的值，它是一个理论概念。由于各种因素的影响，通过测量永远得不到真值，因此实际中常把下面几种情况规定为真值[19]。

（1）理论真值：如整圆的圆周角恒为 360°。

（2）规定真值：通常是由国际会议约定的，如单位时间秒（s）是铯原子基态的两个超精细能级之间辐射周期的 9 192 631 770 倍的持续时间。

（3）相对真值：在实际测量中，真值通常用被测量的实际值来代替，在测量中，将高一级标准仪器测得的值称为实际值，这就是相对真值。仪器检定中，即采用比被检仪器高一等级的标准仪器来检定仪器，这里即认为标准仪器测量的实际值为相对真值。

另外，在测量中，还经常用到标称值和示值的概念[16]。

（1）标称值：测量器具上所标出来的数值。

（2）示值：由测量器具读数装置所指示出来的被测量的数值。

测量误差可以用绝对误差表示，也可以用相对误差表示。

2) 误差的表示方法

（1）绝对误差。绝对误差又称为绝对真误差，可表示为

$$\Delta = x - x_0 \tag{2.4.1}$$

式中　Δ——绝对误差；

　　　x——测量值；

　　　x_0——真值。

绝对误差可以为正值，也可以为负值。

（2）相对误差。相对误差是绝对误差与真值之比，实际中由于真值无法准确获得，而测量值与真值接近，可近似用绝对误差与测量值之比作为相对误差，通常用百分比表示，即

$$\delta = \frac{\Delta}{x_0} \approx \frac{\Delta}{x} \tag{2.4.2}$$

相对误差也可正可负，相对误差通常用于衡量测量的准确度。

2. 误差的分类

按照误差的特点和性质，可把误差分为系统误差、随机误差（也称为偶然误差）和粗大误差三类。

（1）系统误差。系统误差是在同一条件下，多次测量同一量值时，绝对值和符号保持不变，或在条件改变时按一定规律变化的误差。材料、零部件及工艺的缺陷，标准量值、仪

器刻度的不准确，环境温度、压力的变化引起的误差为系统误差。

（2）随机误差。随机误差是在同一测量条件下，多次测量同一量值时，绝对值和符号以不可预定的方式变化。仪表中传动部件的间隙和摩擦、连接件的弹性变形、电子元器件的老化等引起的示值不稳定所造成的误差为随机误差。

（3）粗大误差。粗大误差是超出规定条件下预期的误差。粗大误差值明显歪曲测量结果，在测量或数据处理中，如果发现某次测量结果所对应的误差特别大或特别小时，应判断是否属于粗大误差，此值应剔除不用。

2.4.2　误差的分析与处理

1. 系统误差

前面已经介绍，系统误差是在相同的测试条件下，测量误差的大小保持不变或按一定规律变化。系统误差具有确定性、重现性、可修正性的特点。

1）系统误差的特点

（1）确定性。系统误差是确定的，有时是固定不变的，它的出现符合确定的函数规律。

（2）重现性。测量条件相同下，系统误差可重复出现。

（3）可修正性。由于系统误差具有一定的规律，并且可重复出现，因此，系统误差是可以得到修正的。

2）系统误差的分类

系统误差按其来源可分为以下 5 种。

（1）仪器误差。仪器误差是由于仪器本身不完善或老化所产生的误差，如卡尺零点偏移等。

（2）安装误差。安装误差是测量仪器的安装、调整及使用不当等引起的误差。例如，测试设备没有调整到水平、垂直、平行等理想状态，以及测试设备未能对中、方向不准所产生的误差。

（3）环境误差。环境误差是环境方面因素（如温度、湿度、磁场等）引起的误差，如测量时实际温度对标准温度有偏差而引起的误差。

（4）方法误差。方法误差是测量方法本身所形成的误差，或者由于采用测量所依据的测量原理本身不完善而产生的误差。

（5）人为误差。人为误差是测量人员先天缺陷或观察习惯等引起的误差，包括人员视差、观测误差、估值误差和读数误差等。

为了提高测量精度，应尽可能设法预知系统误差的产生原因并采取措施来减小或消除。

按照系统误差的变化，还可将系统误差分为恒值系统误差和变值系统误差。

在实际工作中，首先要判断是否存在系统误差，然后再设法消除。

3）系统误差的判别

（1）试验对比法。试验对比法适用于发现恒值系统误差。试验对比法是通过改变产生系统误差的条件进行不同条件的测量，以发现系统误差。在实际工作中，生产现场使用的仪器需要定期送法定计量部门进行检定，通过采用更高一级的标准仪器进行测试，即可发现恒值系统误差，并给出校准后的修正值。

（2）残余误差观察法。残余误差观察法适用于发现有规律变化的系统误差，是根据测量的各个残余误差的大小和符号变化规律，直接由误差数据或误差曲线图形判断有无系统误差。

（3）计算数据比较法。对同一个量独立测得 m 组结果，并知它们的算术平均值和标准差为

$$\bar{x}_1, \sigma_1; \bar{x}_2, \sigma_2 \cdots \bar{x}_m, \sigma_m \tag{2.4.3}$$

任意两组之差为

$$\Delta = \bar{x}_i - \bar{x}_j \tag{2.4.4}$$

其标准差为

$$\sigma = \sqrt{\sigma_i^2 + \sigma_j^2} \tag{2.4.5}$$

则任意两组结果 $\bar{x}_i$ 与 $\bar{x}_j$ 之间不存在系统误差的条件为

$$|\bar{x}_i - \bar{x}_j| < 2\sqrt{\sigma_i^2 + \sigma_j^2} \tag{2.4.6}$$

还有利用残余误差法和偏差之和相减法来判断系统误差，这里就不再介绍了。为使测量结果准确，应尽量把系统误差消除。

4）系统误差的消除与削弱

消除系统误差有以下几个基本方法。

（1）消除产生系统误差的根源。消除系统误差最基本的方法是在测量前就去掉产生误差的根源。如采用完善的测量方法，正确地安装和使用仪器设备，保持稳定的测量条件，防止外界的干扰，测量人员应具备较高的素质并严格按照操作规范使用仪器，定期检定仪器设备等，可避免系统误差的产生。

（2）引入修正值法。引入修正值法要求在测量前预先对测量系统进行校正，将测量仪器的系统误差检定或计算出来，取得仪器示值与准确值之间的关系，制作误差曲线或确定误差公式。取与误差大小相同、符号相反的数值作为修正值，将实测值加上修正值，即可得到不包含系统误差的测量结果。

（3）补偿法。下面用补偿法测量高频小电容的电路原理说明补偿法原理[16]。

在图 2-4-1 中，E 为恒压源；L 为电感线圈；C_s 为标准可变电容；V 为高内阻电压表。图中 C_0' 是电感线圈自身分布电容，可以把它等效看作与电容 C_s 并联，这时为 C_0。测量时，先不接入待测电容 C_x 调节标准电容，通过电压表来观察电路谐振点，此时标准电容读数为 C_{s1}；然后，把 C_x 接入 A，B 端，此时电路将失谐，调节标准电容，使电路仍处于谐振，此时标准电容读数为 C_{s2}。显然，两次谐振回路的电容应相等，即

$$C_{s2} + C_0 = C_{s2} + C_0 + C_x \tag{2.4.7}$$

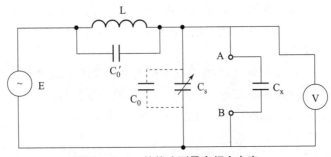

图 2-4-1　补偿法测量高频小电容

（4）对照法。对照法也称交换法。在一个检测系统中，在测量时，将引起系统误差的某些条件相互交换，保持其他条件不变，使系统误差的产生因素对测量结果起相反的作用，取两次测量平均值以消除系统误差。

2. 随机误差

当对同一个量进行等精度的多次重复测量时，得到一系列不同的测量值（通常称为测量列），每个测量值都包含误差。这些误差没有确定的规律，以不可预定的方式变化，但对于误差的总体具有统计意义，这就是随机误差。产生随机误差的原因主要有测量装置方面因素、环境方面因素和人员方面因素等。

1）随机误差的统计特性

随机误差就整体而言服从正态分布的统计规律，具有正态分布的特点。

（1）单峰性。绝对值小的误差出现的概率比绝对值大的误差出现的概率大。

（2）对称性。绝对值相等的正负误差出现的概率相同。

（3）有界性。在一定条件下，绝对值无限大的误差出现的概率趋近于零，即误差的绝对值实际上不会超过一定的界限。

（4）抵偿性。随着测量次数的增加，随机误差的算术平均值趋于零，即具有相互抵消的特性。抵偿性是随机误差最本质的性质，也就是说凡具有抵偿性的误差，原则上都可认为是随机误差。

2）随机误差的评价指标

由于随机误差大部分是按正态分布规律出现的，具有统计意义，故通常以正态分布曲线的算术平均值 $\bar{x}$ 和均方根 σ 作为评价指标。

（1）算术平均值 $\bar{x}$。对某一个量进行一系列等精度测量，其测量值皆不相同，应以全部测得算术平均值作为最后测量结果：

$$\bar{x} = \frac{x_1 + x_2 + \cdots + x_n}{n} = \sum_{i=1}^{n} x_i \qquad (2.4.8)$$

设真值为 X_0，各次测量值与真值的随机误差为 δ_1，δ_2，$\cdots$，δ_n，则

$$\delta_1 = x_1 - X_0，\delta_2 = x_2 - X_0，\cdots，\delta_n = x_n - X_0$$

即

$$\sum_{i=1}^{n} \delta_i = \sum_{i=1}^{n} (x_j - X_0) = \sum_{i=1}^{n} x_j - nX_0$$

当 $n \to \infty$ 时，有

$$\sum_{i=1}^{n} \delta_i \to 0$$

即

$$\bar{x} = \frac{\sum_{i=1}^{n} x_j}{n} \to X_0 \qquad (2.4.9)$$

由此可见，当测量次数无限时，测量值的算数平均值即等于真值；但是由于实际上测量次数有限，可以将算数平均值近似地作为被测量的真值。

（2）均方根差 σ。

①测量列中单次测量的标准差。在等精度测量列中，单次测量的标准差可按下式计算：

$$\sigma = \sqrt{\dfrac{\delta_1^2 + \delta_1^2 + \cdots + \delta_n^2}{n}} = \sqrt{\dfrac{\sum\limits_{i=1}^{n} \delta_i^2}{n}} \qquad (2.4.10)$$

式中 n——测量次数；

   δ_i——每次测量中相应各测量值的随机误差，可表示为

$$\delta_i = x_i - X_0$$

在实际工作中，一般情况下，被测量的真值为未知，这时可用被测量的算术平均值代替被测量的真值进行计算：

$$v_i = x_i - \overline{x}$$

式中 v_i——第 i 个测量值；

   v_i—— x_i 的残余误差（简称残差）。

用残差 v_i 近似代替随机误差求标准差的估计值，式（2.4.10）变为

$$\sigma = \sqrt{\dfrac{v_1^2 + v_2^2 + \cdots + v_n^2}{n-1}} = \sqrt{\dfrac{\sum\limits_{i=1}^{n} v_i^2}{n-1}} \qquad (2.4.11)$$

式（2.4.11）称为贝塞尔公式，据此可以由残差求得标准差的估计值。

②测量列算术平均值的标准差。在多次测量的测量列中，通常以算术平均值作为测量结果，因此，必须研究算术平均值不可靠的评定标准。而算术平均值的标准差 S 可作为算术平均值下可靠性的评定标准：

$$S = \dfrac{\sigma}{\sqrt{n}} = \sqrt{\dfrac{v_1^2 + v_2^2 + \cdots + v_n^2}{(n-1)n}} = \sqrt{\dfrac{\sum\limits_{i=1}^{n} v_i^2}{(n-1)n}} \qquad (2.4.12)$$

式中 S——算术平均值标准差（均方根误差）。

由式（2.4.12）可知，在 n 次等精度测量中，算术平均值的标准差为单次测量的 $1/\sqrt{n}$，当测量次数越大时，算数平均值越接近被测量的真值，测量精度也越高。

3. 粗大误差

粗大误差的数值比较大，带有粗大误差的测得值明显偏离真值，一旦发现含有粗大误差的异常数据，应从测量结果中舍弃。

判别粗大误差最常用的统计判别法是 3σ 准则。

如果对某被测量进行多次重复等精度测量的测量数据为

$$x_1, x_2, \cdots, x_n$$

其标准差为 σ，如果其中某一项残差 v_i > 3 倍标准差，即

$$|v_i| > 3\sigma \qquad (2.4.13)$$

则认为 v_i 为粗大误差，与其对应的测量数据 x_i 是坏值，应从测量列测量数据中剔除。

另外，还有应用于测量次数较少的 t 分布检验准则（罗曼诺夫斯基准则）和格罗布斯准则，这里不再赘述。

2.4.3 测量结果的误差分析

测量结果的准确程度需要用测量结果的误差来衡量，在给出测量结果的同时一般应给出

测量结果的误差范围。

1. 直接测量结果的误差分析

对于采用量程的百分比来表示准确度等级的仪器仪表的测量结果，测量误差用下式表示[17]：

$$\Delta X = \pm \alpha X_m \% \tag{2.4.14}$$

$$\delta_X = \pm \frac{X_m}{X_i} \alpha \% \tag{2.4.15}$$

式中　X_i——测量结果；

　　　X_m——仪表的量程；

　　　ΔX——测量结果 X_i 的绝对误差；

　　　δ_X——测量结果 X_i 的相对误差；

　　　α——测量仪器的准确度等级。

如果已知仪器仪表的基本误差或允许误差的测量结果，测量误差用下式求出：

$$\Delta X = \Delta \tag{2.4.16}$$

$$\delta_X = \frac{\Delta}{X_i} \times 100\% \tag{2.4.17}$$

式中　Δ——仪器仪表的基本误差或允许误差。

如果进行了多次测量，应考虑随机误差的影响。如果多次测量的标准偏差的估计值为 σ，则测量误差为

$$\Delta X = \pm (\alpha X_m \% + K\sigma) \tag{2.4.18}$$

$$\Delta X = \pm (|\Delta| + K\sigma) \tag{2.4.19}$$

2. 间接测量结果的误差分析

1）误差合成的一般公式

设测量结果 y 是 n 个独立变量 $X_1, X_2, \cdots, X_n$ 的函数，即

$$y = f(X_1, X_2, \cdots, X_n) \tag{2.4.20}$$

设各独立变量所产生的绝对误差为 ΔF_i，相对误差分量为 δF_i，则由这些误差分量综合影响而产生的函数总误差等于各误差分量的代数和，即

$$\Delta y = \sum \Delta F_i \tag{2.4.21}$$

$$\delta_y = \sum \delta F_i \tag{2.4.22}$$

$$\Delta F_i = C_\Delta \Delta X_i \tag{2.4.23}$$

$$\delta F_i = C_\delta \delta_{X_i} \tag{2.4.24}$$

式中　Δy, δ_y——函数的绝对误差和相对误差；

　　　C_Δ——绝对误差传递系数；

　　　ΔX_i——独立变量 X_i 的相对误差；

　　　C_δ——相对误差传递系数；

　　　δ_{X_i}——独立变量 X_i 的相对误差。

式（2.4.21）和式（2.4.22）是一切误差合成理论的基础，称为误差合成的一般公式。

2）误差传递系数的确定

从式（2.4.21）和式（2.4.22）的误差合成一般公式可以看出，只要误差传递系数 C_Δ 和 C_δ 已知，函数总误差就可以方便地求出。因此，确定误差传递系数是误差合成的关键。确定误差传递系数的方法有微分法、计算机仿真法和试验法。这里简单介绍试验法确定误差传递系数。

如果能够对某被测量的各种误差因素进行定量控制，则可由试验测定的方法来确定被测量的各种误差因素的误差传递函数。

步骤如下：

在第 i 个误差原因 Q_i 变化而其他误差原因保持不变时，测量被测量 y 的增量 Δy 和误差原因 Q_i 的变化量 ΔQ_i，获得测量列为

$$|\Delta y_{ij}, \Delta Q_{ij}|$$

式中　ΔQ_{ij}——第 i 个误差原因的第 j 次增量；

　　　Δy_{ij}——ΔQ_{ij} 引起的被测量 y 的增量。

利用最小二乘法，得回归曲线：

$$\Delta y_i = C_{\Delta i}\Delta Q_i + \Delta y_0$$

式中　$C_{\Delta i}$——误差原因 Q_i 的传递系数的试验估计值。

上述试验法确定误差传递系数，并不需要被测量和误差源之间的函数关系，这是这种方法优于微分法、计算机仿真法的方面。试验法不仅可以确定与被测量有函数关系的变量的误差传递系数，而且还可以确定与被测量无必然联系的测量条件和测量环境的误差传递系数。

2.5　测量数据处理

2.5.1　稳态测试数据处理

试验中所采集到的原始数据需要经过数值修约、换算、统计分析及归纳演绎等处理，得到能够反映试验目的的数据、公式、图表等，这一系列的过程就是数据处理[17]。

由于测量数据和测量结果均是近似数，位数各不相同。为了使测量结果的表示准确唯一，在数据处理时，需对测量结果和常数进行修约处理。

1. 有效数字

在测量和数据计算中，正确地确定测量值或计算结果的位数是数据处理的基础。

1）概念

有效数字是指在测量中所得到的有实际意义的数字，它取决于测量的方法和仪器的精度，即计算结果不能把准确度提高到超过测量所能达到的限度[17]。

测量值正确的表示为：①除末位数字是可疑或不确定的，其余各数字应该是准确的；②除特殊规定外，通常认为有效数字可疑不超过正、负一个单位的偏差。

2）运算规则

（1）数值的舍入修约规则。在处理数据的过程中，需要按照某些运算规则来确定各数据的有效数字位数，并舍弃后面多余的数字。舍弃后面多余数字的过程称为数字修约，目前一般采用"四舍六入五成双"规则。

表 2-5-1 所列为采用"四舍六入五成双"修约规则修约两位有效数字实例。

表 2-5-1　数据修约规则实例

测量值	4.35	4.45	4.453	4.235	6.375
修约值	4.4	4.4	4.5	4.2	6.4

①当测量数据满足条件"被修约数位是 5 并且 5 后所有数位无任何有效数值"时，判断 5 前数位，若是奇数则进位，若是偶数直接舍掉。

②当测量数据不满足条件则进行普通的四舍五入。

③不许连续修约。拟修约数字应在确定修约位数后一次修约获得结果，而不得多次按第①、②条规则连续修约。

（2）计算规则。在数据处理中，需要按照一定规则对一些有效数字位数不一致的数据进行运算，其基本计算如下。

①在加减运算中，参与运算的数据，以小数位数最少的为准，其余数据所保留的小数位数只多一位。计算结果的位数同参与计算的小数位数最少的位数相同。

②在乘除运算时，参与运算的数据，以有效位数最少的为准，其余数据的有效位数至多保留一位，且与小数点位置无关。计算结果的位数，与有效位数最少的那个数相同。

③在对数运算中，所取对数的尾数应与其真数的有效数字位数相同。

④在乘方、开方运算中，应保留的有效位数与原数相同。

⑤在多步计算中，中间各步可暂时多保留一位数字，以免多次四舍五入造成误差的积累，最终结果只能保留应有的位数。

对于在测试结果中出现的可疑数据（粗大误差），按上面介绍的粗大误差处理办法进行剔除，这里不再赘述。

2. 试验数据表示方法

试验数据需要进行更深入的分析，来获得各参数之间的联系，通常采用的数据处理方法有列表法、图示法和经验公式法。

1）列表法

列表法是根据测试的预期目的和内容，设计合理的数表的规格和形式，以能够清晰表达重要数据和计算结果。

列表法的特点是简单方便，但是，列表法不能给出所有的函数关系，也不易从表格中看出函数的变化规律，而仅能大致地估计出函数是变化趋势。在求列表相邻两数据的中间值时，需利用插值公式进行计算。

2）图示法

图示法是在选定的坐标系中，根据测量数据绘出几何图形来表示测量结果，其可根据试验结果作出尽可能反映真实情况的曲线。用图形表示测量数据的方法是最普通的一种方法。通过作图，可以非常直观地看出函数的增、减、周期等的变化规律以及极值等。

工程上多采用笛卡儿坐标，在数据变化具有指数特征时，用对数坐标可压缩图幅。

如果将测量数据绘制在笛卡儿坐标系中，将各测量数据点描绘成曲线时，应该使曲线通过尽可能多的数据点，曲线以外的数据点应尽量接近曲线，使曲线两侧的数据点大致相等，最后绘出一条平滑的曲线。同一横坐标下的不同内容数据点及数据线，应采用空心圆、三角形、矩形、正方形、十字形、叉号以及直线、点画线、虚线等区分。

图示法优点是能够直观、形象地反映出数据变化的趋向；现有的图形软件可以表示三个变量的三维图形，超过三个变量时就难以用图形来表示，这是图示法的缺点。

3）经验公式法

处理静态试验数据时，通常用简便的经验公式来表达每个变量之间的关系，通过对测量数据的整理、计算，求出表示各变量之间关系的经验公式或回归方程式。根据最小二乘法原理确定经验公式的数理统计方法称为回归分析。处理两个变量之间的关系称为一元回归分析，处理多个变量之间的关系称为多元回归分析。经验公式法的优点是具有结果的统一性，形式紧凑，便于进行数学运算，克服了图示法存在的主观因素影响。尤其在应用计算机测试数据时，经验公式法具有其他方法不可比拟的优势。

通过回归分析寻求经验公式，需要解决三个问题：确定经验公式的函数类型；确定函数中的各参数值；对该经验分式的精度做出评价[4,17]。

工程中，常见的经验公式是 n 次多项式，其中一元线性方程是最简单的形式，下面以此为例介绍最小二乘法的基本原理[17]。

（1）回归方程的确定。一元线性回归是工程上和科研中常见的直线拟合问题。并有一系列测量数据为 $x_i,y_i(i = 1,2,\cdots,n)$，如果上述测量数据 x_i 与 y_i 相互间基本是线性的关系，则可用一个线性方程来表示，即

$$y = ax + b \tag{2.5.1}$$

该直线方程称为上述测量数据的一元线性回归方程。

在误差理论中最小二乘法的基本含义是：在具有等精度的多次测量中，求最可信值时，是当各测量值的偏差平方和为最小时所求得的值。

把所有测量数据点都标在坐标图上，用最小二乘法拟合的直线，其各数据点与拟合直线之间的偏差平方和为最小。用数学表达式可写为

$$\sum_{i=1}^{n} v_i^2 = \min \tag{2.5.2}$$

式中　　v_i——第 i 数据点与拟合直线之间的偏差。

对线性方程式（2.5.1），按式（2.5.2），根据所有测量数据可得

$$\sum_{i=1}^{n} \left[y_i - (ax_i + b) \right]^2 = \min$$

求解线性回归系数 a、b 分别为

$$b = \bar{y} - a\bar{x} \tag{2.5.3}$$

$$a = \frac{l_{xy}}{l_{xx}} \tag{2.5.4}$$

其中，

$$\bar{x} = \frac{1}{n} \sum_{i=1}^{n} x_i$$

$$\bar{y} = \frac{1}{n} \sum_{i=1}^{n} y_i$$

$$l_{xx} = \sum_{i=1}^{n} (x_i - \bar{x})^2 = \sum_{i=1}^{n} x_i^2 - \frac{1}{n} \left(\sum_{i=1}^{n} x_i \right)^2$$

$$l_{xy} = \sum_{i=1}^{n} (x_i - \bar{x})(y_i - \bar{y}) = \sum_{i=1}^{n} x_i y_i - \frac{1}{n} \sum_{i=1}^{n} x_i \sum_{i=1}^{n} y_i$$

将系数 a、b 代入式 (2.5.1)，就得到最小二乘法拟合的一元线性回归直线方程。

(2) 回归方程的精度及显著性检验。当求出回归直线后，必须判断回归直线方程是否有意义，这就是回归方程的显著性检验。确定回归直线后，可以根据自变量 x 值预报或控制因变量 y 值。预报或控制的效果，就是回归方程的精度问题[4]。

通常，采用方差分析来检验回归直线的回归效果，确定回归方程的精度。在一组试验数据中，变量 y 的变化可以用各测量值 y 与其平均值 $\bar{y}$ 之差的平方和表示，称为总离差平方和，记为 Q_z：

$$Q_z = l_{yy} = \sum_{i=1}^{n} (y_i - \bar{y})^2 = Q_y + U \qquad (2.5.5)$$

则

$$Q_y = l_{yy} - U = l_{yy} - a^2 l_{xx} = l_{yy} - a l_{xy} \qquad (2.5.6)$$

其中，

$$Q_y = \sum_{i=1}^{n} (y_i - \hat{y}_i)^2$$

$$U = \sum_{i=1}^{n} (\hat{y}_i - \bar{y})^2 = \sum_{i=1}^{n} (ax_i + b - a\bar{x} - b)^2 = a^2 \sum_{i=1}^{n} (x_i - \bar{x})^2 = a^2 l_{xx} = a l_{xy}$$

式中　　U——回归平方和，它反映了回归直线上的点 $\hat{y}_i$ 对平均值 $\bar{y}$ 的变动，如图 2-5-1 所示；

　　　　Q_y——残差平方和，它反映试验数据 y_i 与回归直线的偏离程度。

Q_y 的均方根值 $\hat{\sigma}$ 称为残差标准误差，它可以用来衡量所有随机因素对 y 的一次性观测的平均误差的大小，$\hat{\sigma}$ 越小，回归直线的精度越高。

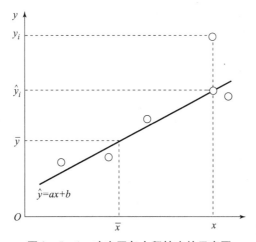

图 2-5-1　确定回归方程精度的示意图

$\hat{\sigma}$ 可表示为

$$\hat{\sigma} = \sqrt{\frac{Q_y}{n-2}} = \sqrt{\frac{\sum_{i=1}^{n} (y_i - \hat{y}_i)^2}{n-2}} = \sqrt{\frac{\sum_{i=1}^{n} [y_i - (ax_i + b)]^2}{n-2}} \qquad (2.5.7)$$

一个回归方程是否显著，即 y 与 x 的线性关系是否密切，取决于 U 及 Q_y 的大小。U 越大，Q_y 越小，说明 y 与 x 的线性关系越密切。

回归方程显著性检验通常采用 F 检验法（方差分析法）和相关分析法。下面简单介绍 F 检验法。

方差又称为均方。自由度是表征计算随机变量平方和时，有多少个独立的随机变量线性函数。因此，方差分析的关键是在正确计算平方和的基础上，决定其自由度。

把方差分析的所有平方和及自由度归纳在一个简单的方差分析表中，如表 2 - 5 - 2 所列。

表 2 - 5 - 2　方差分析表

变差来源	平方和	自由度	方差	F 值	显著性
回归残差	$U = al_{xy}$ $Q_y = l_{yy} - al_{xy}$	$f_U = 1$ $f_{Q_y} = n - 2$	$\hat{\sigma}^2 = \dfrac{Q_y}{n - 2}$	$\hat{\sigma}^2 = \dfrac{U/l}{Q_y/(n-2)}$	—
总计	$Q_z = l_{yy}$	$f = n - 1$			

根据显著性水平 α 及自由度 F_U、F_{Q_y}，查 F 分布表得到 $F_\alpha(1, n-2)$ 值，F 分布表中两个自由度 f_1 和 f_2 分别对应于 F_U 和 F_{Q_y}。检验时，一般需查出 F 分布表中所对应的三种显著水平 α 的数值，记为 $F_\alpha(1, n-2)$，将这三个数值与 F 值进行比较，结果判定如下：

① $F \geq F_{0.01}(1, n-2)$，回归高度显著；

② $F_{0.05}(1, n-2) \leq F \leq F_{0.01}(1, n-2)$，回归显著；

③ $F < F_{0.10}(1, n-2)$，回归不显著。

（3）加权回归。在实际问题中，得到的观察数据，有的重要，有的次要，这样用这些数据求回归方程时就不能把它们平等看待。这时求回归系数的最小二乘法估计时不是最小化通常的残差平方和，而是最小化残差平方的加权和。

2.5.2　动态测试数据处理

2.5.1 节介绍的是静（稳）态测试数据的处理，静（稳）态测试的被测量是静止不变的，仪器的输入量为常量。与静态测试对应的是动态测试，动态测试的被测量是随时间或空间而变化的，仪器的输入量及测试结果（数据或信号）也是随时间而变化的。

在车辆工程技术中，车辆的许多测量参数，如位移、振动、速度、加速度、应力－应变、压力等参量，是随时间和工况发生变化的，需要获取其变化过程情况及其各种内在相互关系，这就需要进行动态测试。

动态测试数据可以分为确定性的和随机性的两大类[17]。关于确定性数据和随机性数据，可参阅 2.3 节的内容。对于确定性数据，可以寻求数学函数式或经验公式来表达；对于随机性数据，一般可以从以下三个方面进行描述：

（1）时间域描述——自相关函数、互相关函数；

（2）幅值域描述——均值、均方值、方差以及概率密度函数等；

（3）频率域描述——自功率谱密度函数、互功率谱密度函数等。

1. 时域分析

1) 相关系数

相关在测试信号的分析中是一个非常重要的概念。所谓"相关",是指变量之间的线性关系。变量 x 和 y 之间的相关程度用相关系数 ρ_{xy} 表示,即

$$\rho_{xy} = \frac{\sigma_x \sigma_y}{\sigma_{xy}} = \frac{E[(x - \mu_x)(y - \mu_y)]}{\sqrt{E[(x - \mu_x)]^2 E[(y - \mu_y)]^2}} \tag{2.5.8}$$

式中　σ_x,σ_y——随机变量 x、y 的标准差。

　　　　μ_x,μ_y——随机变量 x、y 的均值,$\mu_x = E[x]$,$\mu_y = E[y]$。

　　　　σ_{xy}——随机变量 x、y 的协方差。

$|\rho_{xy}| \leqslant 1$。当 $\rho_{xy} = \pm 1$ 时,x、y 两变量是线性相关;当 $\rho_{xy} = 0$,x、y 两变量之间完全无关;当 $|\rho_{xy}| < 1$ 时,x、y 两变量之间的相关程度取决于 ρ_{xy} 的大小[4]。

2) 自相关函数

如果 $x(t)$ 为各态历经随机信号(图 2 - 5 - 2),$x(t + \tau)$ 为 $x(t)$ 时移 τ 后的样本,$x(t + \tau)$ 与 $x(t)$ 的相关系数 $\rho_{x(t)x(t+\tau)}$ 可表示为

$$\begin{aligned}
\rho_{x(t)x(t+\tau)} = \rho_x(\tau) &= \frac{\lim\limits_{T\to\infty} \frac{1}{T} \int_0^T [x(t) - \mu_x][x(t + \tau) - \mu_x]\mathrm{d}t}{\sigma_x^2} \\
&= \frac{\lim\limits_{T\to\infty} \frac{1}{T} \int_0^T x(t)x(t + \tau)\mathrm{d}t - \mu_x^2}{\sigma_x^2} \\
&= \frac{R_x(\tau) - \mu_x^2}{\sigma_x^2}
\end{aligned} \tag{2.5.9}$$

式中　$R_x(\tau)$——自相关函数,$R_x(\tau) = \lim\limits_{T\to\infty} \frac{1}{T} \int_0^T x(t)x(t + \tau)\mathrm{d}t$。

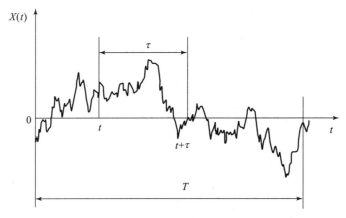

图 2 - 5 - 2　自相关函数

3) 互相关函数

对于各态历经过程,两个随机信号 $x(t)$ 和 $y(t)$ 的互相关函数 $R_{xy}(\tau)$(图 2 - 5 - 3)定义为

$$R_{xy}(\tau) = \lim_{T \to \infty} \frac{1}{T} \int_0^T x(t) y(t + \tau) \mathrm{d}t$$

其时移为 τ 的相关系数为

$$\rho_{xy} = \frac{\lim\limits_{T \to \infty} \dfrac{1}{T} \int_0^T [x(t) - \mu_x][y(t + \tau) - \mu_y]\mathrm{d}t}{\sigma_x \sigma_y}$$

$$= \frac{\lim\limits_{T \to \infty} \dfrac{1}{T} \int_0^T x(t) y(t + \tau)\mathrm{d}t - \mu_x \mu_y}{\sigma_x \sigma_y}$$

$$= \frac{R_{xy}(\tau)\mathrm{d}t - \mu_x \mu_y}{\sigma_x \sigma_y} \tag{2.5.10}$$

4）相关函数的处理与估计

对于随机性数据，在有限时间内所求得的平均值，只是整个过程的一个估计。相关函数的估计值 $\hat{R}_x(\tau)$ 和 $\hat{R}_{xy}(\tau)$ 分别表示为

$$\hat{R}_x(\tau) = \frac{1}{T} \int_0^T x(t) x(t + \tau) \mathrm{d}t \tag{2.5.11}$$

$$\hat{R}_{xy}(\tau) = \frac{1}{T} \int_0^T x(t) y(t + \tau) \mathrm{d}t \tag{2.5.12}$$

相关函数的处理与估计可以通过模拟处理和数字处理来完成。数字处理计算相关函数有直接计算法和傅里叶变换法两种。傅里叶变换法需要先计算功率谱密度函数，再对功率谱密度函数进行傅里叶逆变换。

2. 幅值域分析

1）均值、均方值和方差

（1）均值。均值反映数据的平均性质。在数据处理中，各态历经信号 $x(t)$ 的均值为

$$\mu_x = \lim_{T \to \infty} \frac{1}{T} \int_0^T x(t) \mathrm{d}t \tag{2.5.13}$$

式中　T——样本长度（观测时间）。

（2）均方值。均方值 φ_x^2 描述信号的强度，它是样本函数 $x(t)$ 平方的均值，即

$$\varphi_x^2 = \lim_{T \to \infty} \frac{1}{T} \int_0^T x^2(t) \mathrm{d}t \tag{2.5.14}$$

均方值 φ_x^2 正的平方根称为方根值，可表示为

$$\varphi_{\mathrm{rms}} = \sqrt{\varphi_x^2} \tag{2.5.15}$$

（3）方差。方差 σ_x^2 表示数据偏离均值的程度，它是样本函数 $x(t)$ 偏离均值 μ_x 的平方的均值，即

$$\sigma_x^2 = \lim_{T \to \infty} \frac{1}{T} \int_0^T [x(t) - \mu_x]^2 \mathrm{d}t = \varphi_x^2 - \mu_x^2 \tag{2.5.16}$$

方差的平方根是标准差 σ_x，即

$$\sigma_x = \sqrt{\sigma_x^2} = \sqrt{\varphi_x^2 - \mu_x^2} \tag{2.5.17}$$

2）概率密度函数

随机数据的概率密度函数，表示瞬时幅值落在某指定范围内的概率。概率密度函数定

义为

$$p(x) = \lim_{\Delta x \to 0} \frac{P[x < x(t) \le x + \Delta x]}{\Delta x} = \lim_{\Delta x \to 0} \frac{1}{\Delta x}\Big[\lim_{T \to 0} \frac{T_x}{T}\Big] \qquad (2.5.18)$$

概率相对于振幅的变化率就是概率密度函数，因此可以对概率密度函数积分而得到概率，即

$$P(x) = \int_{x_1}^{x_2} p(x)\,\mathrm{d}x \qquad (2.5.19)$$

概率密度函数提供了动态测量数据在幅值域分布的信息，试验数据的时间历程不同，具有的概率密度函数图形也不同，借此可以识别试验数据的基本类型。

3. 频域分析

1）周期性数据的频谱分析

根据傅里叶级数理论，在满足狄利克雷条件（分段连续和分段光滑）下，任何周期为 T 的时间历程 $x(t)$ 都可展开成傅里叶级数。这种把周期性数据展开成傅里叶级数的方法称为谐波分析法[4,17]。

周期性数据的频谱具有离散性、谐波性和收敛性特点，根据周期性数据频谱的收敛性，在误差允许的范围内，可以忽略高次谐波分量。

2）非周期性数据的频谱分析

瞬变数据的时间历程 $x(t)$ 满足傅里叶积分存在条件，即满足狄利克雷条件和在无限区间上函数绝对可积的条件，则

$$X(f) = \int_{-\infty}^{\infty} x(t)\mathrm{e}^{-\mathrm{j}2\pi ft}\,\mathrm{d}t \qquad (2.5.20)$$

$$X(t) = \int_{-\infty}^{\infty} X(f)\mathrm{e}^{-\mathrm{j}2\pi ft}\,\mathrm{d}t \qquad (2.5.21)$$

式（2.5.20）为傅里叶变换，式（2.5.21）为傅里叶逆变换，两者互称傅里叶变换对。在实际应用中 $X(f)$ 是通过 $x(t)$ 的离散的快速傅里叶变换（DFFT）获得的。

3）随机性数据的频谱分析

通常采用功率谱分析法分析随机性数据的时间历程。

（1）自功率谱密度函数。设 $x(t)$ 是各态历经随机过程的一个样本，其均值 $\mu_x = 0$，且其中无周期分量，$x(t)$ 的自功率谱密度函数定义为

$$S_x(f) = \int_{-\infty}^{\infty} R_x(\tau)\mathrm{e}^{-\mathrm{j}2\pi f\tau}\,\mathrm{d}\tau \qquad (2.5.22)$$

$$R_x(\tau) = \int_{-\infty}^{\infty} S_x(f)\mathrm{e}^{-\mathrm{j}2\pi f\tau}\,\mathrm{d}f \qquad (2.5.23)$$

自功率谱密度函数简称自谱或自功率谱。

在 $(0, \infty)$ 频率范围内定义的功率谱称为单边自功率谱，记为 $G_x(f)$，即

$$G_x(f) = \begin{cases} 2S_x(f), & 0 \le f < \infty \\ 0, & \text{其他} \end{cases}$$

（2）互功率谱密度函数。如果互相关函数 $R_{xy}(\tau)$ 满足傅里叶积分变换条件，则互功率谱密度函数 $S_{xy}(f)$ 定义为

$$S_{xy}(f) = \int_{-\infty}^{\infty} R_{xy}(\tau)\mathrm{e}^{-\mathrm{j}2\pi f\tau}\,\mathrm{d}\tau \qquad (2.5.24)$$

$$R_{xy}(\tau) = \int_{-\infty}^{\infty} S_{xy}(f) e^{-j2\pi f \tau} df \qquad (2.5.25)$$

在 $(0, \infty)$ 频率范围内单边互功率谱为

$$G_{xy}(f) = 2S_{xy}(f) = 2\int_{-\infty}^{\infty} R_{xy}(\tau) e^{-j2\pi f \tau} d\tau$$

(3) 相干函数。相干分析用来判断输出 $y(t)$ 中，有多少成分是来自输入 $x(t)$，有多少成分来自噪声。常相干函数（或常凝聚函数）为

$$K_{xy}^2(f) = \frac{|S_{xy}(f)|^2}{S_x(f) S_y(f)} \qquad (2.5.26)$$

当 $K_{xy}^2(f) = 1$ 时，表明系统中没有噪声干扰，而且是线性系统，$y(t)$ 完全来自输入 $x(t)$；如果 $K_{xy}^2(f) = 0$，表明表示 $y(t)$ 完全来自噪声，与 $x(t)$ 是统计独立的。如果常相干函数大于 0 小于 1，可能性有三种：①测量中有噪声干扰；②$y(t)$ 是输入 $x(t)$ 和其他输入的综合输出；③联系 $x(t)$ 和 $y(t)$ 的系统是非线性的。

一般认为，当 $K_{xy}^2(f) \geqslant 0.8$ 时，则认为输出与输入是凝聚的或相关的。

(4) 频率响应函数。对于线性系统，若其输入为 $x(t)$，输出为 $y(t)$，则系统的频率响应函数为

$$H(f) = \frac{Y(f)}{X(f)} \qquad (2.5.27)$$

第3章

测试系统

系统是一个由若干个互有关联的单元组成并具有某种功能的用来达到某种特定目的的有机整体。动力传动系统测试系统是针对需要完成某种动力传动系统测试目的而组建，测试目的可以是完成探索规律、发展理论，验证设计、鉴定性能，检查质量、验收产品，以及状态检测、故障诊断等。

本章介绍测试系统的组成、测试系统要求、测试系统特性、遥测系统以及数采系统等内容。

3.1 测试系统的组成

在动力传动测试系统中，测试的量主要是一些非电的物理量，如长度、位移、速度、加速度、频率、力、力矩、温度、压力、流量、振动、噪声等。用现代测试技术测量这些非电量的方法主要是电测法，首先将非电量先转换为电量；然后用各种电测仪表和装置乃至电子计算机对电信号进行处理和分析[15]。电测法具有许多其他测量方法所不具有的优点[17]：

（1）准确度和灵敏度高，测量范围广。

（2）电子装置惯性小，测量的反应速度快，具有比较宽的频率范围。

（3）能自动连续地进行测量和记录，并能根据测量结果进行自动控制。

（4）采用微处理器组成智能化仪器，可与微型计算机一起构成测量系统，实现数据处理、误差校正、自监视和仪器校准功能。

（5）可以进行远距离测量，从而能实现集中控制和遥远控制。

（6）从被测对象取用功率小，甚至完全不取用功率，也可以进行无接触测量，减少对被测对象的影响，提高测量精度。

测试系统是指由有关器件、仪器和装置有机组合而成的具有定量获取某种未知信息之功能的整体。测试系统的结构框图如图 3-1-1 所示，图 3-1-1（a）为一般测试系统框图，图 3-1-1（b）为反馈测试系统框图，它由传感器、信号变换、信号分析与处理或微型计算机等环节组成，或经信号变换环节后，直接显示和记录。

3.1.1 传感器

传感器是测试系统中的第一个环节，用于从被测对象获取有用的信息，并将其转换为适合于测量的变量或信号。电测技术的传感器是将外界信息按一定规律转换成电信号的装置，它是实现自动检测和自动控制的首要环节。因此，传感器包括获取信息部分的敏感器和转换器两个部分。若测量物体的温度变化时，采用热敏电阻来测量，此时温度的变化被转换为电

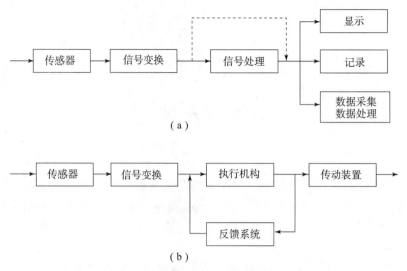

图 3 - 1 - 1　测试系统的结构框图

（a）一般测试系统框图；（b）反馈测试系统框图

参数——电阻率的变化；例如，在测量物体振动时，可以采用磁电式传感器，将物体振动的位移或振动速度通过电磁感应原理转换成电压变化量。由此可见，对于不同的被测物理量要采用不同的传感器，这些传感器的作用原理所依据的物理效应是千差万别的，其性能直接影响整个测试工作的质量，因此传感器在整个测量系统中的作用十分重要[20]。

3.1.2　信号处理

信号处理是对从传感器所输出的信号做进一步的加工和处理，包括对信号的转换、放大、滤波、存储、重放和一些专门的信号处理。这是因为从传感器输出的信号往往还夹杂有各种有害的干扰和噪声，因此在做进一步处理之前必须要将干扰和噪声滤除掉。另外，传感器的输出信号往往具有光、机、电等多种形式，而对信号的后续处理往往都采取电的方式和手段。因此，常常将传感器的输出信号进一步转换为适宜于电路处理的电信号，其中也包括信号的放大。通过信号处理部分的处理，最终希望获得便于传输、显示和记录以及可做进一步后续处理的信号。

信号处理环节常用的模拟电路是电桥电路、相敏电路、测量放大器、振荡器等；常用的数字电路有门电路、各种触发器、A/D 转换器和 D/A 转换器等。

3.1.3　信号显示与记录

信号显示与记录环节是将处理过的信号以便于人们观察和分析的形式，利用某种介质和手段进行显示或记录，如利用示波器可以显示信号的波形，利用磁带机可以将信号记录下来，随时能够回放。现在更多的是以数字信号的形式记录于计算机硬盘、U 盘、光盘等介质中，利用计算机进行显示和分析。

3.1.4　信号分析与处理

信号分析与处理环节是把测得的信号经过必要的变换或运算（滤波、增强、压缩、估计、识别等）后，研究信号的构成和特征值，以便从中获得所需信息的过程。用于信号分析与处理的仪器或装置有专用信号处理机、信号分析与处理应用软件等。

需要指出的是，任何测量结果都存在误差，必须把误差限制在允许范围内。为了准确获得被测对象的信息，要求测试系统中每一个环节的输出量与输入量之间必须具有一一对应关系，并且其输出的变化在给定的误差范围内。系统的传输特性确定了输出与输入之间的关系，若通过理论分析或测试确定了其中两者的数学描述，则可以求出第三者的数学描述。所以工程测试问题都可以归结为输入、输出和系统传输特性三者之间的关系问题。

除了以上主要部分外，测试系统还可能包括传感器安装支架、供电电源、导线、打印机、绘图仪等。上述组成测试系统的各个部分除传感器是必需的以外，其他的某些部分可能根据实际情况被简化。例如，某些传感器的输出直接为电信号，可不需要调理而直接进行显示。

3.2　测试系统的特性

动力传动系统测试是从动力传动系统获取有关信息的过程，是进行动态设计和系统建模的必需手段。进行系统参量的测试时，需使用各种测试装置和仪器对被测量进行传递、转换、处理、传送、显示、记录及存储，这些装置和仪器组成了测试系统。测试目的不同，测试要求不同，测试系统的组成和复杂程度可能千差万别，但是系统特性都是遵循一定的规律的。

测试系统是用来测量被测信号的，信号与系统密切相关。被测物理量，即输入信号作用于测试系统，经测试系统的"加工"与"处理"，产生需要的输出信号。测试系统和输入/输出关系如图 3 - 2 - 1 所示。输入为 $x(t)$，输出为 $y(t)$，$h(t)$ 为传递特性，$H(s)$、$X(s)$、$Y(s)$ 分别为对应的拉普拉斯变换。

图 3 - 2 - 1　测试系统和输入/输出关系

系统的输出信号应该能够真实地反映原始被测信号，测试系统各个环节输出量与输入量之间应保持意义对应和尽量不失真的关系，并尽可能减少和消除干扰[15,17 - 18]。

3.2.1　测试系统的基本要求

理想的测试系统应具有单值的、确定的输入和输出关系，其中以输出和输入呈线性关系为最佳。然而，实际的测试系统无法在较大的工作范围内满足这种要求，而只能在较小的工作范围内和一定的误差范围内满足这种要求。

严格地说，很多物理系统是非线性的或时变的。如果考虑测试系统的非线性因素和时变特性，则动态特性方程将成为非线性方程而难于求解。但在工程实际中，常常可以足够的精确度忽略非线性和时变因素，按照线性时不变系统的理论与方法研究测试系统最基本的动态特性。不过，在实际的动态测试工作中要注意测试系统具有线性传递特性的测量范围和工作频段。对于静态测量，往往能够通过曲线校正或补偿技术来做非线性校正。

从数学上讲，线性系统是指可以用线性方程（线性代数方程、线性微分方程、线性差分方程）描述的系统。若系统的输入 $x(t)$ 和输出 $y(t)$ 之间的关系可以用如下方程描述：

$$a_n \frac{\mathrm{d}^n y(t)}{\mathrm{d}t^n} + a_{N-1} \frac{\mathrm{d}^{n-1} y(t)}{\mathrm{d}t^{n-1}} + \cdots + a_1 \frac{\mathrm{d}y(t)}{\mathrm{d}t} + a_0 y(t)$$

$$= b_n \frac{\mathrm{d}^n x(t)}{\mathrm{d}t^n} + b_{n-1} \frac{\mathrm{d}^{n-1} x(t)}{\mathrm{d}t^{n-1}} + \cdots + b_1 \frac{\mathrm{d}x(t)}{\mathrm{d}t} + b_0 x(t) \qquad (3.2.1)$$

式（3.2.1）中的系数 a_n、b_n 均为不随时间变化的常数，则该方程为常系数微分方程，所描述的系统为定常线性系统或线性时不变系统。

本书中开展的动力传动系统试验的测试系统，如无特别声明，均为线性定常系统。

线性定常系统具有如下的性质：

（1）叠加特性。几个输入作用于系统所产生的总输出是各个输入所产生的输出叠加的结果。如果

$$\begin{cases} x_1(t) \to y_1(t) \\ x_2(t) \to y_2(t) \end{cases}$$

则

$$x_1(t) \pm x_2(t) \to y_1(t) \pm y_2(t)$$

（2）比例特性。对于任意常数 a，必有

$$ax(t) \to ay(t)$$

（3）微分特性。系统对输入导数的响应等于对原输入响应的导数，即

$$\frac{\mathrm{d}x(t)}{\mathrm{d}t} \to \frac{\mathrm{d}y(t)}{\mathrm{d}t}$$

（4）积分特性。如果系统的初始状态为零，则系统对输入积分的响应等同于对原输入响应的积分，即

$$\frac{\mathrm{d}x(t)}{\mathrm{d}t} \to \frac{\mathrm{d}y(t)}{\mathrm{d}t}$$

（5）频率保持特性。若输入为某一个频率的简谐信号，则系统的稳态输出必然是同频率的简谐信号，如果

$$x(t) = X_0 \mathrm{e}^{\mathrm{j}\omega t}$$

则

$$y(t) = Y_0 \mathrm{e}^{\mathrm{j}(\omega t + \varphi_0)}$$

3.2.2　测试系统的静态特性

任何测试装置的激励信号可以是常量，也可以是变量，系统对上述两类信号的反应也是各不相同的。当测量问题是有关快速变化的物理量时，系统的输入与输出之间的动态关系可以用微分方程来描述。测试装置的静态特性表示被测物理量处于稳定状态，输入和输出都是不随时间变化的常量（或变化极慢，在所观察的时间间隔内可忽略其变化而视为常量）。输

入与输出之间的关系为

$$y = a_0 + a_1 x + a_2 x^2 + \cdots + a_n x^n \tag{3.2.2}$$

式中　x——输入物理量；

　　　y——输出物理量；

　　　$a_0, a_1, a_2, \cdots, a_n$——常数。

当 $a_0 \neq 0$ 时，表示即使在没有输入的情况下，仍有输出，通常称为零点漂移（零漂）。理想的静态量的测试装置，其输出应是单值的，线性比例于输入，即静态特性为一条直线。

衡量测量静态特性的指标主要是重复性、灵敏度、线性度、迟滞性、分辨力及量程等[17]。

1. 重复性

重复性表示在相同测量条件下，重复测量同一个被测量，测量仪器提供相近示值的能力。重复性表示测量装置的随机误差接近于零的程度。

2. 灵敏度

单位输入变化引起测试系统输出值的变化称为灵敏度。通常使用理想直线的斜率作为测试系统的灵敏度值 S。此处的"理想直线"是相对于测试系统输入/输出关系的静态标定曲线而言的。静态标定曲线通常是指用试验方法确定测试系统输入/输出函数关系的曲线。一般有两种确定"理想直线"的方法：一种是端基连线法，端基连线是连接测量范围上、下限点的直线，如图 3 - 2 - 2 中虚线所示；另一种是独立直线法，独立直线也称最小二乘拟合曲线，即"理想直线"与标定曲线之间偏差的平方和最小。

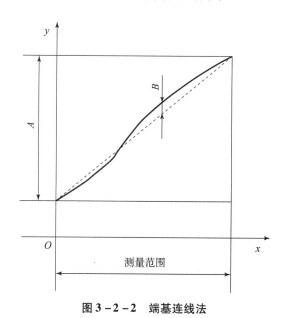

图 3 - 2 - 2　端基连线法

3. 线性度

理想的测量系统，其静态特性曲线是一条直线。但实际的输入/输出通常不是理想情况。线性度就是反映实际输入/输出与理想直线偏离的程度。图 3 - 2 - 3 所示为线性度图示法。

一般用校准曲线与拟合直线（或称为参考直线）之间的最大偏差与满量程输出的百分率表示，即

$$\delta_{\mathrm{L}} = \frac{\Delta l_{\max}}{Y_{\mathrm{ES}}} \times 100\% \qquad (3.2.3)$$

式中　δ_{L}——线性度；

　　　$\Delta l_{\max}$——校准曲线与拟合直线之间的最大偏差；

　　　Y_{ES}——用拟合方程计算得到的满量程输出值。

由于最大偏差 $\Delta l_{\max}$ 是以拟合直线为基准计算的，因此不同的拟合方法所得拟合直线不同，最大偏差 $\Delta l_{\max}$ 值也不一样。在表明线性度时应说明所采用的拟合方法。

4. 迟滞性

迟滞性也称回程误差，表示在规定的同一校准条件下，测量装置正、反行程校准曲线在同一校准级上正、反行程输出值的不一致程度。把在全测量范围内最大的差值 $\Delta H_{\max}$ 称为回程误差或滞后误差，如图 3 – 2 – 4 所示。

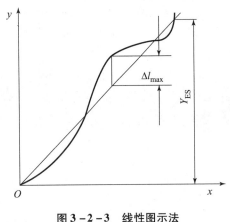

图 3 – 2 – 3　线性图示法

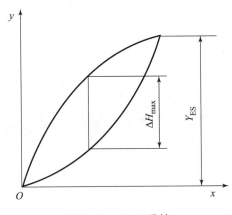

图 3 – 2 – 4　迟滞性

$$\delta_{\mathrm{H}} = \frac{\Delta H_{\max}}{Y_{\mathrm{ES}}} \times 100\% \qquad (3.2.4)$$

式中　δ_{H}——迟滞误差；

　　　$\Delta H_{\max}$——同一个校准值正、反行程输出平均值间的最大偏差，有时也称为回程误差；

　　　Y_{ES}——满量程理想输出值。

5. 分辨力

分辨力是用来表示测试装置能够检测出被测量的最小量值指标，是以最小量程的单位值来表示的。分辨力是指指示装置有效地鉴别紧密相邻量值的能力。

6. 量程

量程是测量上限值与下限值的代数差。测量系统能测量的最小输入量（下限）至最大输入量（上限）之间的范围称为测量范围。测量范围可以是单向的（如 0 ~ 100 m）、双向的（如 ±3g）、双向不对称的（如 –3 ~ +20g）及中间某一段无零值的（如 3 000 ~ 80 000 r/min）。

7. 精确度

精确度是指测量仪器的指示值和被测量真值的符合程度,它通过概率界限将仪器输出与被测量的真值关联起来。精确度是诸如线性度、温度漂移、回程误差等一系列因素所导致的不确定度之总和。

为了使测试结果正确,要求测试系统有足够的灵敏度,而线性度和回程误差要尽可能小。若测试系统静态参数不符合测试要求,则应查找根源所在,并设法排除和采取改善措施,以至更换测量环节或测试系统。

3.2.3　测试系统的动态特性

当输入量随时间变化时,测试系统所表现出的响应特性称为动态特性。在动态测量的情况下,当输入量变化时,人们所观察到的输出量不仅受研究对象动态特性的影响,也受到测量装置动态特性的影响。如果测量系统的动态特性不能满足输入信号变化的要求,则输出量会出现失真现象。如用具有弹簧–质量系统构成的机械式千分表去测量汽车驾驶室上某一点的动态变形量,所得的测量结果中不仅包含驾驶室这一点迅速变化的变形量,而且还包含测量系统动态特性的影响。因此,在动态测试中不能根据其指针最大偏摆量作为其最大变形的量度。为减少和消除测试装置的动态特性给测量带来的误差,对于动态测量的测试装置,必须考察并掌握测试装置的动态特性,这样才能判断测试结果的有效性。

描述测试系统动态特性的方法有多种。时域中常用的描述方法有微分方程、差分方程和状态方程,或特定输入下的响应,如单位冲激响应函数等;复数域中有传递函数;频域中有频率响应函数等。这里主要研究常用时域微分方程、传递函数、频率响应函数和单位冲激响应函数等描述方法。

在动态测量中,测量系统本身应该力求是线性系统,这不仅因为目前对线性系统才能作比较完善的数学处理和分析,还因为在动态测试中作非线性校正仍相当困难。本书将以线性系统为主进行介绍。

研究动态特性:首先必须建立数学模型,以便于用数学方法分析其动态响应,这就要从测量装置的物理结构出发,根据其所遵循的物理定律,建立输出和输入关系的运动微分方程;然后在给定条件下求解,得到在任意输入激励下测量系统的输出响应。

1. 时域微分方程

当测试系统被视为线性时不变系统时,可用常系数线性微分方程式(3.2.1)描述。若已知系统的输入 $x(t)$,通过求解微分方程,能够得到系统的响应 $y(t)$,再根据输入、输出之间的传输关系就可确定系统的动态特性。

线性系统具有叠加特性、比例特性、微分特性、积分特性和频率保持特性等基本特性,在前面已经介绍。其中,频率保持特性在动态测量中特别有用。

2. 传递函数

传递函数是在复数域中描述系统特性的数学模型。设 $x(s)$ 和 $y(s)$ 分别是输入 $x(t)$ 和输出 $y(t)$ 的拉普拉斯变换,对式(3.2.1)采用初始条件为零的拉普拉斯变换可得测试系统的传递函数为

$$H(s) = \frac{Y(s)}{X(s)} = \frac{b_m s^m + b_{m-1} s^{m-1} + \cdots + b_1 s + b_0}{a_n s^n + a_{n-1} s^{n-1} + \cdots + a_1 s + a_0} \tag{3.2.5}$$

式中 s——一个复变量，$s = \sigma + j\omega$。

传递函数具有以下特点：

（1）传递函数 $H(s)$ 与系统的输入和初始条件无关，它只反映系统本身的传输特性。

（2）传递函数 $H(s)$ 是对系统的微分方程式（3.2.1）取拉普拉斯变换而求得的，它只反映系统固有的传递特性而不拘泥于系统的物理结构。不同的物理系统可以具有相同形式的传递函数。

（3）对于实际的物理系统，输入 $x(t)$ 和输出 $y(t)$ 都具有各自的量纲。用传递函数描述系统的传输特性理应真实地反映量纲的这种变换关系，这个关系是通过系数 $a_i(i = 0, 1, \cdots, n)$ 和 $b_i(i = 0, 1, \cdots, m)$ 来反映的。这些系数的量纲将因具体物理系统及其输入/输出的量纲而异。

（4）传递函数 $H(s)$ 的分母多项式取决于系统的结构。分母多项式中 s 的最高幂次 n 代表微分方程的阶数。分子多项式则和系统同外界之间的联系有关，如输入激励点的位置、输入方式、被测量及测点的布置情况等。一般来说，测试系统总是稳定的系统，所以分子多项式中 s 的最高幂次 m 总是小于分母多项式中 s 的最高幂次 n，即 $m < n$。

传递函数的串联、并联和反馈运算规则如下。

1）串联

如图 3 - 2 - 5（a）所示，两个环节的传递函数分别为 $H_1(s)$ 和 $H_2(s)$，串联后形成的组合系统的传递函数为

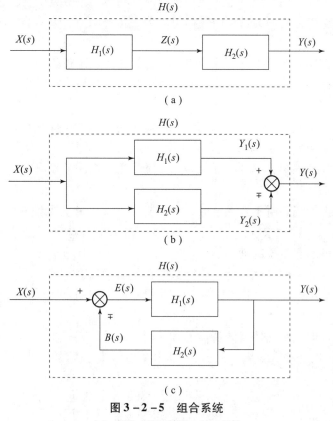

图 3 - 2 - 5　组合系统

（a）串联；（b）并联；（c）反馈

$$H(s) = \frac{Y(s)}{X(s)} = \frac{Y(s)}{Z(s)} \cdot \frac{Z(s)}{X(s)} = H_1(s) \cdot H_2(s) \tag{3.2.6}$$

2）并联

如图 3 – 2 – 5（b）所示，两个环节的传递函数分别为 $H_1(s)$ 和 $H_2(s)$，并联后形成的组合系统的传递函数为

$$H(s) = \frac{Y(s)}{X(s)} = \frac{Y_1(s) \mp Y_2(s)}{X(s)} = \frac{Y_1(s)}{X(s)} \mp \frac{Y_2(s)}{X(s)} = H_1(s) \mp H_2(s) \tag{3.2.7}$$

3）反馈

如图 3 – 2 – 5（c）所示，两个环节 $H_1(s)$ 和 $H_2(s)$ 组成的闭环反馈环节，有

$$\begin{cases} Y(s) = H_1(s)E(s) \\ E(s) = X(s) \mp B(s) \\ B(s) = H_2(s)Y(s) \end{cases}$$

其闭环反馈系统的传递函数为

$$H(s) = \frac{Y(s)}{X(s)} = \frac{H_1(s)}{1 \pm H_1(s) \cdot H_2(s)} \tag{3.2.8}$$

3. 频响函数

频率响应函数是在频域中描述系统特性的数学模型。与在时域中描述系统特性的微分方程以及在复数域中描述系统特性的传递函数相比较，频率响应函数具有许多优点。

许多工程实际中的物理系统的微分方程及其传递函数极难建立，而且传递函数的物理概念也很难理解。频率响应函数具有物理概念明确、容易通过试验建模，也极易由它求出传递函数的优点。因此，频率响应函数就成为试验研究系统特性的重要工具。

对于式（3.2.5）所描述的传递函数 $H(s)$ 的稳定线性定常系统，设复变量 $s = \sigma + j\omega$ 的实部为 0，即 $\sigma = 0, s = j\omega$，则

$$H(s) = \frac{Y(j\omega)}{X(j\omega)} = \frac{b_m (j\omega)^m + b_{m-1}(j\omega)^{m-1} + \cdots + b_1(j\omega) + b_0}{a_n (j\omega)^n + a_{n-1}(j\omega)^{n-1} + \cdots + a_1(j\omega) + a_0} \tag{3.2.9}$$

为测试系统的频率响应函数，显然频率响应函数为传递函数的特例。频率响应函数也可以用式（3.2.1）作初始条件为零的傅里叶变换求得。此时输入 $x(t)$ 和输出 $y(t)$ 的单边傅里叶变换分别为

$$\begin{cases} X(j\omega) = \displaystyle\int_0^\infty x(t)\,\mathrm{e}^{-j\omega}\mathrm{d}t \\ X(j\omega) = \displaystyle\int_0^\infty y(t)\,\mathrm{e}^{-j\omega}\mathrm{d}t \end{cases} \tag{3.2.10}$$

频率响应函数一般为复数，可以表示成幅值与相角的指数函数形式：

$$H(j\omega) = |H(j\omega)| \mathrm{e}^{j\angle H(\omega)} = A(\omega)\mathrm{e}^{j\varphi(\omega)} \tag{3.2.11}$$

其中，

$$\begin{cases} A(\omega) = |H(j\omega)| \\ \varphi(\omega) = \angle H(j\omega) \end{cases} \tag{3.2.12}$$

式（3.2.12）分别为系统的幅频特性和相频特性。

频率响应函数也可以用其实部和虚部表示为

$$H(j\omega) = U(\omega) + jV(\omega) \tag{3.2.13}$$

式中　$U(\omega)$，$V(\omega)$——系统的实频特性和虚频特性，此时有

$$\begin{cases} A(\omega) = \sqrt{U^2(\omega) + V^2(\omega)} \\ \varphi(\omega) = \arctan\left(\dfrac{V(\omega)}{U(\omega)}\right) \end{cases} \tag{3.2.14}$$

对于稳定的线性定常系统，若对其输入一个幅值为 X 的谐波信号，则

$$x(t) = X\sin\omega t$$

根据频率保持性，系统的稳态输出响应为同频率的谐波信号，但幅值和相位发生了变化，即

$$y(t) = Y(\omega)\sin[\omega t + \varphi(\omega)]$$

将上述输入/输出表示为复指数形式，则

$$\begin{cases} x(t) = Xe^{j\omega t} \\ y(t) = Y(\omega)e^{j[\omega t + \varphi(\omega)]} \end{cases} \tag{3.2.15}$$

将式（3.2.15）中的两个公式相比，可得到系统的频率特性，即

$$\frac{Y(\omega)e^{j[\omega t + \varphi(\omega)]}}{Xe^{j\omega t}} = \frac{Y(\omega)}{X}e^{j\varphi(\omega)} = A(\omega)e^{j\varphi(\omega)} = H(j\omega) \tag{3.2.16}$$

可见，系统的幅频特性 $A(\omega) = Y(\omega)/X$ 是线性系统在谐波输入作用下，其稳态输出与输入的幅值比，它是频率 ω 的函数。它反映了系统输入不同频率的谐波信号时，其输出响应幅值的衰减（或放大）特性。而系统的相频特性 $\varphi(\omega)$ 则是稳态输出信号与输入信号的相位差，它描述了系统输入不同频率的谐波信号时，其稳态输出信号产生相位超前或滞后的特性。

当输入为单位脉冲函数，即 $x(t) = \delta(t)$ 时，系统的输出为脉冲响应函数：

$$y(t) = h(t) = L^{-1}[H(s)] \tag{3.2.17}$$

也就是说，系统的脉冲响应函数 $h(t)$ 等于其传递函数 $H(s)$ 的拉普拉斯逆变换。$h(t)$、$H(s)$ 和 $H(j\omega)$ 统称为系统函数。对于线性定常系统，输出与系统函数和输入三者之间在时域具有卷积关系，在复频域和频域为乘积关系：

$$\begin{cases} y(t) = h(t) * x(t) \\ Y(s) = H(s)X(s) \\ Y(j\omega) = H(j\omega)X(j\omega) \end{cases} \tag{3.2.18}$$

3.2.4　典型的系统动态特性

在工程测试领域中，大部分系统可理想化为单自由度的零阶、一阶和二阶系统的级联。下面介绍最常见的一阶和二阶系统的频率响应。

1. 一阶系统的动态特性

以车辆领域里常见的一阶系统弹簧-阻尼系统（图3-2-6）介绍一阶系统的动态特性。

根据力学平衡条件，可得其运动微分方程为

$$c\frac{\mathrm{d}y(t)}{\mathrm{d}t} + ky(t) = x(t) \tag{3.2.19}$$

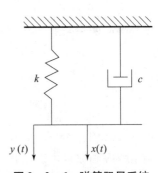

图3-2-6　弹簧阻尼系统

对式（3.2.19）进行拉普拉斯变换，有

$$\tau s Y(s) + Y(s) = KX(s) \tag{3.2.20}$$

$$H(s) = \frac{Y(s)}{X(s)} = \frac{K}{\tau s + 1} \tag{3.2.21}$$

式中　k——刚度；

　　　c——阻尼器阻尼系数；

　　　τ——时间常数，$\tau = c/k$（s）；

　　　K——静态灵敏度，$K = 1/k$。

对于物理结构不同的测量系统，其传递函数的形式相同。

令 $s = j\omega$，则得到一阶系统的频率响应特性为

$$H(j\omega) = = \frac{K}{\tau j\omega + 1} \tag{3.2.22}$$

式中　K——静态灵敏度，是一个只取决于系统结构，而与输入信号频率无关的常数，因此它不反映系统的动态特性。

为了使表达更加方便和简洁，一般总是将 K 设为 1（归一化处理）。这样，一阶系统的幅频特性和相频特性的表达式分别为

$$H(j\omega) = \frac{Y(j\omega)}{X(j\omega)} = \frac{1}{1 + (\tau\omega)^2} - j\frac{\tau\omega}{1 + (\tau\omega)^2} \tag{3.2.23}$$

其幅频特性和相频特性曲线如图 3 – 2 – 7 所示。

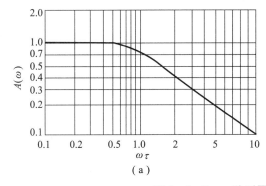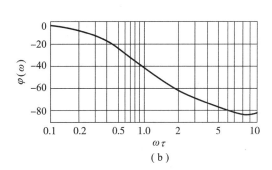

图 3 – 2 – 7　一阶测量系统幅频特性和相频特性

（a）幅频特性；（b）相频特性

一阶系统在正弦激励下，稳态输出时的响应幅值和相位差取决于输入信号的频率和系统的时间常数 τ。响应幅值随 ω 增大而减小，相位差随 ω 增大而增大。此外，系统的频率响应还与时间常数 τ 有关。当 $\tau\omega < 0.3$ 时，振幅与相位失真都较小，说明如果系统的时间常数 τ 越小，则 ω 可以增大，即工作频率范围越宽；反之，τ 越大，则 ω 就要减小，使工作频率范围越窄。

一阶系统的对数幅频特性为

$$20\lg A(\omega) = -20\lg\sqrt{1 + (\tau\omega)^2} \tag{3.2.24}$$

测量系统的伯德图如图 3 – 2 – 8 所示。当 $\tau\omega \ll 1$，$20\lg A(\omega) \approx 0$，因此，在低频阶段对数幅频特性近似于零分贝线，此水平线称为对数幅频特性曲线的低频渐近线。当 $\tau\omega \gg$

1，$20\lg A(\omega) = -20\lg\omega - 20\lg\tau$，因此在高频段对数频特性近似为一条斜率为 $-20\ \mathrm{dB/dec}$ 的直线，并且与零分贝线交于 $\omega = 1/\tau$（称为转角频率或交接频率），此斜线称为对数幅频特性曲线的高频渐近线。因此，一阶系统对数幅频特性曲线可由低频渐近线和高频渐近线衔接所构成的折线来近似表示，具有高频衰减特性。

2. 二阶系统的动态特性

下面以车辆领域常见的二阶系统弹簧 – 质量阻尼系统来介绍二阶系统的动态特性，如图 3 – 2 – 9 所示。

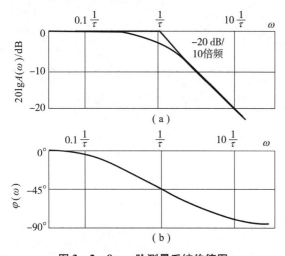

图 3 – 2 – 8　一阶测量系统伯德图

（a）对数幅频曲线；（b）相频曲线

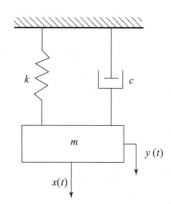

图 3 – 2 – 9　弹簧阻尼二阶系统

对弹簧 – 质量阻尼系统来说，当该系统受外力作用时，外力与惯性力、阻尼力和弹簧反力相平衡，则

$$m\frac{\mathrm{d}^2 y}{\mathrm{d}t^2} + c\frac{\mathrm{d}y}{\mathrm{d}t} + ky = x(t) \tag{3.2.25}$$

式中　m——系统的质量。

式（3.2.25）为二阶微分方程，对其拉普拉斯变换得到所对应的传递函数：

$$H(s) = \frac{K}{\dfrac{1}{\omega_n^2}s^2 + 2\dfrac{\zeta}{\omega_n}s + 1} \tag{3.2.26}$$

式中　ω_n——系统的固有角频率，$\omega_n = \sqrt{k/m}$；

　　　ζ——系统的阻尼比，$\zeta = c/2\sqrt{km}$。

显然，ω_n、ζ 和 K 都是取决于系统的结构参数。系统一经组成调整完毕，ω_n、ζ 和 K 也随之确定。为了表达方便，通常设 $K = 1$（归一化处理），这时，传递函数转换为

$$H(s) = \frac{\omega_n^2}{s^2 + 2\zeta\omega_n s + \omega_n^2} \tag{3.2.27}$$

令 $s = \mathrm{j}\omega$，将其代入式（3.2.27），即得到二阶系统的频率响应特性为

$$H(\mathrm{j}\omega) = \frac{1}{1 - \left(\dfrac{\omega}{\omega_{\mathrm{n}}}\right)^2 + 2\mathrm{j}\zeta\dfrac{\omega}{\omega_{\mathrm{n}}}} \tag{3.2.28}$$

由式（3.2.28）可以得到其幅频特性和相频特性如图 3-2-10 所示。

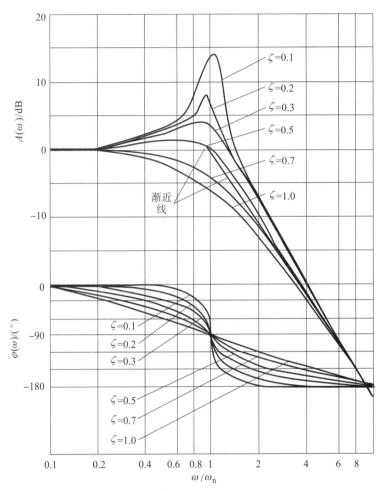

图 3-2-10   二阶系统的幅频特性和相频特性曲线

当 $\omega \ll \omega_{\mathrm{n}}$，$A(\omega) \approx 1$；当 $\omega \gg \omega_{\mathrm{n}}$，$A(\omega) \rightarrow 0$。当 $A(\omega) = 1/2\zeta$ 时，取值受阻尼比的影响较大。欠阻尼情况下，在 $\omega = \omega_{\mathrm{n}}$ 附近会产生共振。因此，作为实用装置，应该避开这种情况或该频率区域。$\varphi(\omega_{\mathrm{n}}) = -90°$，取值与阻尼比无关。

二阶系统的对数幅频特性为

$$20\lg A(\omega) = -20\lg \sqrt{\left[-\left(\dfrac{\omega}{\omega_{\mathrm{n}}}\right)^2\right]^2 + \left(2\mathrm{j}\zeta\dfrac{\omega}{\omega_{\mathrm{n}}}\right)^2} \tag{3.2.29}$$

二阶系统的伯德图如图 3-2-11 所示：在低频段 $\omega \ll \omega_{\mathrm{n}}$，$20\lg A(\omega) \approx 0$，因此低频段渐近线是零分贝线；在高频段 $\omega \gg \omega_{\mathrm{n}}$ 时，$20\lg A(\omega) \approx -40\lg\omega + 40\lg\omega_{\mathrm{n}}$，因此高频段渐近线是一条斜率为 $-40\ \mathrm{dB/dec}$ 的直线，并且与零分贝线交于 $\omega = \omega_{\mathrm{n}}$ 处。二阶系统的对数幅频特性曲线可由低频渐近线和高频渐近线衔接所构成的折线来近似表示。

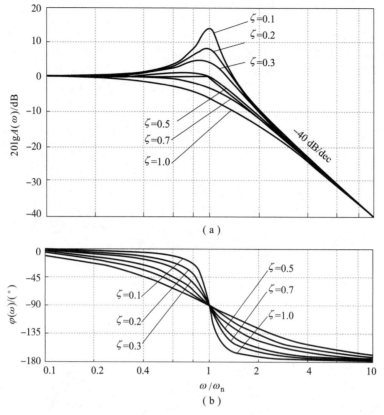

（a）

（b）

图 3 - 2 - 11　二阶系统的伯德图

3.3　测试系统实现不失真测试的条件

在测试过程中，为了使测试系统的输出能够真实、准确地反映被测对象的信息，希望测试系统的输出在时域能够保持输入信号随时间的变化规律，在频域能够保持输入信号的频谱结构，即测试系统能够实现不失真测试[15,17-18]。实现不失真测试是有一定条件的。

1. 时域条件

设有一个测试装置，其输出 $y(t)$ 和输入 $x(t)$ 满足

$$y(t) = A_0 x(t - t_0) \tag{3.3.1}$$

式中　A_0，t_0——常量。

式（3.3.1）表示该系统装置输出的波形与输入波形精确地一致，只是对应的幅值放大了 A_0 倍，和时间上滞后了 t_0 时间，如图 3 - 3 - 1 所示。因此，可以说输出不失真地复现了输入，也就是实现了不失真测试。

2. 频域条件

对式（3.3.1）作傅里叶变换，则

$$Y(\omega) = A_0 e^{-j\omega t_0} X(\omega) \tag{3.3.2}$$

若考虑当 $t < 0$ 时，$X(t) = 0$，$y(t_0) = 0$，有

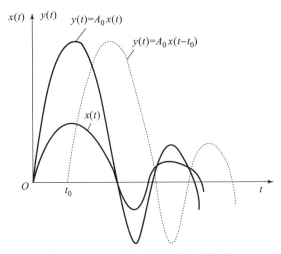

图 3 - 3 - 1　不失真测试的时域条件

$$H(\omega) = A(\omega)\,\mathrm{e}^{\mathrm{j}\varphi(\omega)} = \frac{Y(\omega)}{X(\omega)} = A_0\mathrm{e}^{-\mathrm{j}t_0\omega} \tag{3.3.3}$$

若要求装置的输出波形不失真，则其幅频和相频应满足

$$\begin{cases} A(\omega) = A_0 = 常数 \\ \varphi(\omega) = -t_0\omega \end{cases} \tag{3.3.4}$$

A_0 不等于常数时所引起的失真称为幅值失真，$\varphi(\omega)$ 与 ω 之间的非线性关系所引起的失真称为相位失真。

应当指出，满足式（3.3.3）和式（3.3.4）所示的条件后，装置的输出仍滞后于输入一定的时间。如果测量的目的只是精确地测量出输入波形，那么上述条件完全满足不失真测量的要求。如果测量的结果要用来作为反馈控制信号，那么还应当注意到输出对输入的时间滞后有可能破坏系统的稳定性。这时应根据具体要求，力求减小时间滞后。

测试系统只有在一定的工作频率范围内，才能保持它的频率响应符合精确测试的条件。图 3 - 2 - 13 所示为包含各种不同频率成分的输入信号 $x(t)$，通过一个具有 $H(\omega) = A(\omega)\mathrm{e}^{\mathrm{j}\varphi(\omega)}$ 传递特性的测试系统后产生输出信号的情形。输入信号可分解为一个直流分量和三个正弦信号，假设在某参考时刻 $t = 0$，初始相位角均为零。图 3 - 3 - 2 中形象地显示出输出信号相对于输入信号在不同的频率点处有不同的幅值增益和相位滞后。对于频率 $\omega < \omega_\mathrm{n}$ 的输入信号成分，其对应的输出没有失真；对于 $\omega = \omega_\mathrm{n}$ 的谐振情形和 $\omega > \omega_\mathrm{n}$ 的衰减情形，对应的输出不仅有严重的幅值失真也有相位失真。

对于实际测量装置，即使在某一频率范围内工作，也难以完全理想地实现不失真测量，只能努力把波形失真限制在一定误差范围内。为此，首先要选用合适的测量装置，在测量频率范围内，其幅、相频率特性接近不失真测试条件；其次，对输入信号做必要的前置处理，及时滤掉非信号频带内的噪声，尤其要防止某些频率位于测量装置共振区的噪声的进入。

在装置特性的选择时也应分析并权衡幅值失真、相位失真对测试的影响。例如，在振动测量中，有时只要求了解振动中的频率成分及其强度，并不关心其确切的波形变化，只要求

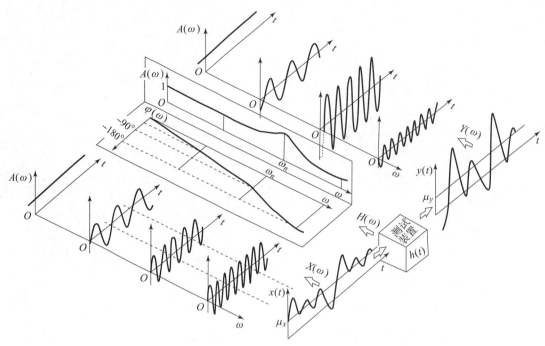

图 3 - 3 - 2　输入信号通过测试系统后不同频率成分的输出响应

了解其幅值谱而对相位谱无要求，这时首先要注意的应是测量装置的幅频特性。又如，某些测量要求测得特定波形的延迟时间，这时对测量装置的相频特性就应有严格的要求，以减小相位失真引起的测试误差。

　　3. 各阶系统实现不失真测试的条件

　　对于一个阶系统，在 $\omega/\omega_n < 0.3$ 的范围内，系统的幅频特性接近一条直线，共幅值变化不超过 10%。从相频曲线上看，曲线随阻尼比的不同剧烈变化。其中，当 $\xi = 0.6 \sim 0.8$ 时，相频特性曲线可近似认为是一条起自坐标原点的斜线。由于在 ξ 取值很小时，系统易产生超调和振荡现象，不利于测量。因此，许多测量系统都选择在 $\xi = 0.6 \sim 0.8$ 的范围内，此时能够得到较好的相位线性特性。

　　通常的二阶系统，当 $\omega/\omega_n > 3$ 时，相频曲线对所有的 ξ 都接近于 $-180°$。这样，在实际测量电路上，可以简单地采用反相器或在数据处理时减去同定的 $180°$ 相位差来获得无相位差的结果。因此，可以认为此时的相频特性能满足精确测试条件。对于一个具有低通特性的二阶系统，当 $\omega/\omega_n > 3$ 时，其幅频特性曲线尽管也趋近于一个常数，但是该高频幅值量很小，不利于信号的输出与后续处理。但是，对于具有高通特性的二阶系统，例如，像惯性式传感器这样的弹簧阻尼系统，当 $\omega/\omega_n > 3$ 时，其在高频段的幅值趋近于 1，而相频特性则与二阶低通环节相同，此时便可方便地采用反相器获取对高频振动的精确测量。

　　对于高阶系统，其分析原则与一阶、二阶系统相同。由于高阶系统可以看作是若干个一阶、二阶环节的并联或串联，因此，任何一个环节产生的测试结果不精确均会导致整个装置的测量结果失真，所以应该努力做到系统的各个环节的传递特性均满足精确测量的要求。

3.4 测试系统动态特性参数的测试

对测试系统的特性参数的测试，包括静态参数的测定和动态参数的测试。测试系统静态参数的测定相对简单，一般以标准量作输入，测出输入、输出二者之间相对应的标定曲线，从该曲线上可以读出系统灵敏度、非线性度及回程误差等参数。测试系统的动态参数测试较复杂，系统只有受到激励后才能表现出来，并且隐含在箱体的响应之中。一阶系统的动态特性参数就是时间常数，二阶系统的动态特性参数是阻尼比和固有频率。动态特性参数的测试方法，常因测试装置的形式不同而不完全相同。从原理上一般可分为正弦信号响应法、阶跃信号响应法、脉冲信号响应法和随机信号响应法等。

下面简单介绍用阶跃信号响应法求测试系统的动态特性参数[15,17-18]。

1. 一阶系统

描述一阶系统装置的动态特性参数只有时间常数 τ。只要给一阶系统装置输入一个单位阶跃信号，记录其输出波形，从中找到输出值达到最终稳态值的63.2%的点，则该点所对应的时间就是时间常数 τ。但是，用此种方法确定的 τ 值，实际上未涉及阶跃响应的全过程，测量结果仅仅取决于是否能精确地确定 $t=0$ 的点，所以测量结果的可靠性不足。为此，改用下述方法确定时间常数 τ，可获得较可靠的结果。

一阶系统装置的阶跃响应函数为

$$Y(t) = 1 - e^{-t/\tau} \tag{3.4.1}$$

令 $Z = -t/\tau$，式（3.4.1）可写为

$$1 - y(t) = e^{-t/\tau} = e^z \tag{3.4.2}$$

对式（3.4.2）两边取对数，得

$$Z = \ln[1 - y(t)] = -\frac{t}{\tau} \tag{3.4.3}$$

从式（3.4.3）可见，Z 和时间 t 呈线性关系。因此，可根据测得的 $y(t)$ 值做出 $\ln[1-y(t)]-t$ 曲线，并根据其斜率值求得时间常数 $\tau = -\Delta t/\Delta Z$，如图 3-4-1 所示。

这种方法既考虑了响应的全过程，又对该装置是否符合一阶系统做出了判断，如果数据 Z 各点偏离直线很多，则可判定该系统装置实际并非一阶测试系统。

2. 二阶系统

对于二阶系统，其静态灵敏度同样采用静态标定来确定。采用阶跃响应法测定欠阻尼二阶系统阻尼比 ξ 和固有频率 ω_n 的方法，如图 3-4-2 所示。

二阶系统欠阻尼情况下的阶跃响应为

$$y(t) = 1 - \frac{e^{-\xi\omega_n t}}{\sqrt{1 - \xi^2}}\sin(\omega_d + \varphi) \tag{3.4.4}$$

式中 $\varphi = \arctan(\sqrt{1-\xi^2}/\xi)$，其瞬态响应是以 $\omega_d = \omega_n\sqrt{1-\xi^2}$ 的圆周率做衰减振荡的，该圆周率称为系统的有阻尼固有频率。对上述函数求极值，可得曲线中各振荡峰值所对应的时间 $t_p = 0, \tau, 2\tau, \cdots$，其中 $\tau = \pi/\omega_d$。

求极大值可得到最大超调量 M（图 3-4-2）和阻尼比 ξ 的关系式，即

$$M = e^{-(\xi\pi/\sqrt{1-\xi^2})} \tag{3.4.5}$$

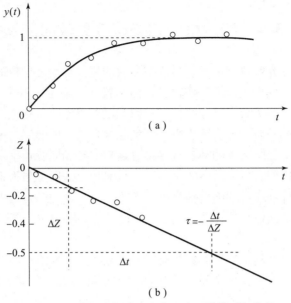

(a)

(b)

图 3 - 4 - 1　单位阶跃试验法求一阶系统的时间常数 τ

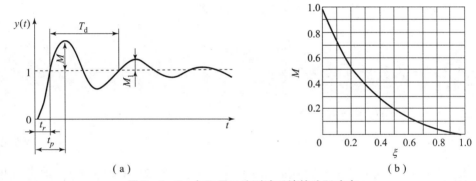

(a)　　　　　　　　　　(b)

图 3 - 4 - 2　欠阻尼二阶测试系统的阶跃响应

或

$$\xi = \sqrt{\frac{1}{(\pi/\ln M)^2 + 1}} \tag{3.4.6}$$

因此，测得 M 之后，便可以按做出的 M—ξ 曲线求取阻尼比 ξ。

　　如果测得的是阶跃响应的较长瞬变过程，则可利用任意两个超调量 M_i 和 M_{i+n} 求其阻尼比，其中 n 是该两峰值相隔的整周期数。设 M_i 和 M_{i+n} 所对应的时间分别是 t_i 和 t_{i+n}，则

$$t_{i+n} = t_i + \frac{2n\pi}{\omega_n \sqrt{1 - \xi^2}} \tag{3.4.7}$$

　　将式（3.4.7）代入式（3.4.4），经整理后可得

$$\xi = \sqrt{\frac{\delta_n^2}{\delta_n^2 + 4\pi^2 n^2}} \tag{3.4.8}$$

式中　$\delta_n = \ln \dfrac{M_i}{M_{i+n}}$。

根据式（3.4.7）即可按照测得的 M_i 和 M_{i+n} 求出 ξ。

当系统阻尼较小，如 $\xi < 0.3$，以 1 代替 $\sqrt{1 - \xi^2}$ 进行近似计算不会产生过大的误差，则式（3.4.8）可简化为

$$\xi \approx \frac{\ln\left(\dfrac{M_i}{M_{i+n}}\right)}{2\pi n} \tag{3.4.9}$$

如果系统是严格线性的和二阶的，那么数值 n 则无关紧要。该情况下对任意数量的周期所得的 ξ 值是相同的。如果对不同的 n 值（$n = 1，2，4，\cdots$），求得的 ξ 值差别较大，则只能说明此系统并不是精确的二阶系统。

3.5 动力传动系统典型参数测量

在动力传动系统试验中，需要测试的参数主要为转速、转矩、压力、温度、噪声、振动、流量等，有时也测量应力、应变、速度和湿度等参数。不同的测试要求需要采用不同类型的传感器。本节简单介绍以上常用物理量的测量。

1. 温度测量

温度是表征物体冷热程度的物理量。在动力传动系统中，需要采集温度的部件或位置主要有发动机的缸内燃烧温度、进排气温度、部件表面温度、燃油系统温度、润滑系统温度、传动系统油温、换挡摩擦副温度等。

按照测温方法，温度测量分为接触式测量和非接触式测量两种。接触式测温的特点是感温元件与被测对象直接接触，两者之间要进行充分的热交换，最后达到热平衡时，感温元件的某一个物理参数的量值就代表了被测对象的温度值。非接触式测温是感温元件不直接与被测物体接触，利用物体的热辐射或电磁原理得到被测物体的温度。

对应于两种测温方法的测温仪器分为接触式仪器和非接触式仪器两类。接触式仪器又可分为膨胀式温度计、电阻式温度计、热电式温度计以及其他原理的温度计；非接触式温度计可分为辐射式温度计、亮度温度计和比色温度计。表 3-5-1 列出了常用的测温方法、类型及特点[15,19]。

表 3-5-1 常用测温方法、类型及优缺点

方式	类型			范围/℃	精度/%	优点	缺点
接触式	热膨胀式	水银		−30～650	0.1～1	简单方便，感温部大	易损坏
		双金属		−50～500		结构紧凑，牢固可靠	
		压力	液	−30～600		耐振、坚固、价廉、感温部大	
			气	−20～350			
	热电偶	铂铑—铂		0～1 600	0.2～0.5	种类多，适应性强，结构简单，经济方便，应用广泛	须注意寄生热电势及动圈式仪表电阻对测量结果的影响
		其他		−200～1 100	0.9～1.0		

方式	类型		范围/℃	精度/%	优点	缺点
接触式	热电阻	铂铑铜	−260 ~ 600 −50 ~ 300 0 ~ 180	0.1 ~ 0.3 0.2 ~ 0.5 0.1 ~ 0.3	精度及灵敏度均好，感温部大	须注意环境温度的影响
		热敏电阻	−50 ~ 350	0.3 ~ 1.5	体积小，响应快，灵敏度高	线性差，须注意环境温度的影响
非接触式	辐射温度计		800 ~ 3 500	1	不干扰被测温度场，辐射率影响小	不能用于低温
	光学高温计		700 ~ 3 000	1		
	热电探测器		200 ~ 2 000	1	不干扰被测温度场，响应快，测温范围大	易受外界干扰，定标困难
	热敏电阻探测器		−50 ~ 3 200	1		
	光子探测器		0 ~ 3 500	1		

下面主要介绍动力传动系统常用的温度测量方法。

1）热电阻

热电阻是利用导体的电阻随温度变化的特性来实现温度测量的，目前应用较广泛的热电阻材料是铂、铜、镍和铁等。

热电阻的电阻比是表征其性能的一个非常重要的指标，通常用 W_{100} 表示，即

$$W_{100} = \frac{R_{100}}{R_0} \tag{3.5.1}$$

式中　R_{100}——水沸点（100℃）时的电阻值；

　　　R_0——水冰点（0℃）时的电阻值。

热电阻温度传感器的典型结构如图 3 – 5 – 1 所示。

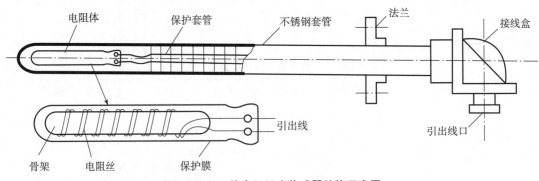

图 3 – 5 – 1　热电阻温度传感器结构示意图

（1）铂热电阻。铂在氧化介质中，甚至在高温下，其物理、化学性能稳定，是目前制造热电阻最好的材料。所以它不仅用作置业测温元件，而且用作复现温标的基准器。其长时间稳定的复现性可达 10^{-4} K，优于所有用其他材料做成的温度计。

当 $t = 0 \sim 650.755$℃时，铂丝的电阻值与温度之间的关系为

$$R_t = R_0(1 + At + Bt^2)\tag{3.5.2}$$

当 $t = -200 \sim 0℃$ 时，铂丝的电阻值与温度之间的关系为

$$R_t = R_0(1 + At + Bt^2 + C(t - 100)t^3)\tag{3.5.3}$$

式中　A，B，C——常数。

由式（3.5.3）可见，铂丝在 0℃ 以上，其电阻值和温度之间具有很好的线性关系。

（2）铜热电阻。相对铂来说，铜的价格就便宜得多。铜易于提纯，铜热电阻具有温度系数大、线性度好、价格低的优点，但其存在电阻率小、热惯性大、机械强度差、高温易氧化等缺点。一般用在测量精度不高、低温、没有腐蚀性的场合。

铜热电阻的温度系数为

$$\alpha = (4.25 \sim 4.28) \times 10^{-3}/℃$$

铜热电阻的阻值和温度关系为

$$R_t = R_0[1 + \alpha_0(t - t_0)]\tag{3.5.4}$$

铜热电阻的线性主要取决于温度 t_0 时的电阻温度系数 α_0，线性较好。

2）热敏电阻

动力传动系统中常会用到负温度系数（NTC）热敏电阻，其具有很高的负电阻温度系数，广泛用于自动控制及电子线路的温度补偿线路中，特别适用于 $-100 \sim 300℃$ 温度范围的测量。

热敏电阻主要由热敏探头、引线和壳体组成。热敏电阻一般做成两端器件，但也有做成三端或四端。根据使用要求，可制成圆片形、薄膜形、柱形、管形、平板形、珠形、扁形、垫圈形、杆形等不同形状，如图 3-5-2 所示。

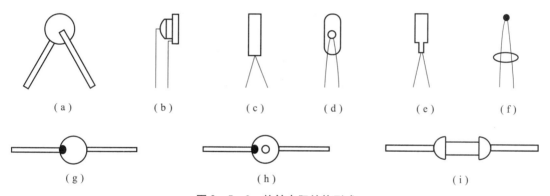

图 3-5-2　热敏电阻结构形式

（a）圆片形；（b）薄膜形；（c）柱形；（d）管形；（e）平板形；
（f）珠形；（g）扁形；（h）垫圈形；（i）杆形

3）热电偶

热电偶是基于热电效应工作的一种能量转换型传感器，其结构与工作原理如图 3-5-3 所示。将两种不同的导体连接成一个闭合回路，接触点温度不同时，回路中就会产生热电势，这种热电效应又叫赛贝克效应。测量时将接触点 1 置于被测得温度场中，称为工作端或热端；接触点 2 温

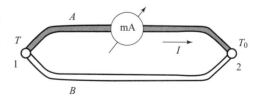

图 3-5-3　热敏电阻结构形式与工作原理

度保持不变，称为自由端或冷端。热电效应产生的热电势由接触电势和温差电势两部分组成。

按照工业标准，热电偶可以分为标准化热电偶和非标准化热电偶。

目前，工业生产中大批量生产和使用标准化热电偶。常用标准化热电偶的特点如下。

（1）铂铑$_{10}$–铂热电偶：性能稳定，准确度高，可用于基准和标准热电偶；热电势较低，价格昂贵，不能用于金属蒸气和还原性气体中。

（2）铂铑$_{30}$–铂铑$_6$热电偶：比铂铑$_{100}$–铂热电偶更具较高的稳定性和力学性能，最高测量温度可达 1 800℃；室温下热电势较低，可作标准热电偶。一般情况下，不需要进行补偿和修正处理。由于其热电势较低，所以需要采用高灵敏度和高精度的仪表。

（3）镍铬–镍硅或镍铬–镍铝热电偶：热电势较高，热电特性具有较好的线性、良好的化学稳定性，具有较强的抗氧化性和抗腐蚀性，稳定性稍差，测量精度不高。

（4）镍铬–康铜热电偶：热电势较高，价格低，高温下易氧化，适于低温和超低温测量。

根据热电偶的测温原理，只有当热电偶参考端的温度保持不变时，热电动势才是被测温度的单值函数。在实际使用中，因热电偶长度受到一定限制，参考端温度直接受到被测介质与环境温度的影响，而且往往是波动的，无法进行参考端温度修正。因此，要把变化很大的参考端温度恒定下来，通常采用补偿导线法和参考端温度恒定法。图 3 – 5 – 4 所示为补偿导线在测温回路中的连接。当参考端温度恒定不变或变化很小（不为 0℃）时，还必须用热电势修正法进行修正。

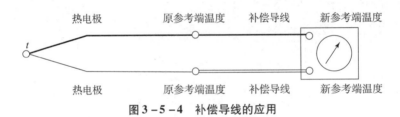

图 3 – 5 – 4 补偿导线的应用

热电偶具有多种结构形式，按用途分为普通热电偶、铠装热电偶和薄膜热电偶。

（1）普通热电偶。普通热电偶主要用于测量气体、蒸气和液体等介质的温度。由于使用的条件基本相似，这类热电偶已做成标准型，主要由热电极、绝缘管、保护套管和接线盒等部分组成，如图 3 – 5 – 5 所示。

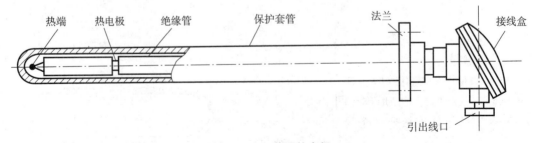

图 3 – 5 – 5 普通热电偶

（2）铠装热电偶。铠装热电偶是由热电极、绝缘材料和金属套管经拉伸加工而成的组合体，如图 3 - 5 - 6 所示。铠装热电偶可以做得很长很细，在测量是可以根据需要进行弯曲。例如，后面讲到的利用铠装热电偶测量摩擦片温度和发动机活塞温度。铠装热电偶测量端热容量小，动态响应快，机械强度高，挠性好，耐高压，耐振动和冲击，可安装在结构复杂的装置上。

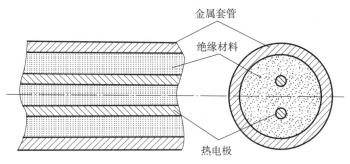

图 3 - 5 - 6　铠装热电偶

（3）薄膜热电偶。薄膜热电偶是由两种金属薄膜连接而成的一种特殊结构的热电偶，它的测量端小而薄，热容量非常小，可用于微小面积上的温度测量，动态响应很快。片状铁 - 镍薄膜热电偶如图 3 - 5 - 7 所示。

4）辐射式温度计

辐射式温度计测量理论依据是物体的热辐射理论，是一种非接触式温度计。物体辐射能量的强度取决于物体的温度，通过计算在已知波长上发射的

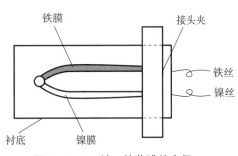

图 3 - 5 - 7　铁 - 镍薄膜热电偶

能量，便可获得物体的温度。辐射式温度计主要应用在高温测量方面，也可用于低温测量。

2. 转速的测量

动力传动系统作为旋转机械，转速的测量是必不可少的。

转速以旋转体每分钟的转数来表示（r/min）。转速测量的方法有多种，可分为离心式、感应式、光电式及闪光频率式等，按输出信号的特点又可分为模拟式和数字式两类。

这里简单介绍常用的几种转速传感器。

1）光电式转速传感器

光电式测速方法属于计数式测量方法，它是通过光电效应将速度转换成与之对应的脉冲电信号，然后测量在标准单位时间内与速度成正比的脉冲信号的个数。

按光信号的传播方式，光电式转速传感器分直射型和反射型两种。

直射型光电转速传感器的工作原理很简单，在被测转轴上装一个有均匀分布齿或孔的光调制盘，让光源从齿隙或孔中穿过，直接投射到光敏元件上产生脉冲电信号。

反射型光电转速传感器的工作原理如图 3 - 5 - 8（a）所示，结构如图 3 - 5 - 8（b）所示。在被测转轴上涂有黑白相间的标记，传感器内由光源 1 发出的光线经透镜 3 和半透明镜 4，有一部分反射光通过透镜 2 聚焦在转轴的标记上。当光束照射到白色标记上时，产生反射光，反射光再经过透镜 2 后一部分会穿过半透明镜 4，经透镜 5 聚焦在光电管 6 上产生电

脉冲信号。当转轴以某种速度转动时，根据标记的等分数和单位时间内输出的脉冲数即可求出转速。电信号一般都送到数字测量电路中进行处理和自动计数、显示。

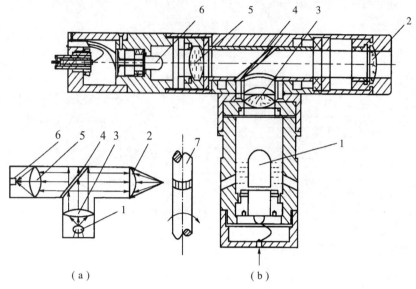

图 3 - 5 - 8　反射型光电转速计的原理和结构

（a）工作原理图；（b）结构图

1—光源；2，3，5—透镜；4—半透明镜；6—光电管；7—被测轴

2）霍尔式转速传感器

霍尔传感器是利用霍尔效应测量转速的。在旋转轴上安装一个非磁性圆盘，在圆盘周边附近的同一圆上等距地嵌装着一些永磁铁氧体，相邻两个铁氧体的极性相反，如图 3 - 5 - 9（a）所示。由导磁体和放置在导磁体间隙中的霍尔元件组成测量探头，探头两端的距离与圆盘上铁氧体的间距相等。在测量时，探头对准铁氧体，当圆盘随被测轴一起旋转时，探头中的磁感应强度发生周期性变化，因而通有恒值电流的霍尔元件就输出周期性的霍尔电势。

图 3 - 5 - 9（b）给出了在被测轴上安装一个导磁性齿轮，对着齿轮固定安放一块马蹄形永久磁铁，在磁铁磁极的端面上粘贴一个霍尔元件。当齿轮随被测轴一起旋转时，磁路的磁阻发生周期性变化，霍尔元件感受的磁感应强度也发生周期性变化，因而输出周期性的霍尔电势。

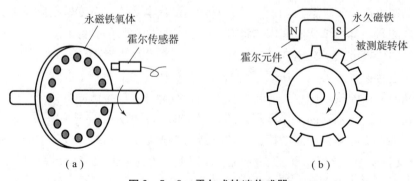

图 3 - 5 - 9　霍尔式转速传感器

3）电涡流式转速传感器

电涡流式转速传感器测量转速的原理如图 3 - 5 - 10 所示。在旋转体上开一条或数条槽，如图 3 - 5 - 10（a）所示，或者把旋转体做成齿状，如图 3 - 5 - 10（b）所示，旁边安放一个电涡流式转速传感器，当旋转体转动时，电涡流式转速传感器就输出周期性变化的电压信号。

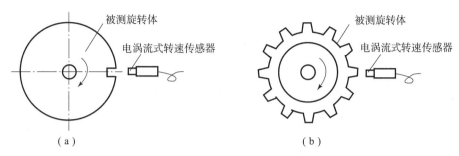

（a）　　　　　　　　　　　　　　（b）

图 3 - 5 - 10　电涡流式转速传感器

3. 转矩的测量

动力传动系统的力的表现主要为转矩，是试验中必须要测量的量。转矩的测量方法有很多种，其中通过转轴的应变、应力、扭转角来测量转矩的方法最为常用。按转矩信号的产生方式可以设计为应变式、压磁式和扭转角式等。以下简单介绍常用的扭转角式和应变式转矩传感器。

1）扭转角式转矩传感器

扭转角式转矩传感器是通过扭转角来测量转矩。当转轴受转矩作用时，其上两截面间的相对扭转角与转矩成比例，这样就可以通过扭转角来测量转矩。根据这一原理，可以制成振弦式转矩传感器、光电式转矩传感器和相位差式转矩传感器等。这里简单介绍相位差式扭矩传感器。

相位差式转矩传感器是基于磁感应原理，在被测转轴相距 L 的两端各安装一个齿形转轮，靠近转轮沿径向各放置一个感应式脉冲发生器，如图 3 - 5 - 11 所示。当转轮的齿顶对准永久磁铁的磁极时，磁路气隙减小，磁阻减小，磁通增大；当转轮转过半个齿距时，齿谷对准磁极，气隙增大，磁通减小，变化的磁通在感应线圈中产生感应电势。无转矩作用时，转轴上安装转轮的两处无相对角位移，两个脉冲发生器的输出信号相位相同；当有转矩作用时，两转轮之间就产生相对角位移，两个脉冲发生器的输出感应电势不再同步，而出现与转矩成比例的相位差，因而可通过测量相位差来测量转矩。

2）应变式转矩传感器

给旋转轴施加转矩，则转轴上就会产生和转矩成正比的应变，因此只要测得在转矩作用下转轴表面的主应变就可获得相应的转矩。如果在弹性轴或直接在被测轴上沿 45°或 135°方向粘贴上应变计，当转轴受到转矩作用时，转轴产生的主应变和转矩呈线性关系。

弹性轴截面形状常见有实心圆柱形、空心圆柱形、实心方形、十字形和空心十字形等多种，如图 3 - 5 - 12 所示。

粘贴在旋转轴上的应变计需要输入电压和输出检测信号，采用的传输方法为有线传输和无线传输两种。

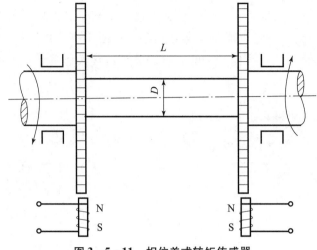

图 3 - 5 - 11　相位差式转矩传感器

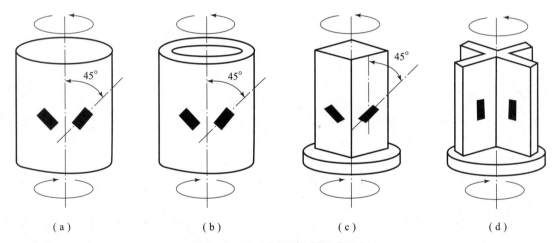

图 3 - 5 - 12　电涡流式转速传感器

（a）实心圆柱形轴；（b）空心圆柱形轴；（c）实心方形轴；（d）十字形轴

　　有线传输方式需要借助一种由滑环和电刷组成的特定装置——集流环来实现。集流环主要由两部分组成：一部分与应变计的引出线连接并固定在转轴上，随转轴一起转动，称为转子；另一部分与应变仪导线连接，静止不动，称为定子。转子和定子能够相对运动，既可以用来输入外部对传感器的激励电压，又可输出弹性轴上应变计转换的电信号。集流环性能的优劣直接影响测量精度。

　　无线传输方式取消了中间接触环节、导线和专门的集流装置，可以克服有线传输的缺点，分为电波收发方式和光电脉冲传输方式。电波收发方式测量系统需要有可靠的发射、接收和遥测装置，且其信号容易受到干扰。光电脉冲传输方式测量系统则是把测试数据数字化后，通过光信号，无接触地从转动的测量盘传送到固定的接收器上，然后经解码器还原所需信号，抗干扰能力较强。

4. 应变、应力的测量

在机械工程中，应变电测法是常见的应变测量方法之一。其利用应变计先测出构件表面的应变，再根据应变和应力的关系，确定构件表面的应力状态。上面介绍的应变测量转矩就是应用这种方法。在动力传动系统中，有时需要知道构件的应力或应变，就需要采用应变测量方法测量构件的应力或应变，如传动箱里的齿轮、液力变矩器的工作轮等的应力测量。

常用的电阻应变仪有静态电阻应变仪、动态电阻应变仪和超动态电阻应变仪等几种。例如，若测量200 Hz以下的低频动态量，可采用静态电阻应变仪；若测量0~2 000 Hz范围的动态量，可采用动态电阻应变仪。

目前，我国生产的电阻应变仪大多采用调幅放大电路，一般由电桥、前置放大器、功率放大器、相敏检波器、低通滤波器、振荡器和稳压电源等单元组成。

关于电阻应变片与电桥的连接，请参阅应变测量原理部分。

1）应变计的选择

应变计应综合考虑构件的测试要求及其状况、试验环境等因素进行选择，应变计选择时，需要考虑的因素有类型、基底类型、敏感栅材料、灵敏度、电阻值和几何参数等。

（1）应变计类型的选择。短接式、箔式应变计具有横向效应小、参数分散性小、精度高等优点，宜在动力传动系统应变测量传感器上采用。如果温度变化不大，也可以采用体积小、频率响应好、灵敏系数高的半导体应变计。

（2）基底类型的选择。不同类型的胶基和浸胶纸基应变计常用于150℃以下的中温和常温测试。湿度大、稳定性及精度要求高和专用的传感器都应采用胶基应变计。150℃以上的高温测量多采用金属、石棉和玻璃纤维布等作为基底。

（3）敏感栅材料的选择。由于康铜的灵敏系数稳定，电阻温度系数小，在-200~300℃使用的应变计多采用康铜制造。在发动机汽缸内的高温测量时，宜采用镍铬合金、卡马合金、铂钨合金材料。

（4）灵敏度的选择。由于动态电阻应变仪多按灵敏度$s=2$设计，所以一般动态测量宜用$s=2$应变计。否则，应对测量结果加以修正。s值越大，输出越大，有时甚至可以省去中间放大单元。为了简化测量系统，可选用高s值应变计。

（5）电阻值的选择。因应变计桥臂电阻多按120 Ω设计，故无特殊要求时，均宜选用120 Ω应变计。否则，应根据仪器所提供的曲线进行修正。

（6）几何参数的选择。由于应变计的输出表示沿长度方向的平均应变，所以在应变场梯度大、应变波频率高时，应采用小基长应变计。测量平均应力时，基长可大些。而测量点应力及应力分布时，可采用小基长应变计。

2）在平面应力状态下主应力的测定

在动力传动系统中，需要测量的应力主要有单向应力和平面应力，尤以平面应力为多。这里主要介绍平面应力状态下主应力的测定。主应力方向可能是已知的，也可能是未知的。下面分两种情况进行讨论。

（1）已知主应力方向。在主应力方向已知的情况下，例如承受内压的薄壁圆筒形容器的筒体，它处于平面应力状态下，这时只需要沿两个互相垂直的主应力方向各贴一片应变片，另外再采取温度补偿措施，就可以直接测出主应变ε_1和ε_2，其贴片和接桥方法如图

3-5-13 所示。因此可按下式计算出主应力：

$$\sigma_1 = \frac{E}{1-\nu^2}(\varepsilon_1 + \mu\varepsilon_2) \tag{3.5.5}$$

$$\sigma_2 = \frac{E}{1-\nu^2}(\varepsilon_2 + \mu\varepsilon_1) \tag{3.5.6}$$

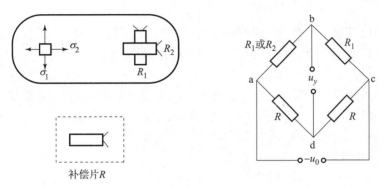

图 3-5-13　用半桥单点测量桥测量主应变

（2）主应力方向未知。当主应力方向未知，一般采取贴应变花的办法来进行测量。对于平面应力状态，如能测出某点三个方向的应变 ε_1、ε_2 和 ε_3 就可以计算该点主应力的大小和方向。应变花是由三个（或多个）相互之间按一定角度关系排列的应变片所组成的，用它可以测量某点三个方向的应变，然后按已知公式可求出主应力的大小和方向。图 3-5-14 所示为常用的应变花构造原理图，其主应力计算公式都有现成公式可查。

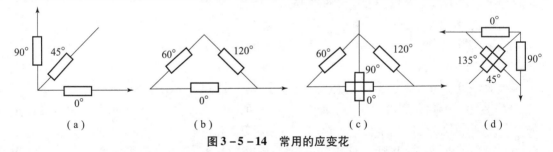

图 3-5-14　常用的应变花

（a）直角形应变花；（b）等边三角形应变花；（c）T-△形应变花；（d）双直角形应变花

5. 流体参数测量

流体可以是液体、气体、颗粒状固体，或是它们的组合体。在动力传动系统中，主要的指润滑油、压缩气、燃油混合气、燃烧排放尾气等。在动力传动系统试验中，也往往需要测量流体的参数，主要有压力、温度、流量、成分等。

这里简单介绍流体的压力和流量测量。

1）压力测量

单位面积上所受到的流体作用力称为压强，工程上则习惯于称为"压力"，本书沿用"压力"术语。常用的两种压力测量方法是静重比较法和弹性变形法。静重比较法多用于各种压力测量装置的静态标定，弹性变形法是构成各种压力计和压力传感器的基础。

压力测量装置大多采用表压或真空度作为指示值，而很少采用绝对压力。

（1）弹性式压力敏感元件。弹性压力计是利用弹性压力敏感元件受到压力后产生的变形与压力大小的确定关系制成的。这种变形可以通过各种放大杠杆或齿轮副等转换成指针的偏转，从而直接指示被测压力的大小，也可通过各种位移传感器（以应变为中间机械量时，则可通过应变片）及相应的测量电路转换成电量输出。由此可见，感受压力的弹性敏感元件是压力计和压力传感器的关键元件。

通常采用的弹性式压力敏感元件有波登管、膜片和波纹管三类，如图 3 - 5 - 15 所示。

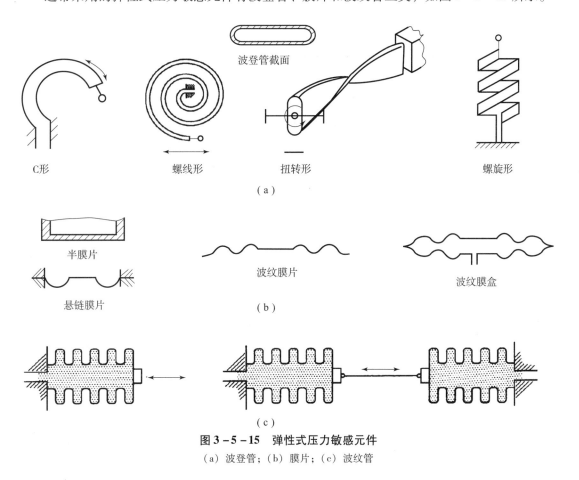

图 3 - 5 - 15　弹性式压力敏感元件

（a）波登管；（b）膜片；（c）波纹管

图 3 - 5 - 15（a）所示的各种形式的波登管，其横截面都是椭圆形或平椭圆形（如图中的截面图）的空心金属管子。当这种弹簧管一端通入一定压力的流体时，由于内外侧的压力差（外侧一般为大气压力），迫使管子的椭圆形截面向圆形变化。这种变形导致自由端产生变位。

中、低压压力传感器多采用平膜片作为敏感元件。这种敏感元件是周边固定的圆形平膜片。其固定方式有周边机械夹固式、焊接式和整体式三种，如图 3 - 5 - 16 所示。以平膜片作为压力敏感元件的压力传感器，一般采用位移传感器来感测膜片中心的变位或在膜片表面粘贴应变片来感测其表面应变。

波纹管在较低压力下可得到较大的变位。它可测的压力较低，对于小直径的黄铜波纹管，最大允许压力约为 1.5 MPa。无缝金属波纹管的刚度与材料的弹性模量成正比，而与波

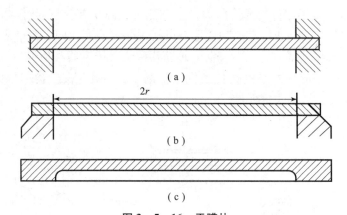

图 3 - 5 - 16　平膜片

(a) 机械夹固式；(b) 焊接式；(c) 整体式

纹管的外径和波纹数成反比，而刚度与壁厚成近似的三次方关系。

（2）常用压力传感器。按测量原理的不同，压力传感器或变送器可分为应变式、压阻式、压电式、电容式、霍尔式、电感式和精度较高的力平衡式压力变送器等多种类型。

这里简单介绍常用于动态测量的压电式压力传感器。

图 3 - 5 - 17 所示的膜片式压电压力传感器是目前广泛采用的一种结构。承压膜片只起到密封、预压和传递压力的作用。由于膜片的质量很小，而压电晶体的刚度又很大，所以传感器有很高的固有频率（可高达 100 kHz 以上），特别适合动态压力测量。常用的压电晶体有石英晶体、锆钛酸铅和钛酸钡。石英晶体的灵敏度虽然比后两种低，但它的温度稳定性好，滞后也小，是目前用得较多的一种压电材料。为了提高传感器的灵敏度，可采用多片压电元件层叠结构。

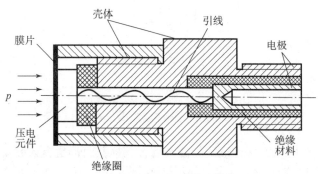

图 3 - 5 - 17　压电式压力传感器

压电式压力传感器可以测量几百帕到几百兆帕的压力，并且外形尺寸可以做得很小（直径几毫米）。这种压力传感器需采用有极高输入阻抗的电荷放大器作前置放大，其可测频率下限是由这些放大器决定的。

由于压电晶体有一定的质量，所以压电式压力传感器在有振动的条件下工作时，就会产生与振动加速度相对应的输出信号，从而造成压力测量误差。因此，需要在这种传感器的内部设置一个附加质量和一组极性相反的补偿压电晶体，以此来补偿加速度的影响。

2）流量测量

流体的流量分为体积流量和质量流量，体积流量是指单位时间内流过管道某一截面处的流体体积数，单位为 m^3/s；质量流量是指单位时间内流过管道某一截面处的流体质量数，单位为 kg/s。动力传动系统试验主要为体积流量，本书只介绍体积流量。

实验室用液体流量计的基本工作原理是通过某种中间转换元件或机构，将管道中流动的液体流量转换成压差、位移、力、转速等参量，然后再将这些参量转换成电量，从而得到与液体流量成一定函数关系（线性或非线性）的电量（模拟或数字）输出。

目前，工业上所用的体积流量计大致上可分为下列两类。

（1）速度式流量计。它是以测量流体在管道内的流速作为测量依据的，如节流式间接测量流速的差压式流量计、转子流量计、靶式流量计，由可动部件直接感受速度的叶轮流量计和涡轮流量计，对流体无阻碍测流速的电磁流量计、超声波流量计和激光流速计等。

（2）容积式流量计。它是以单位时间内所排出的流体容积对固定容积（V）的数目作为测量依据的，如椭圆齿轮流量计、腰形转子流量计和螺旋转子流量计等。如果单位时间内的排出次数为 n，则体积流量 $q_V = nV$。

本书简单介绍椭圆齿轮流量计和电磁流量计。

（1）椭圆齿轮流量计。椭圆齿轮流量计的工作原理如图 3 – 5 – 18 所示。在金属壳体内，有一对精密啮合的椭圆齿轮 A 和 B，当流体自左向右通过时，在压力差的作用下产生转矩，驱动齿轮转动。例如，齿轮处于图 3 – 5 – 18（a）所示的位置时，$p_1 > p_2$，齿轮 A 左侧压力大，右侧压力小，产生的力矩使 A 齿轮做逆时针转动，齿轮 A 把它与壳体间月牙形容积内的液体排至出口，并带动齿轮 B 转动；在图 3 – 5 – 18（b）的位置上，齿轮 A 和 B 都产生转矩，于是继续转动，并逐渐将液体封入齿轮 B 和壳体间的月牙形空腔内；到达图 3 – 5 – 18（c）所示的位置时，作用于齿轮 A 上的转矩为零，而齿轮 B 左侧的压力大于右侧，产生转矩，使齿轮 B 成为主动轮，带动齿轮 A 继续旋转，并将月牙形容积内的液体排至出口。如此继续下去，椭圆齿轮每转一周，向出口排出 4 个月牙形容积的液体。累计齿轮转动的圈数，便可知道流过的液体总量。测定一定时间间隔内通过的液体总量，便可计算出平均流量。

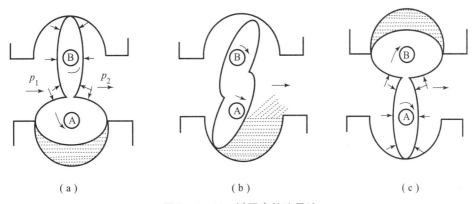

（a）　　　　　　　　（b）　　　　　　　　（c）

图 3 – 5 – 18　椭圆齿轮流量计

椭圆齿轮流量计的外伸轴一般带有机械计数器，由它的读数便可确定通过流量计的液体总量，同秒表配合，可测出平均流量。但由于用秒表测量的人为误差大，因此测量精确度很低。有些椭圆齿轮流量计的外伸轴带有测速发电机或光电测速孔盘。采用相应的二次仪表，可读出平均流量和累计流量。

应当指出，当通过流量计的流量恒定时，椭圆齿轮在一周内的转速是变化的，测量瞬时转速并不能表示瞬时流量，而只能测量整数圈的平均转速来确定平均流量。

由于椭圆齿轮流量计是由固定容积来直接计量流量的，故与流体的流态（雷诺数）及黏度无关。然而，黏度变化要引起泄漏量的变化，从而影响测量精确度。椭圆齿轮流量计只要加工精确，配合紧密，并防止使用中腐蚀和磨损，便可得到很高的精确度。一般情况下测量精确度为 0.5% ~1%，较好的可达 0.2%。

（2）椭圆齿轮流量计。电磁流量计工作原理如图 3 – 5 – 19 所示。齿轮流量计是利用电磁感应原理来工作的，由产生均匀磁场的磁路系统、用不导磁材料制成的管道及在管道横截面上的导电电极组成，磁场方向、电极连线及管道轴线三者在空间互相垂直。

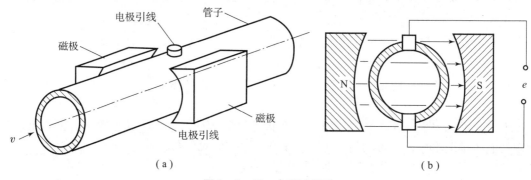

图 3 – 5 – 19　电磁流量计

当被测导电液体流过管道时，切割磁力线，便在和磁场及流动方向垂直的方向上产生感应电动势，其值与被测流体的流速成正比，即

$$E = BDv \tag{3.5.7}$$

式中　B——磁感应强度（T）；

　　　D——管道内径（m）；

　　　v——液体平均流速（m/s）。

由式（3.5.7）可得被测液体的流量为

$$qV = \frac{\pi D^2}{4}v = \frac{\pi DE}{4B} = \frac{E}{K} \tag{3.5.8}$$

式中　K——仪表常数，对于固定的电磁力量计 K 为定值。

电磁流量计属于非介入式测量，测量管道内没有任何阻力件，测量不会影响流体的流动，测量范围可达100∶1；因感应电动势与被测液体温度、压力、黏度等无关，故其使用范围广，适用于有悬浮颗粒的浆流等的流量测量，而且压力损失极小；电磁流量计惯性小，可用来测脉动流量；要求测量介质的电导率为 0.002 ~ 0.005 Ω/m，因此不能测量气体及石油制品。

6. 振动的测量

随着装甲车辆日益高速化、结构轻量化及高可靠性、高舒适性的要求，车辆对振动控制的要求也就更加迫切。振动问题成为产品设计中重点关注的问题，并且需要在产品试验中开展振动试验来检验。

在振动测量时，可以测量的参数是位移、速度或加速度，再通过微积分关系实现参数之间的互相转换。振动加速度与作用力或载荷成正比，是研究机械损伤和疲劳的重要依据；振动速度与能量相关，决定了噪声的高低和人对机械振动的敏感程度；振动位移是研究强度、变形和机械加工精度的重要依据。

本部分介绍振动测试系统、激振器和振动参数测量传感器。

1）振动测试系统

测量机械振动的方法有机械法、光学法和电测法。电测法测量时，用传感器将被测振动量转换成电量，再通过对电量的处理获取对应的振动量。电测法灵敏度高，频率范围及线性范围宽，便于遥测和运用电子仪器，还可以用计算机分析处理数据。

从测振系统组成来看，振动测试系统基本结构由激振装置、传感与测量装置、振动分析仪组成，如图 3 - 5 - 20 所示。这三个部分要求有合理的配合才能正确地进行测试工作。

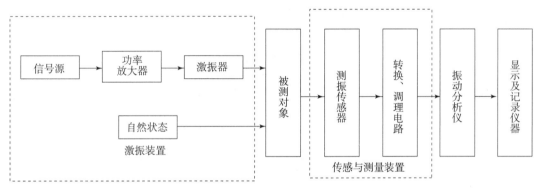

图 3 - 5 - 20　电测法振动测量系统结构框图

（1）激振装置。在动力传动系统振动力学参量或动态特性测量时，需要对被测对象施加一定的外力，让其作受迫振动或自由振动，以便获得相应的激励及其响应。激振装置是对被测对象施加某种形式的激励使之产生振动的装置。激励分为人为激励和自然激励：人为激励一般由信号源、功率放大器和激振器组成；自然激励是被测对象所受自然力或处于工作状态时直接测量被测对象的振动，这符合被测对象的实际工作状态。

（2）传感与测量装置。由测振传感器及其关联的转换、调理电路组成，用于将被测振动信号转换为易于后续处理的电信号。

（3）振动分析仪。对振动信号作进一步的分析与处理以获取所需的测量结果。

按照振动信号的产生方式，常用的工程振动测试系统可分为压电式振动测试系统、应变式振动测试系统、压阻式振动测试系统、伺服式振动测试系统、光电式振动测试系统和电涡流式振动测试系统。

2）激振器

激振器是对试件施加某种预定要求的激振力，激起试件振动的装置。激振器应该在一定频率范围内提供波形良好、幅值足够的稳定交变力，使被测对象产生所需要的振动物理量。

激振器的种类很多，按工作原理可分为机械式、电动式、电磁式和电液式等，这里介绍动力传动系统常用的几种激振器。

（1）力锤。力锤用来在振动试验中给被测对象施加一局部的脉冲激励，实际上是一种手持式冲击激励装置，如图 3-5-21 所示。结构上由锤头、锤头盖、压电石英片、锤体、附加质量块和锤把组成。锤头和锤头盖用来冲击被测试件。脉冲激振力的形成及有效频率取决于脉冲的持续时间 τ，τ 则取决于锤头盖的材料，材料越硬，τ 越小，越接近理想的 $\delta(t)$ 函数。力锤的锤头盖可采用不同的材料以获得具有不同冲击时间的脉冲信号。

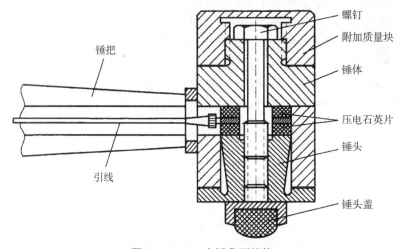

图 3-5-21　力锤典型结构

（2）电液式激振器。车辆的动态模拟试验时有时用到电液式激振器，如图 3-5-22 所示，其激振力可达数千牛以上，有较高的承载能力。

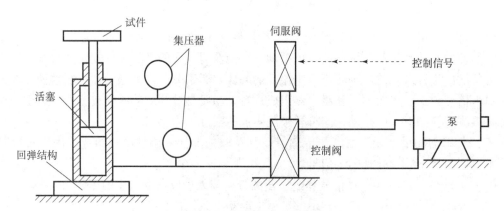

图 3-5-22　电液式激振器

工作时，由信号发生器提供激振信号，操纵电液伺服阀，以控制油路使活塞作往复运动，再经顶杆去激振试件。活塞端部输入一定油压的油，形成静压力，可以对被激对象施加预载荷。电液式激振器最大承载能力可达 250 t，频率可达 400 Hz，幅度可达 45 cm。

（3）电磁式激振器。电磁式激振器由底座、铁芯、励磁线圈、力检测线圈、工件及位移传感器等部件组成，如图 3-5-23 所示。

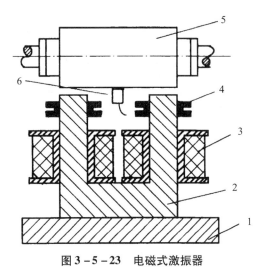

图 3 – 5 – 23 电磁式激振器

1—底座；2—铁芯；3—励磁线圈；4—力检测线圈；5—工件

电磁式激振器直接利用电磁铁的磁力作为激振力。铁芯上绕有一组直流线圈和一组交流线圈，构成了电磁铁。激振器工作时，电磁铁与试件组成闭合的磁回路，气隙中的交变磁场使试件承受交变的电磁力，从而激起试件的振动。电磁激振器的优点是进行非接触式激振，对试件无附加质量影响。此外，它的激振力大，工作频率范围宽，其频率上限为 500 ~ 800 Hz。

3）常用测振传感器

振动测量的参数有位移、速度、加速度、频率和相位，通常测量位移、速度或加速度中的一种参数，再通过微积分关系获得另外需要的参数。最常用的测振传感器主要有电涡流式位移传感器、磁电式速度传感器和压电式加速度传感器。

加速度测量包括振动加速度和冲激加速度两种情形，实际上是稳态加速度和瞬态加速度的测量。振动加速度测量对流体管路、车辆、火炮及火箭等尤为重要。某些场合除要求测量其加速度幅值、相位和频率外，有时还需对被测对象进行模态分析，以确定被测物体的固有频率、阻尼、刚度和振型等。

这里简单介绍压电式加速度传感器。

压电加速度计是一种惯性式传感器，它的输出电荷与被测的加速度成正比。压电传感器属于发电型传感器，使用时不需外加供电电源，能直接把振动的机械能转换成电能。它具有体积小和重量轻、输出大、固有频率高等突出的优点。最常用的压电加速度计是压缩型压电加速度计。三向加速度计可同时测定三个互相垂直方向上的加速度。

（1）压电加速度计工作原理。压电加速度计的结构如图 3 – 5 – 24 所示。其换能元件是上面压着质量块的压电晶片，连接螺纹通过硬弹簧给质量块预先加载，压紧在压电晶片上。整个组件连接在厚基底的壳体内。为提高灵敏度，一般都采用两片晶片重叠放置并按串联（对应于电压放大器）或并联（对应于电荷放大器）方式连接。

在使用时，把加速度计壳体牢牢地固定在被测对象的运动方向上，当传感器基座随被测物体一起运动时，由于弹簧刚度很大，相对而言质量块的质量 m 很小，即惯性很小。因此，

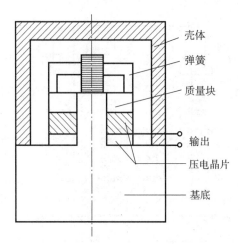

图 3 – 5 – 24　压电加速度计结构示意图

可认为质量块感受与被测物体相同的加速度，并产生与加速度成正比的惯性 F_a，惯性力作用在压电晶片上，就产生与加速度成正比的电荷 q，这样就可以通过电荷来测量加速度 a。

（2）压电加速度计的主要性能指标。

①灵敏度。灵敏度定义为单位加速度的电输出，加速度常以重力加速度 g 为单位。加速度计的灵敏度取决于所用压电晶片的压电特性和质量块的质量。对于给定的压电材料，一般而言，加速度越小，灵敏度就越低；另外，随着机械尺寸的减小，加速度计的固有频率将增大，而使可用频率范围加宽。

②可用频率范围。可用频率范围是指处于 $A(\omega) \approx 1$ 的那段频域。一般压电加速度计的固有频率可达 $10^5 \sim 10^6$ Hz，但它的阻尼很小，$\beta < 0.05$，所以其可用频率范围的上限大约取其固有频率的 1/5。可用频率范围的下限由所连接的测量电路的电气特性，也就是压电加速度计输出电路段时间常数来确定。

③线性范围。在压电加速度计的加速度量程内，输出电压应与输入加速度成正比。压电加速度计的加速度线性区在 $10^{-4} \sim 10^4 g$ 的范围内。对于一定的设计，可测加速度的下限取决于所接测量仪器的输入电噪声的大小；可测加速度的上限取决于加速度计零件的强度和加工精度，加速度上限不能计算，需通过标定来确定。

④横向灵敏度。横向灵敏度是指压电加速度计，都有一根对输入加速度有最大的灵敏度的轴。理想的加速度计，主轴（安装轴）应当和最大灵敏度轴重合。这时，它的横向灵敏度完全重合。这时加速度计就呈现出一个基本灵敏度（沿主轴的灵敏度）和一个最大横向灵敏度，横向灵敏度常用主轴灵敏度的百分数来表示。横向灵敏度越小，表示压电加速度计的质量越好。

（3）压电加速度计的选用。选择加速度计时，首先要考虑加速度计本身的质量要远小于被测件质量，至少小于被测件质量的 1/10；线性度方面，被测加速度应在压电加速度计线性区之内。压电加速度计的电压灵敏度和所用的电缆有关。用压电加速度计测量机械振动时，高频响应主要取决于其固有频率，低频响应主要取决于输出电路的时间常数。

3.6　遥测系统

动力传动系统作为旋转机械，旋转部件参数测量存在的最困难的问题就是数据的传输问题。比如，变速箱内齿轮轮齿应力、换挡摩擦副表面温度场、箱体内部轴承温度场、内部传动轴的转矩、变矩器涡轮叶片应变等，直接测量不便，数据传输与供电均无法实现布线，因此，常规的测试测量设备无法在这一特殊应用环境下进行安装。在这种特殊的应用环境下，物理量的测量便可采用遥测系统来完成。

遥测是将电测信号用高频电磁波作为载波，调制后由发射天线发射，经无线电传输，由接收天线接收经鉴频放大获得原信号。遥测方法不需要导线，传输距离远。由于采用载波调制方法，可以抑制有线传输中产生的噪声。在车辆行业，主要用于车辆行驶性能测试、高转速试验件上参数测试、高大物体上参数测试等[3,21]。

本书中仅针对动力传动系统旋转件测试的遥测系统，属于近距离遥测系统。

3.6.1　遥测系统原理

区别于中远距离无线数据传输系统，近距离高精度遥测系统贴近测量并近距离传输，针对的是类似旋转机械、高温等复杂环境下的应用。它通常基于感应耦合电能传输技术（ICPT）和多种数据传输方式，实现非接触式的供电和信号传输（图 3 – 6 – 1）。

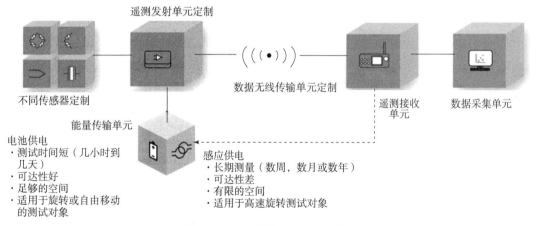

图 3 – 6 – 1　遥测系统原理示意图

针对旋转机械，遥测系统可分为定子部分和转子部分。转子部分安装于车辆的旋转运动位置，包含不同类型的应变原理的传感器（如测力传感器、压力传感器、温度传感器、扭矩传感器和位移传感器）、无线信号发射单元及供电装置的接收端；定子部分安装在车内非旋转部件上，为遥测系统供电并接收传递信号，包含天线、遥测接收单元和供电装置。

近距离无线遥测传感器是复杂的定制集成过程，它基于高度发展的模块化电子技术、包括无线电能传输技术、传感器弹性体机械设计、材料选择、复杂应力 – 应变分析、机械加工、应变组桥和粘贴保护技术，以及动平衡和防水防尘的技术和技巧，最后经过标定和验证过程，才能形成完整解决方案。

3.6.2　遥测系统特点与发展趋势

1. 遥测系统优势

（1）稳定、耐久。遥测系统的核心关键词是无线，其中无线的含义包含了两层含义。

①由传感器、测量放大器和转子天线组成的整个系统之间的信号传输，是由高频电磁场的非接触式数据传输方式进行的，并且非接触式的无线信号传输在一定程度上杜绝了电缆故障或接头问题导致的测量误差，因此无线遥测系统特别适合一些旋转的或精密的应用。

②整个系统之间的能量传输也是经由无线感应的方式进行，这使得遥测设备避免了会由零件磨损带来的问题。也因此不必购买昂贵的电缆，同时免去了区分、存储和维护电缆的麻烦；无线连接的成本比购买和安装电缆的成本更少。

（2）信噪比高。发射器集成了多个独立通道，每个通道都有独立的增益、分流以及信号处理过滤系统，无线遥测设备的测量放大器能够将采集到的信号经过模块化处理，并进行 A/D 转换变为数字信号，通用无线智能传感模块不仅可以采集 4～20 mA 电信号和小信号，而且可以采集频率信号，因此可以进行多种测量，如温度、压力和流量等，具有通用性。

校正多项式存储在测量放大器中，以补偿被测变量的零漂移或温度漂移。因此，可以获得高精度的数字测量信号，然后可以无接触地发送该数字测量信号。多通道的接收器为每个数据通道提供了 ±10 V BNC 输出，每个通道都有滤波系统和零点校正系统，可以直接与数据采集系统连接。每个接收器还提供了指示器，可以显示数据接收情况以及发射器的异常状态，从而保证数据的质量。

（3）安装便捷。无线遥测设备安装便捷，在现场使用遥测系统时，只需将信号发射模块和电池或感应端一起固定在旋转件位置即可，无须多余的走线、埋线过程。信号发射模块发射的信号由天线接收，接收天线可固定在距发射模块 10 mm～1 m 距离不等处，更可以将天线与感应供电的供电段集成在一起。

（4）应用灵活。发射机外形小巧轻便，可以容易地安放在可用空间狭小的部件。通常用于测量旋转部件，或有线传感器不能到达的地方，并且该系统可在振动、高温、高加速和高污染的情况下应用。

（5）供电方式灵活。目前的无线遥测系统产品线丰富多样，有多种可选的感应供电系统。遥测系统的供电方式也有电池供电、感应供电等方式。目前，遥测系统既可以在无线供电的情况下长时间进行一周、一个月甚至是一年的测试，也可以在用电池供电的情况下进行短时间的测试。

2. 传统遥测存在的问题

（1）松耦合感应供电。无线遥测系统的感应供电区别于传统的变压器供电，传统变压器的初级线圈与次级线圈之间经由铁芯连接，而无线遥测的感应供电为松耦合，因此在供电效率、供电距离以及供电质量和稳定性上都不可避免地会存在一定问题。

（2）采样率（通道数）。目前无线遥测设备的采样率普遍在单通道 1 kHz，虽然也有 10 kHz 或者更高的型号，但价格会成倍增长。

（3）使用复杂。无线遥测结构够复杂，包含着从传感器到信号发射模块再到接收机这一复杂过程，中间任一过程出现问题都会直接影响到最后得到的测试数据，因此在初次接触无线遥测系统时，会觉得无线遥测的操作略微复杂。

（4）体积。目前的无线遥测大多以方形外观为主，尺寸约为 45 mm × 25 mm × 10 mm，虽然有着诸如类似柔性板的类型的发射模块可以适应在变速器、凸轮轴等空间极其狭小的位置，但价格会成倍增加，由于电子元器件的体积，也因此限制了无线遥测的体积。

（5）电磁干扰。电磁干扰是由于设备本身运行过程中会产生电磁谐波，或者是其周边的设备在运行过程中会产生电磁谐波，这些电磁谐波的存在，可能会导致该设备无法正常工作，在电磁谐波严重的情况下，会导致该设备的损毁。

3. 新型遥测技术的发展

（1）供电技术的发展：感应式，谐振式（可以一对多，其灵活性能无限扩展）。随着各个领域对非接触式电能传输越来越多的需求，感应电能传输技术也越来越成为研究热点。感应耦合电能传输技术（ICPT）作为一个崭新的研究领域，近年来开始受到广泛关注。非接触感应供电结合电子电力技术与电磁感应耦合技术，在 ICPT 中，能量可以通过电磁场，由一个静止的原边电源传给一个或多个可以运动的副边负载。

ICPT 除了在一般便携式电子设备中能够提供更为方便快捷的充电方式，用于电动汽车的供电，在某些特殊场合，如水下、矿井等较为危险的环境中，也受到了特别的青睐。这极大地解决了无线遥测设备在供电方面的问题，并扩充了无线遥测设备的诸多应用场景。

（2）数据传输的发展（频率无上限）。无线通信（Wireless Communication）是指利用电磁波信号可以在自由空间中传播的特性进行信息交换的一种通信方式，近年来，在信息通信领域中，发展最快、应用最广的就是无线通信技术，数据速率越来越高，无论是上行还是下行速率都在不断提高，频谱带宽越来越宽，频段也越来越高。

（3）小型化。单片机技术的迅猛发展，使得单片机的性能不断提高，功能越来越强，因此其功能越来越强大、功耗越来越低、体积越来越小。

（4）定制服务。针对诸多不同的应用场合，如不同的温度环境、狭小空间等可以匹配不同大小、形状异形化的遥测设备，并设计工装进行安装，实现针对不同产品的多样化定制服务。

3.6.3　遥测系统的应用

1. 动力传动旋转机械测试

无线遥测系统根据其自身的特性，最突出的也是最适合的应用场景就是应用在旋转机械的测试上，而在整车测试中需要最多的测试场景也恰恰是旋转机械上。而恰恰在整车测试中，重点和难点往往就是既不能在对原结构进行破坏的前提下，还要在极其狭小的空间、高温、高转速的情况下放置传感器，并且将传感器的信号传递到数据采集系统。

无线遥测系统就是在以上的需求和环境下诞生的产物，其体积小、柔性的设计使得它可以放置在任何狭小的空间或者仅需要对原结构进行轻微的改动即可安装。无线信号传输、无线感应供电也使得它可以被应用在上千或者上万转速的工况下，而无须担心如何将信号传输到采集系统的问题。因此如飞轮传扭矩和转速、发动机附件包括压缩机、发电机在内的扭矩测试，甚至是发动机内部凸轮轴和活塞的扭矩都已可以测试并有诸多的成功案例。

　　而这种测试的意义在于，相对于传统的整车测试中仅仅通过 CAN 信号来对整车数据进行检测，这样能得到最真实的瞬时状态。例如，匹配瞬态过程中的扭矩控制（扭矩上升率）、变速器换挡品质，只有通过瞬态数据的分析。

　　下面举例介绍一种齿轮轴承温度的遥测方法[21]。

　　1）齿轮轴承温度遥测原理

　　轴承温度的测量通过 6 个带冷端补偿的热电偶来实现，整个系统主要分为两部分，即信号采集发射一体机和接收机。信号采集发射一体机中包含信号调理和采集模块以及无线发射机；接收机包含无线接收机、数据处理器以及模拟/数字输出模块。

　　齿轮轴承温度遥测系统的工作原理框图如图 3 - 6 - 2 所示。

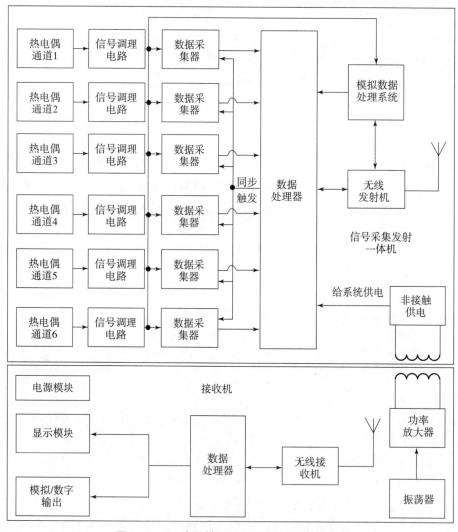

图 3 - 6 - 2　齿轮轴承温度遥测系统原理框图

　　信号采集发射一体机中的信号调理和采集模块包含 7 个模拟通道，其中前 6 个通道可接热电偶，第 7 通道用作热电偶的冷端补偿。每个热电偶通道都有独立的信号调理电路，以保证信号的质量和数据采集器的采集精度。

数据处理器按照一定的时钟节拍同步触发数据采集器对相应通道的热电偶信号进行采集，以保证所测得的数据为同一时刻不同位置的轴温数据。

信号采集发射一体机中的无线发射机将数据采集器输出的信号进行基带调制，并将信号进行扩频处理后通过射频功率放大器耦合到天线进行发射。无线接收机将接收到的信号进行解调，然后输出给数据处理器进行处理。

数据处理器的作用相当于解释器，它将数据转换为模拟电压信号和并行的数字信号进行输出。

信号采集发射一体机中的非接触供电模块是电能耦合的次级，其中包含了补偿电路、整流电路、滤波电路等。非接触供电系统中，初级和次级线圈均需要补偿电路与之配合来完成电能耦合。接收机的非接触供电模块是电能耦合的初级，包含功率放大器、匹配电路等。

通过信号采集发射一体机和接收机的协同工作，轴承温度遥测系统可以完成对温度信号的采集、发射及接收。

2）系统设计

（1）冗余双热电偶设计。为了保证双热电偶工作的可靠性，在设计时采用双热电偶方式，由两只热电极材料相同的有效热电偶组成。这样的冗余设计可以保证当其中一个热电偶失效时，另一个热电偶仍然能够正常工作，而不会导致整个遥测系统失效。

（2）非接触式供电系统设计。非接触式供电系统基于 ICPT 原理，其组成包含初级变换器、非接触变压器以及次级变换器，如图 3 - 6 - 3 所示。

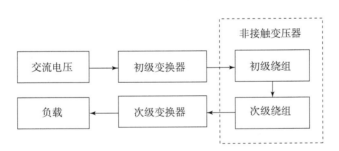

图 3 - 6 - 3　非接触系统供电系统组成

采用振荡器结合功率放大器的方式实现初级绕组的驱动，使用两个环形绕组作为初、次级绕组组成非接触变压器，初、次级绕组均附加补偿电路，以达到最佳的电能耦合效果。振荡器产生单频正弦波，由功率放大器放大，用以驱动非接触变压器的初级绕组，初级绕组上将产生交变的电流从而在其周围的空间产生交变磁场，次级绕组切割初级绕组产生的交变磁场，从而产生感应电动势。齿轮轴承温度遥测系统中非接触式供电系统原理如图 3 - 6 - 4 所示。

（3）信号采集发射一体机设计。信号采集发射一体机分为电源模块、传感器、信号放大模块、信号滤波模块、数据采集模块、调制器和遥测发射机 7 个模块，它们共同完成温度信号的拾取、调理、采集、数字调制和无线发射，完成温度信号到无线数据的转换。信号采集发射一体机的工作原理框图如图 3 - 6 - 5 所示。

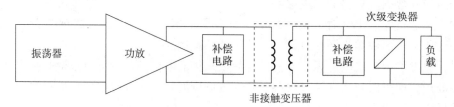

图 3-6-4 非接触系统供电系统原理图

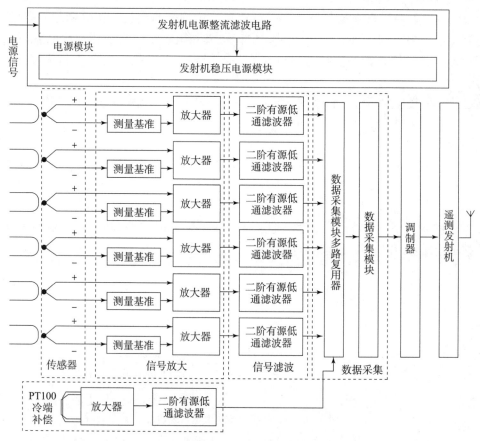

图 3-6-5 信号采集发射一体机系统原理框图

信号放大模块采用了高输入阻抗的信号放大技术，具有较高的共模抑制比，提高了噪声的抑制性能。信号滤波模块采用了二阶低通有源滤波技术，具有良好的滤波效果，达到了通带平坦度和带外衰减的最佳平衡，提高了温度信号的信噪比。数据采集部分采用了多路复用技术，以降低系统的复杂度，提高集成度。调制器模块采用了先进的可编程数字逻辑技术，区别于处理器的软件控制技术，直接由硬件控制温度数据信号的编码。

信号采集发射一体机通过信号放大、滤波、多路复用及采集、数字调制和无线发射 5 个步骤将温度信号通过无线信道发送给无线信号接收机，无线信号接收机通过对无线信号进行接收、数字解调、数据输出以及信号调理完成电压信号的输出，最终完成温度信号的遥测功能。

（4）无线信号接收机设计。无线信号接收机包含遥测接收机、数字解调器、数据分配模块、输出基准、数据输出模块以及输出滤波器模块（LPF）6 种功能模块。其中，使用了固化的数字逻辑技术、数字解调技术以及二阶有源低通滤波器技术。这些模块共同完成无线信号的接收、解码和数据拆分、数据分配、数据输出以及滤波整形，完成温度数据到标准电压信号的转换。无线信号接收机的原理框图如图 3-6-6 所示。

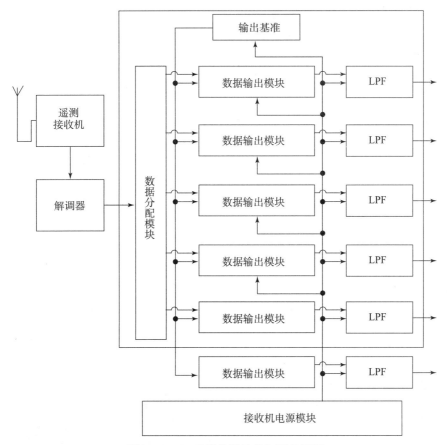

图 3-6-6　无线信号接收机原理框图

遥测接收机使用直接序列扩频技术，通过对无线通信信号进行解扩和相应的其他解调操作，将无线通信数据包进行恢复；解调器模块采用先进的可编程数字逻辑技术，产生固化的数字逻辑，直接由硬件控制数据包的解码，具有较高的可靠性和稳定性。解调器首先对接收到的无线通信数据包进行解码操作，将其恢复成由普通二进制数据位组成的数据包，如解调器计算得到的差错控制字段与数据包相同，解调器就对数据包中数据进行拆分，将拆分后的数据以并行的方式传送给数据分配模块；数据分配模块对数据进行分配，它将解调器输出数据进行缓存，根据每个数据的标记将其分配给相对应的数据输出模块。

2. 在整车测试方面的应用

1）能量分析

在整车能量流测试中，能够准确地测量出传动系中各个节点的数据，是最基础也是最重要的环节。无线遥测系统可以测量包含不同类型的应变原理（力、压力、温度、扭矩和位移）在内的量所有物理量，那么依托于其自身使用的灵活性、安装便捷性以及测试数据的准确性，使其可以广泛地应用在整车测试中，如变速器输入轴扭矩测试、驱动轴扭矩测试和车轮扭矩测试。在准确测量出图 3 - 6 - 6 中每个节点的数据后，即可得到整车传动系的能量传递效率、在整车环境下的实际输出、能耗分析的核心数据，如图 3 - 6 - 7 所示。

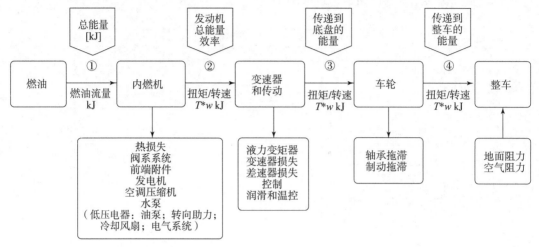

图 3 - 6 - 7　能量分析

2）性能分析

上述手段在整车的性能分析中也可起至关重要的作用，通过监视各个节点的数据可在整车状态下，对驾驶性做出整体的判断。例如，结合输入电流电压测试整车各种工况下的发电效率以及台架状态下的效率 MAP 图。

3.7　数据采集系统

动力传动系统试验中，将试验相关温度、压力、流量、转速、转矩等模拟量转换为数字信号，再汇集到计算机予以显示、处理、传输与记录的过程，就是数据采集，相应的系统即为数据采集系统（Data Acquisition System，DAS）[15]。

随着电子技术和数据总线技术的发展，数据采集系统更加小型化、集成化和商业化；由于软件在数据采集系统中的灵活应用，数采系统逐渐向虚拟仪器技术方向发展。

本节简单介绍数据采集系统的一般结构、功能和原理。

1. 数据采集系统基本功能

数据采集系统的功能是完成数据采集与处理功能，主要有以下几方面：

（1）数据采集。按照预先选定的采样周期，对输入到系统的模拟信号、数字信号和开关信号采样。

（2）模拟信号处理。对传感器采集的数据进行 A/D 转换后输入计算机，进行数据正确性判断、标度变换、线性化以及等零漂修正、数字滤波等处理。

（3）数字信号处理。数字信号输入到计算机后，常需要进行码制转换，如 BCD 码转换成 ASCII 码，以便显示数字信号。

（4）开关信号处理。对按钮、行程开关、继电器等开关信号进行处理，监测开关器件的状态变化。

（5）二次数据计算。二次数据计算主要包括平均、累计、变化率、差值、最大值、最小值等。

（6）屏幕显示。采集到的数据以画面、趋势图、模拟图、一览表等形式在计算机上显示出来。

（7）数据存储。

（8）打印输出。

（9）人机交互。操作人员通过键盘、鼠标或触屏与数据采集系统对话，完成各种操作。

2. 数据采集系统结构形式

数据采集系统包括硬件和软件两大部分，结构形式分为微机数据采集系统和集散型数据采集系统两种。常见的微机数据采集系统硬件组成框图如图 3 - 7 - 1 所示。主要由传感器、前置放大器、滤波器、多路模拟开关、采样保持器、计算机及外设等部分组成。

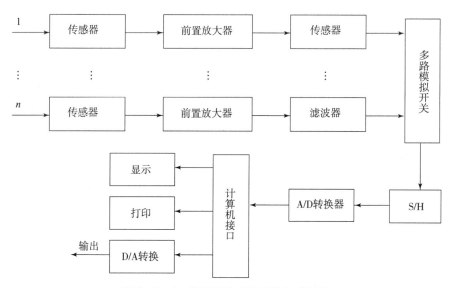

图 3 - 7 - 1　数据采集系统硬件组成框图

传感器在前面已经介绍过，这里不再赘述。

前置放大器是用来放大和缓冲输入信号的，能对不同通道进行不同倍数的放大。滤波器用于滤除信号中不需要的成分。多路模拟开关用来轮流切换各路模拟量与 A/D 转换间的通信，使得在一个特定的时间内，只允许一路模拟信号输入到 A/D 转换器，从而实现分时转换的目的。采样/保持器用来实现 A/D 转换器输入端的模拟信号电压保持不变，从而保证有较高的 A/D 转换精度。A/D 转换器实现模拟信号到数字信号的转换。定时电路是按照各个器件的工作次序产生各种时序信号；而逻辑控制电路是依据时序信号产生各种逻辑控制信号。计算机及外部接口负责对系统的工作进行管理和控制，并对采集到的数据做必要的处理，最后根据需要显示、打印等，以供人们观察、分析。

数据采集系统的软件主要包括模拟信号采集与处理模块、数字信号采集与处理模块、脉冲信号处理模块、开关信号处理模块、运行参数设置模块、系统管理程序（主控）、通信程序 7 个功能模块，各采集系统可按照功能选择相应的一个或多个模块。

（1）模拟信号采集与处理模块：对模拟信号进行采集、标度变换、滤波处理及二次数据计算。

（2）数字信号采集与处理模块：对数字信号进行采集与码制转换。

（3）脉冲信号处理模块：对输入的脉冲信号进行电平高低的判断和计数。

（4）开关信号处理模块：分为一般的开关信号处理程序和中断型开关信号处理程序，主要是判断开关信号输入状态的变化情况，如果发生异常，则执行相应的处理程序。

（5）运行参数设置模块：对数据采集系统的运行参数进行设置，如采样通道号、采样点数、采样周期、信号量程范围、放大增益系数、工程单位等。

（6）系统管理程序（主控）：实现将各个功能模块程序组织成一个程序系统，并管理和调用各个功能模块程序，用来管理数据文件的存储和输出。

（7）通信程序：完成上位机与各个数据采集站传送来的数据之间的交换。

数据处理软件是采集系统的一个主要模块。在数据的采集、传送和转换过程中不可避免地会产生各种噪声和干扰，外界的干扰也会侵入系统中，因而数据处理的一个重要的任务就是采用各种方法（平滑、滤波、非线性校正等）最大限度地消除混入信号中的噪声与干扰，以保证整个数据采集系统达到设计所要求的稳定性和精度；另一个重要任务就是要对数据本身进行某些变换加工（如求均值和傅里叶变换等）或在有关联的数据之间进行某些相互运算，从而得到某些能表达该数据内在特征的二次数据，即二次处理。

对于计算机控制系统，计算机还要根据所采集的数据与设定值进行比较，然后根据所规定的调节方法（PID 等）进行数据处理，输出控制量驱动执行机构。

3. 虚拟仪器

测量仪器的主要功能都是由数据采集、数据分析和数据显示三大部分完成的。随着电子技术和计算机技术的快速发展，数据分析和显示完全用计算机的软件来完成。因此，计算机与数据采集硬件就可以组成测量仪器，完成数采功能。这种基于计算机的测量仪器称为虚拟仪器。

虚拟仪器（Virtual Instmment，VI）是指以计算机（主要是微型计算机）为核心，将计算机与测量系统融合于一体，用计算机软件代替传统仪器的某些硬件的功能，用显示器代替传统仪器物理面板的测量仪器。通过键盘、鼠标代替实际的仪器面板或按钮，通过图形化用户界面以及图形化编程语言来控制仪器的启动、运行和结束，完成对被测信号的数据采集、信号分析、谱图显示、数据存储、数据回放及控制输出等功能。

虚拟仪器系统是由计算机、应用软件和仪器硬件三大要素构成的。计算机与仪器硬件又称为 VI 通用仪器硬件平台。VI 系统具有以下几种构成方式，如图 3 - 7 - 2 所示。

（1）PC - D/LQ 系统。利用计算机扩展槽和外部接口，首先将信号测量硬件设计为计算机插卡或外部设备，直接插接在计算机上；然后再配上相应的应用软件，组成计算机虚拟仪器测试系统。

（2）GPIB（General Purpose Interface Bus）系统是测量仪器与计算机通信的一个标准。通过 GPIB 接口总线，可以把具备 GPIB 总线接口的测量仪器与计算机连接起来，组成计算机虚拟仪器测试系统。

（3）VXI 系统。VXI 总线仪器是另一种基于板卡式的模块化仪器，从物理结构看，一个

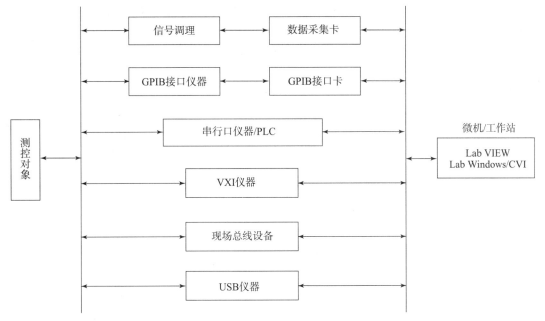

图 3 - 7 - 2　虚拟仪器的几种构成方式

VXI 总线系统由主机箱和插接的 VXI 板卡组成，它需要 VXI 总线的硬件接口才能与计算机相连。

（4）USB（Universal Aerial Bus）系统。以 USB 标准总线仪器与计算机为硬件平台组成的测试系统。

USB 是一些国际大公司，如 Intel、Microson 等为解决日益增加的微型计算机外设与有限的主板插槽和端口之间的矛盾而制定的一种串行通信的标准。现在生产的微型计算机几乎都配备了 USB 接口，流行的操作系统都支持 USB 接口。

USB 系统布局采用一种星形层状结构，从逻辑的角度来看，设备的连接是一种完全的星形结构（图 3 - 7 - 3），系统只由计算机控制，所有的设备之间的交互行为由计算机进行启动或者中转。

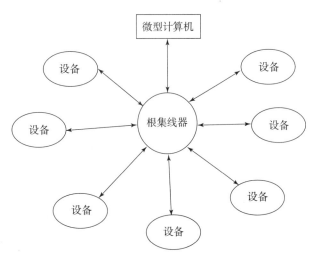

图 3 - 7 - 3　USB 总线逻辑图

（5）现场总线系统。现场总线仪器是一种用于恶劣环境条件下的、抗干扰能力很强的总线仪器模块。与上述的其他硬件功能模块相似，在计算机中安装了现场总线接口卡后，通过现场总线专用连接电缆，就可以构成计算机虚拟仪器测试系统，实现用计算机对现场总线仪器进行控制。

（6）组合系统。由上述几种典型构成方式任意组合的测试系统。

目前，常用的虚拟仪器的应用软件开发平台有很多种，常用的是 LabView、LabWindows/CVI、Agilent VEE 等。读者可以查阅相关软件介绍，这里不再赘述。

第4章

动力系统及部件试验

装甲车辆动力装置是驱动装甲车辆行驶所需能量产生、转换、传递、消耗和管理的各部件及其子系统的结合体，是装甲车辆的心脏，主要功能是完成燃料燃烧所释放的化学能向机械能的转化，实现理想的驱动特性，并达到车辆的动力性、经济性、运转性、可靠性、适应性等柴油机特性的相关指标要求。

现在的坦克装甲车辆发动机主要为柴油机和燃气轮机，未来可能会出现混合动力驱动和纯电驱动的装甲车辆，本书动力试验对象主要以柴油机及其部附件为主。

柴油机属于内燃机，其工作过程非常复杂，影响其动力性、经济性的因素非常多，其能达到的性能指标、可调整的参数数据、使用寿命的确定，以及产品质量鉴定，都应进行试验，由试验做出结论[4]。

坦克装甲车辆发动机性能试验主要是验证发动机的性能指标，其主要指标体系包含动力性、经济性、可靠性、耐久性、排放性等，每一种指标下都有不同的具体指标，需要开展针对性的试验。

发动机性能试验的内容分为一般性性能试验、性能匹配调整试验和研究性试验。性能匹配调整试验主要为使发动机及其各部件间的性能达到最佳状态；研究性试验也称专项试验，是为某一种性能的专门测定而进行的。例如，研究发动机的燃烧过程、活塞工作过程受力情况、活塞环密封性能、发动机汽缸体缸盖温度变化等；对于产品故障，为找出故障原因，解决故障，还有故障再现试验和解决措施的验证试验。

4.1 动力系统评价指标

坦克装甲车辆发动机属于综合性强、涉及面宽广的高技术领域。车辆的行驶速度、加速性、转向、爬坡，对各种障碍和水、软地面的通过性能及防护性能等均直接与发动机类型密切相关。对发动机的功率密度、瞬态响应、燃油经济性、可靠性、可维修性、耐久性、环境适应性和全寿命周期费用等，都有明确和严格的要求[22]。

有别于民用车辆，装甲车辆发动机首要方面是保障车辆要求的机动性能，以提高车辆战场生存能力；另外应考虑发动机本身对车辆防护性能的影响，如发动机的体积功率密度、红外特征等。

装甲车辆动力装置评价指标包括动力性、经济性、紧凑性、可维修性、耐久性、环境适应性和强化特性等方面。图4-1-1所示为装甲车辆动力装置的评价指标体系。这里简单介绍实验室内可以实现的评价指标。

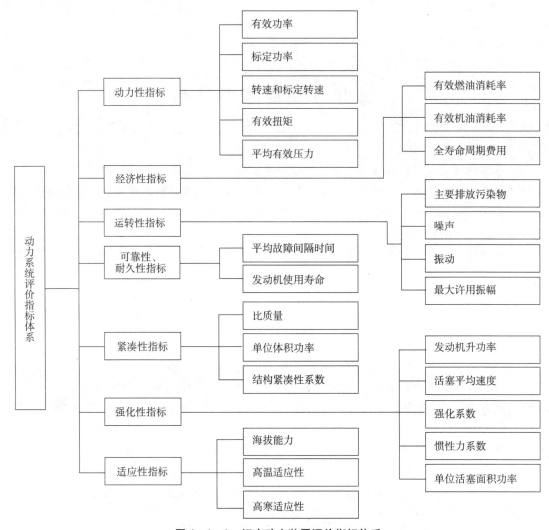

图 4 – 1 – 1 坦克动力装置评价指标体系

4.1.1 动力性

发动机动力性指标用来表征发动机做功能力大小，通常采用标定功率、标定转速、转矩、活塞平均速度和平均有效压力来表征。

1. 有效功率

发动机有效功率是指发动机单位时间对外输出的功率。发动机所能发出的有效功率越大，表示单位时间内做功越多，发动机动力性越强。

发动机有效功率用下式表示：

$$P_e = \frac{T_e \times n_e}{9\ 549} \qquad\qquad (4.1.1)$$

式中　T_e——有效转矩（N·m）；

　　　n_e——转速（r/m）。

2. 标定功率

发动机装有实际使用条件下的全部附件，在试验台上按规定的转速运转一定时间所测得的最大有效输出功率。发动机标定功率由发动机制造厂来标定。

我国国家标准规定，标定功率分为以下四种。

（1）十五分钟标定功率，是指内燃机允许连续运转 15 min 的最大有效功率。有短时良好的超负荷和加速性能的汽车、摩托车、快艇等用途的内燃机可采用十五分钟标定功率。

（2）一小时标定功率，是指内燃机允许连续运转 1 h 的最大有效功率，需要一定功率储备以克服突增负荷的工程机械、重型汽车、内燃机车及船舶等内燃机可采用一小时标定功率。

（3）十二小时标定功率，是指内燃机允许连续运转 12 h 的最大有效功率。需要连续运转 12 h 且需要充分发挥功率的拖拉机、工程机械、重型汽车及铁道牵引等内燃机可采用十二小时标定功率。

（4）持续标定功率，是指内燃机允许长期连续运转的最大有效功率，长期连续运转的电站、内燃机车、远洋船舶等内燃机可采用连续标定功率。

3. 转速和标定转速

发动机曲轴每分钟的回转数称为发动机转速，进行功率标定时所用的转速值称为标定转速。

现代主战坦克内燃机标定转速为 2 000～2 600 r/min。

发动机功率、转速、扭矩的测量可以使用测功机在发动机试验台架上测出。

4. 有效扭矩

有效扭矩是指发动机通过飞轮对外输出的实际力矩值。发动机标定功率和标定转速确定后，标定工况的转矩就确定了。对于装甲车辆发动机，除了对功率和转速的要求外，还要求有一定的转矩储备，即具有较好的转矩特性，转矩特性用转矩总适应性系数为

$$K = K_m \times K_n \tag{4.1.2}$$

其中，

$$K_m = \frac{T_{emax}}{T_e} \tag{4.1.3}$$

$$K_n = \frac{n_{emax}}{n_e} \tag{4.1.4}$$

式中　K_m——转矩适应性系数；

　　　K_n——转速适应性系数；

　　　T_{emax}——最大转矩；

　　　T_e——标定工况下转矩；

　　　n_{emax}——最大转矩下转速；

　　　n_e——标定转速。

5. 平均有效压力

平均有效压力是指在发动机的做功行程中，与每一个工作循环活塞做功等效的平均压力，其用来判断发动机每单位汽缸工作容积做功能力。

平均有效压力可用下式计算：

$$p_e = \frac{W_e}{V_s} = p_i \eta_m \qquad (4.1.5)$$

式中　W_e——曲轴端输出有效功；

　　　V_s——汽缸工作容积（活塞排量）；

　　　p_i——平均指示压力；

　　　η_m——机械效率。

4.1.2　经济性指标

发动机经济性指标是指生产成本、运转中的消耗及维修费用等，包括有效燃油消耗率、机油消耗率、全寿命周期费用等指标。本书介绍有效燃油消耗率、机油消耗率。

1. 有效燃油消耗率

有效燃油消耗率是指发动机输出 1 kW·h 的有效功所消耗的燃油量，即

$$b_e = 1\,000 \times \frac{3.6 \times \Delta v \cdot \dfrac{\rho_t}{\Delta_t}}{\dfrac{n \cdot T_e}{9\,550}} \qquad (4.1.6)$$

式中　b_e——有效燃油消耗率；

　　　Δv——单位时间内燃油流量（mL）；

　　　ρ_t——燃油密度（g/cm^3）；

　　　Δ_t——单位时间（s）；

　　　n——发动机转速（r/min）；

　　　T_e——发动机有效转矩（N·m）。

在标定工况下，现代坦克和工程机械柴油机的燃油消耗率一般在 215～270 g/(kW·h)。

2. 机油消耗率

机油消耗率是指发动机输出 1 kW·h 的有效功所消耗的机油量。

正常发动机机油消耗率范围为 0.1～0.3 g/(kW·h)。根据 GB/T 19055—2003《汽车发动机性能试验方法》规定机油消耗率的测量方法，在额定转速和全负荷运行 24 h，机油消耗量（L）/燃油消耗量（L）的比例不得超过 0.3%。

4.1.3　运转性指标

发动机运转是否平稳，噪声、振动及排放污染是否超标，操纵是否方便，这些属于发动机运转性指标。

1. 柴油机主要排放污染物

柴油机主要排放污染物有一氧化碳（CO）、氮氧化合物（NO$_x$）、碳氢化合物（HC）、可吸入颗粒物（PM）四种。污染物排放量通过发动机每输出 1 kW·h 有效功所排出的污染物质量表示，单位为 g/(kW·h)。

2. 噪声

发动机噪声是指发动机在燃料燃烧、机械运转、空气流动等过程中，气流和机械部件的

无规则振动发出的声音，大小用分贝（dB）表示。发动机运行过程的噪声的主要来源包括燃烧噪声、机械噪声、空气动力噪声三个方面。

国际标准化组织（ISO）指出：为保护听力，每天工作 8 h 的容许噪声值为 90 dB（A），任何情况下不允许超过 115 dB（A）。现代内燃机噪声为 85 ~ 110 dB（A），通常柴油机噪声高于汽油机。

3. 振动

发动机振动是指发动机运行过程中，机械部件往复运动导致机体产生较大抖动的现象。发动机振动是衡量发动机工作质量的一个重要标志。振动信号用振动位移、振动速度、振动加速度衡量。

发动机振动过大会对乘员和发动机部件及设备造成危害。常用中小功率柴油机振动评级，如表 4 - 1 - 1 所列。

表 4 - 1 - 1　振动烈度等级（2 ~ 1 000 Hz）

振动烈度等级	机械主结构上所得的综合振动限值		
	位移/μm	速度/(mm · s⁻¹)	加速度/(mm · s⁻²)
1.1	≤17.8	≤1.12	≤1.76
1.8	≤28.3	≤1.78	≤2.79
2.8	≤44.8	≤2.82	≤4.42
4.5	≤71.0	≤4.46	≤7.01
7.1	≤113	≤7.07	≤11.1
11	≤178	≤11.2	≤17.6
18	≤283	≤17.8	≤27.9

注：表中值系根据在 2 ~ 10 Hz 范围恒位移，在 10 ~ 250 Hz 范围恒速度和在 250 ~ 1 000 Hz 范围恒加速度条件下导出的。表中列出了部分数值。

4. 最大许用振幅

发动机的曲轴扭转振动系统具有一定的扭振自振频率，或称固有频率。当曲轴工作扭矩频率与曲轴扭转振动频率趋于一致时，就会发生共振。危险的扭转共振会使发动机振动和噪声加大、工作性能变坏，增大传动系统的负荷和噪声，降低装备无故障间隔里程，严重影响作战能力的发挥。

曲轴扭转振动一般采用扭振许用应力及许用扭振振幅来作为评价的标准。

曲轴的扭振许用应力，对于车用发动机，一般在连续工作情况下取 $[\tau] = 0.25\tau_{-1}$，其中 τ_{-1} 为材料的扭转疲劳极限。

最大许用扭振振幅是指在确保轴系安全的前提下第一质量振幅的大小，对于车用发动机，一般取 $[A_1] = \pm 0.2° ~ \pm 0.5°$。

4.1.4　可靠性和耐久性指标

发动机的可靠性是指发动机在设计规定的使用条件下，具有持续工作的能力。在我国，可靠性指标在保证期内通常以发动机首次大修时间、平均故障间隔时间来评定。

1. 发动机平均故障间隔时间

发动机平均故障间隔时间一般是指发动机在使用期限内，发生主要故障与前一次故障发生的间隔时间（主要故障包括曲柄连杆机构、配气机构等主要零件的断裂以及影响喷油泵和增压器功能等的故障），用来衡量故障发生率。

如果发生故障较为频繁，维修次数多，则发动机可靠性差。

2. 发动机使用寿命

发动机使用寿命用发动机首次大修时间衡量，是指从内燃机开始使用到第一次大修前累计运转的总小时数（单位：h）。

发动机大修是指发动机在一定的使用年限之后，经过检测诊断和技术鉴定，需要拆解发动机并更换发动机内部的主要零部件的维修。

发动机使用寿命可以反映发动机的耐久性。坦克柴油机寿命一般为 500～1 000 h。在完成耐久性考核后，柴油机的标定功率下降不得超过 4%（或 5%）[23]。

4.1.5 紧凑性指标

发动机紧凑性是评价发动机结构紧凑性及金属材料利用程度的一个指标，通常是指发动机的质量和外形尺寸。衡量发动机质量的指标是比质量，衡量发动机外形尺寸的指标是单位体积功率和结构紧凑性系数。

1. 比质量

比质量 m_e 是指发动机的干质量与其标定功率的比值。干质量 m 是指未加注燃油、机油和冷却液的发动机质量，即

$$m_e = \frac{m}{P_e} \tag{4.1.7}$$

式中　m——干质量；

　　　P_e——发动机标定功率（kW）。

比质量是发动机紧凑性的一个指标，是用来表征发动机质量利用程度和总体结构紧凑程度。现代坦克柴油机的比质量一般为 1.5～3 kg/kW。

2. 单位体积功率

单位体积功率是用来衡量发动机外形尺寸的指标，即

$$N_V = \frac{P_e}{V} \tag{4.1.8}$$

式中　V——发动机的外形体积，即发动机的长、宽、高的乘积（m³）；

　　　P_e——发动机标定功率（kW）。

单位体积功率对发动机是一个十分重要的指标，现代主战坦克的水冷式柴油机的单位体积功率一般为 300～370 kW/m³，研制中的主战坦克水冷式柴油机的单位体积功率有的高达 1 114 kW/m³，而主战坦克的风冷式柴油机的单位体积功率（包含冷却系附件）为 83.7～232.9 kW/m³。目前先进柴油机的单位体积功率高达 1 360 kW/m³。

3. 结构紧凑性系数

结构紧凑性系数是指发动机总排量和其外形体积的比值，即

$$k = \frac{V_h}{V} \tag{4.1.9}$$

式中　V_h ——发动机总排量（L）。

现代主战坦克的水冷式柴油机的总布置紧凑性系数为 9.49 ~ 30.6 L/m³，风冷式柴油机的紧凑性系数为 5.6 ~ 12.38 L/m³。

4.1.6　强化性指标

发动机的强化性指标通常用发动机的升功率、活塞平均速度、强化系数、惯性力系数和校正单位活塞面积功率来表示，表征发动机强化能力。

1. 升功率

额定工况下，发动机每升汽缸工作容积所发出的功率即为升功率，即

$$P_L = \frac{P_e}{iV_s} \text{（kW/L）} \tag{4.1.10}$$

式中　P_e ——发动机标定功率（kW）；

V_s ——发动机汽缸工作容积（L）；

i ——发动机汽缸数。

升功率的高低反映出发动机设计与制造的质量，是评定一台发动机整机动力性能和强化程度的重要指标之一。强化高速柴油机升功率可达 70 kW/L。

2. 活塞平均速度

活塞平均速度是指发动机在标定转速下工作时，活塞往复运动速度的平均值。活塞平均速度的大小直接影响到发动机的动力性能、经济性能、机械负荷、热负荷、振动与噪声特性。

活塞平均速度用下式计算：

$$C_m = \frac{s \cdot N_q}{3\,000} \tag{4.1.11}$$

式中　C_m ——活塞平均速度（m/s）；

s ——活塞行程（cm）；

N_q ——曲轴的转速（r/min）。

通常按照活塞平均速度 C_m 值将发动机分为三类：$C_m < 6$ m/s 的称为低速发动机；$C_m = 6 \sim 9$ m/s 的称为中速发动机；$C_m > 9$ m/s 的称为高速发动机。

现代主战坦克发动机的标定转速为 2 000 ~ 6 000 r/min，活塞平均速度为 9.75 ~ 12.8 m/s。研制中的主战坦克发动机的活塞平均速度有的高达 13.43 m/s。

3. 强化系数

发动机的平均有效压力与活塞平均速度的乘积，称为发动机强化系数，即

$$p_{mc} \cdot C_m = \pi \frac{T_{tq}\tau}{iV_s} \times 10^{-3} \times \frac{sn}{30} = c\frac{p}{A} \tag{4.1.12}$$

式中　T_{tq} ——有效扭矩（N·m）；

s ——活塞行程（cm）；

c ——常数。

4. 惯性力系数

单位轴承面积上承受的最大往复运动质量惯性力，称为惯性力系数，其反映了轴承的工作。惯性力系数用下式计算：

$$\alpha \propto \frac{d^3 \cdot \frac{s}{2} \cdot n^2}{d^2} = \frac{s}{2d} \cdot d^2 \cdot n^2 \tag{4.1.13}$$

式中　d——汽缸直径；

　　　s——活塞行程（cm）；

　　　n——曲轴转速。

5. 单位活塞面积功率

单位活塞面积功率是评价发动机热负荷的指标，即

$$N_F = \frac{N_{eN}}{\tau F_h} = \frac{P_{eN} C_m}{10\tau} \ (\text{kW/cm}^2) \tag{4.1.14}$$

4.1.7　适应性指标

发动机在不同地理条件、不同气候条件下的工作能力以及适应多种燃料的能力是发动机的适应性。评价指标有海拔能力和高温适应性及高寒适应性。

1. 海拔能力

海拔能力是指发动机在高原等海拔较高地区的工作能力。发动机海拔能力的评价方法：一般通过标定不同海拔高度下发动机外特性曲线，测量其不同转速下的有效功率和有效转矩，观察外特性曲线随海拔的变化情况。

我国国军标规定，装甲车辆适应海拔高度为 1 400～4 000 m[24]。

2. 高温适应性

发动机高温适应性是指发动机在高温条件下的工作能力。

我国国军标规定，装甲车辆适应环境高温为 20～46℃[25]。

3. 高寒适应性

发动机高寒适应性是指发动机在高寒条件下的工作能力。高寒条件下，发动机容易出现启动困难的问题。

车用发动机一般要求在高寒地区有良好的启动性能。在低温冷启动方面，一般发动机要求在 −5℃气温下不用任何辅助启动装置就可以启动。在更低的温度下，利用一些辅助装置或使用抗低温燃油也能顺利启动。

我国国军标规定，装甲车辆低温试验采用温度为 −43℃[26]。

4.2　动力试验台的基本组成

4.2.1　动力试验台的基本要求

动力装置有许多评价指标，针对不同的评价指标，需要进行相应的试验设计，试验任务和目的不同，对试验台的具体要求也不同。对工厂做产品验收的试验台，要求动力、加载装置固定，被试件便于快速更换；对可靠性试验台，要求自动化程度高，自动控制，自行记录，自行监视报警；对研究试验，则应能灵活方便地调整试验条件和参数，便于安装各种精密仪表；对发动机进行的专项研究试验，还需要新的测试方法和测试手段。

除对试验台的安装、调整方便，操作简便、可靠，改善操作人员的工作条件等通用要求之外，对动力试验台的基本要求如下：

（1）保证发动机正常地、连续地工作；

（2）发动机工况可连续可调、稳定，能尽可能模拟实际使用条件；

（3）发动机的功率、扭矩、转速、油耗、排气温度等各种基本参数，应能方便测量并有足够的测量精度；

（4）应有减振、消声、通风等设施。

4.2.2 动力试验台的基本组成

发动机试验台除发动机外，通常由加载测功机、机械支架、燃料供给系统、发动机冷却系统、进排气系统、机油冷却与自动温控系统、测控系统 7 个部分组成。图 4-2-1 所示为发动机试验台示意图。

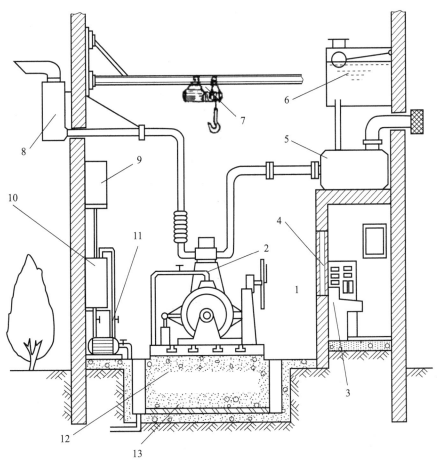

图 4-2-1　发动机试验台

1—测功机；2—发动机；3—控制台；4—观察窗；5—进气稳压器；6—稳压水箱；7—吊车；
8—排气消声器；9—燃油箱；10—机油箱；11—热交换器；12—混凝土基础；13—减振器

1. 制动测功装置

制动测功装置包括测功机及其辅助系统，其主要吸收和测量发动机功率，以达到控制发动机负荷与转速的要求。

根据测功机传递力矩介质的不同，分为水力测功机、电力测功机、电涡流测功机、磁粉测功机、黏液测功机等，现在常用的是电涡流测功机和电力测功机。

1）水力测功机

（1）水力测功机基本工作原理及组成。水力测功机利用水中运动的物体与水之间的摩擦阻力来吸收发动机的功率，由制动机构和测力机构两部分组成，如图 4-2-2 所示。

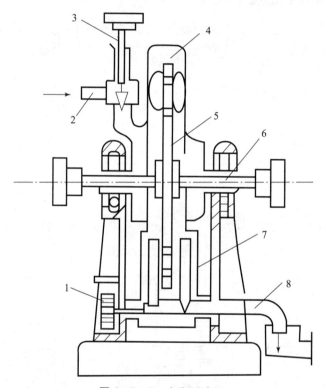

图 4-2-2　水力测功机

1—蜗轮蜗杆；2—进水管；3—调节阀；4—壳体；5—圆盘；6—转子轴；7—支管；8—排水管

工作时，水从进水管经调节阀进入圆盘中心区域，随同圆盘一起旋转，在离心力作用下甩向壳体周围。水与圆盘的摩擦阻力矩便形成了发动机的负载，而发动机输出的机械能则转变为水的动能和因摩擦而产生的热能。水对壳体的冲击，使壳体摆动，可通过测力机构测出壳体所受的扭矩，此扭矩即为发动机输出的有效扭矩。

壳体内水层的厚度将影响水与圆盘间摩擦力矩的大小，水层的厚度的调节通过调节进水管上的调节阀的开度实现。

摆锤式测力机构如图 4-2-3 所示，由连接杆 3、偏心轴 4、秤锤 9、扇形齿轮 5、指针齿轮 6、刻度盘 7 和指针 8 组成。测功机工作时，壳体在扭矩作用下摆动一个角度，通过连接杆拉动偏心轴转动，带动秤锤摆动一个角度。秤锤的重力对偏心轴产生一个与壳体力矩平衡的力矩，可通过偏心轴上的指针偏转角度来获得力矩数值。

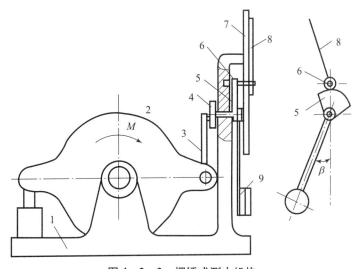

图 4 - 2 - 3 摆锤式测力机构

1—支架；2—壳体；3—连接杆；4—偏心轴；5—扇形齿轮；

6—指针齿轮；7—刻度盘；8—指针；9—秤锤

（2）测功机特性。测功机特性是指测功机所吸收功率或扭矩随测功机转速的关系，如图 4 - 2 - 4 所示。图中 *OA* 段称为满水线，是测功机内水层厚度最大时的吸收功率，*OA* 为立方抛物线；*AB* 段为最大扭矩线，是测功机最大扭矩时的吸收功率，*AB* 为直线；*BC* 段为最大功率限制线，主要是由于最高水温限制下的最大吸收功率；*CD* 段为测功机最高转速限制线，主要由测功机机械结构决定；*DO* 段为空水线，表示水力测功机内无水时的吸收功率；曲线 *OABCDO* 就是水力测功机的特性曲线，被测发动机的外特性落在 *OABCDO* 曲线范围内，就可以实现发动机功率的测量。实际中，被测试的发动机最大功率大于 2/3 最大功率限制线，才认为测功机与发动机是匹配。

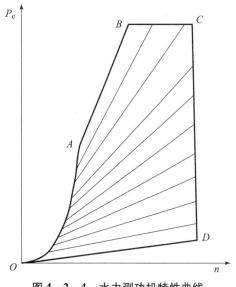

图 4 - 2 - 4 水力测功机特性曲线

2）电涡流测功机

（1）电涡流测功机的工作原理。电涡流测功机是利用涡流损耗的原理来吸收功率的，如图4-2-5所示。转子用高磁导率钢制成，圆周上开有矩形齿，它与原动机相连；定子中间装有环形线圈，线圈通直流电，使转子磁化建立磁场。当转子旋转时，定子内环的磁通量不断变化，因而内环上产生电涡流，该涡流与产生它的磁场相互作用形成与旋转转子反向的制动力矩，吸收原动机的功率，被吸收的功率经涡流变成热量，热量由定子内腔的冷却水带走，调节定子线圈的电流，控制制动扭矩的大小。电涡流测功机的结构如图4-2-6所示[22]。

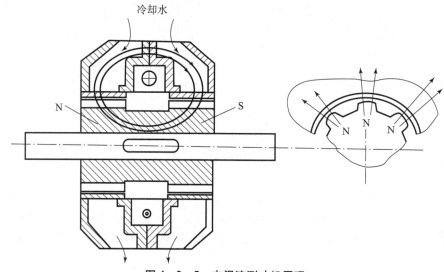

图4-2-5　电涡流测功机原理

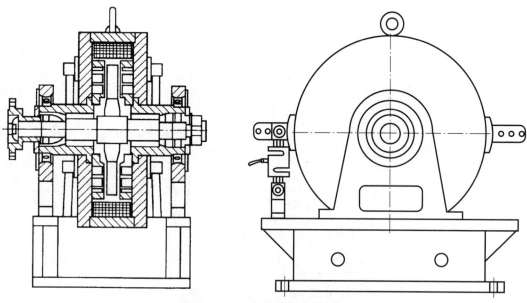

图4-2-6　电涡流测功机结构

电涡流测功机具有精度高、振动小、结构简单、体积小、耗电少等特点，并具有十分宽泛的转速范围和功率范围，转速可以达到 1000 ~ 25 000 r/min，功率可以达到 5 000 kW。但是，此种测功机只能测功，不能作为动力。

（2）电涡流测功机的特性。电涡流测功机特性曲线如图 4 – 2 – 7 所示[4]。图中，OA 为达到额定吸收功率之前所能够吸收的最大功率线；AB 为允许吸收的最大功率线（额定功率线）；BC 为允许的最高转速线；CO 为不受控的空运转吸收功率线，即励磁电流为零时的吸收功率线；OD 为达到额定吸收功率前的最大扭矩曲线。

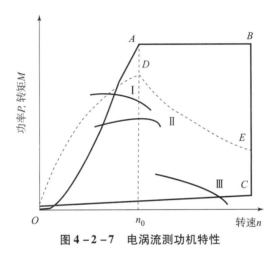

图 4 – 2 – 7　电涡流测功机特性

3）平衡式直流电机测功机

（1）基本工作原理。平衡式直流电机测功机由测功电机、直流电源和磁电源等组成。测功电机本身是一台直流电机（图 4 – 2 – 8），它的定子外壳 4 通过轴承 2 和 6 架于底座 7 上。这样外壳便可以摆动，可以测出反力矩。其他部分如电枢 1 通过轴承 3 和 5 装在外壳 4 上。与一般电机的原理相同，该测功机可以作发电机用，也可以当电机用。外壳承受的反力矩和轴承 2、6 的摩擦力矩由测力机构测量。传统的测力机构有磅秤式和电子秤式等，随着现代测试技术的发展，现在基本上采用电测技术。

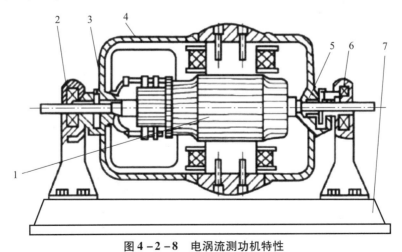

图 4 – 2 – 8　电涡流测功机特性

1—电枢；2，3，5，6—轴承；4—外壳；7—底座

（2）平衡式直流电机测功机的特性。平衡式直流电机测功机的特性如图4-2-9所示。图中，0~1段为最大激磁电流和最小负荷电阻下吸收功率；1~2段为电枢最大电流限制线，也是测功枢最大扭矩限制线，吸收功率和转速成正比；2~3段是受电机散热条件限制的最大吸收功率线；3~4段是测功机最大转速限制线；0~5段是测功机最小的吸收功率线，此时电枢电流为零，激磁也为零。

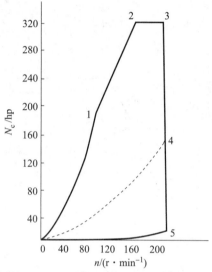

图4-2-9　平衡式直流电机测功机特性

4）黏液测功机

（1）基本工作原理。黏液测功机是利用黏液传动技术发展起来的一种测功装置。黏液测功机的结构类似于普通的湿式多片制动器，测功机的主动摩擦片与主动轴相连，被动摩擦片与壳体相连，壳体通过传感器固定于底座上，用于测量扭矩。在主被动摩擦对偶片间有润滑油由内向外流动，形成油膜。被试件带动主动摩擦片相对于被动摩擦片做油膜剪切运动，产生制动扭矩，热量由润滑油带走。通过控制摩擦片的压紧力调整制动扭矩的大小。低速性能好、动态响应快是黏液测功机的突出优点。

（2）黏液测功机的特性。黏液测功机的特性曲线如图4-2-10所示。图中，1段为恒扭矩段；2段为恒功率段；3段为转速限制线；4段为受内摩擦阻力等限制的不同转速下的最小扭矩段。

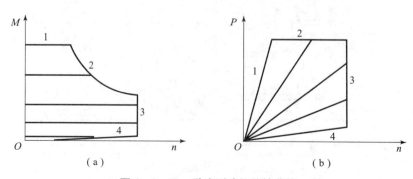

图4-2-10　黏液测功机特性曲线

2. 机械台架

发动机的试验属于机械产品试验，各种试验设备需要机械支架和连接，主要是发动机支架、传感器支架、测功机支架以及发动机和传感器连接件、传感器与测功机连接件、旋转件防护罩等，如图 4-2-11 所示。发动机支架用来支撑固定发动机，测功机支架用来支撑固定测功机，保证发动机试验输入/输出等高，支架高度可以调节，以适应不同发动机的需要[22]。

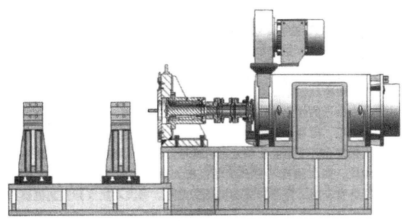

图 4-2-11　机械台架

在发动机试验中，发动机一般为被试件。

发动机安装底座在发动机试验中主要起到支撑发动机、安放数据采集模块、缓冲发动机振动的作用。发动机安装底座不仅要保证具有一定的强度，在发动机大负荷强振动时避免对支架造成破坏，甚至损坏发动机和测试设备等；还要保证一定的刚度，在使用的过程中不发生变形、破坏试验机械系统的位置关系、损坏传感设备、影响测试结果。

传感器和加载测功机的支架也是要保证刚度和强度。

试验台架连接件主要是联轴器，联轴器一般选用膜片联轴器（图 4-2-12）和万向联轴器（图 4-2-13）。选用万向联轴器要注意，其长度是可以调整的，在使用中轴向要有可靠的锁紧。在一些特殊场合也会选用其他形式的联轴器，也可以自制联轴器。

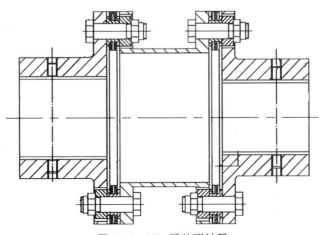

图 4-2-12　膜片联轴器

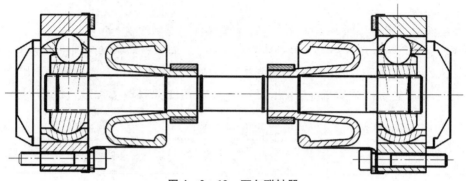

图 4 - 2 - 13　万向联轴器

发动机试验台通常固定在一个共同的基础上，并与周围的建筑物隔离开来，防止发动机振动外传，影响建筑物及测试设备。

3. 燃料供给系统

燃料供给系统用来给发动机提供清洁燃油，一般由油箱、供油泵、滤清器、耗油量测量装置、油管、开关等组成。油箱不宜过大，以一个工作班的用油量来计算即可，以防失火。油箱离地距离以高出发动机进油口 1 ~ 3 m 为宜。油管的内径按流速来决定，管内油的流速通常为 0. 65 ~ 0. 75 L/s 为宜[4]。

为了测试需求，燃油供给系统还需要具有燃油温度、压力的控制功能，这就是燃油温控系统。燃油温控系统采用冷热水控制温度、换热器平衡燃油温度的方法实现对燃油温度的控制。燃油温控系统和油耗系统共同组成了试验台中的燃油供油系统，完成对燃油的消耗测量和燃油温度的控制[22]，如图 4 - 2 - 14 所示。

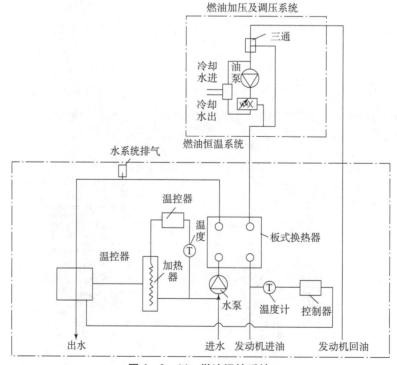

图 4 - 2 - 14　燃油温控系统

4. 机油冷却与自动温控系统

机油冷却与自动温控系统应保证在各种工况下能将流量足够、温度适宜的润滑油连续地供给发动机，并能测定润滑系统中的机油压力、机油温度、机油消耗量等参数。通常要配备机油散热装置和机油消耗测量装置[4]。

图 4-2-15 所示为发动机的恒温装置系统原理图，该机油恒温系统主要由水/水热交换器、电加热器、机油过滤器、循环水泵、机油泵、电动调节阀以及电控系统等组成。

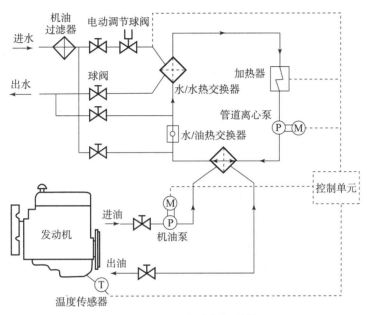

图 4-2-15　机油恒温装置

系统与发动机油底壳进、出口对接后，形成机油循环回路，从油底壳放油孔抽取机油，经机油泵、换热器、加热器从进油口将恒温后的机油送入油底壳。此过程与发动机工作同时进行。

发动机工作后，当机油温度低于设定值时，加热器工作，使循环机油温度能迅速上升，达到发动机工作所需的正常温度范围，并能自动控制；当机油温度高于设定值，通过热交换器将循环机油温度降至设定值，再送至发动机使用；电动调节阀控制冷却水出水流量的大小来改变和控制热交换功率，保证送入发动机机油温度的恒定，满足试验要求。

5. 进、排气系统

发动机试验台进、排气系统用来给发动机提供适宜的空气，排除燃烧后的废气。试验台上的进、排气系统应尽量保持与原机一致，以使结果更符合实际情况，或者通过各种调节机构适应不同的发动机。

进气系统除了要提供清洁的空气外，还应能调节进入发动机空气的状态（包括压力、温度、湿度），并能准确地测量出空气的参数和消耗量。进气系统的导管直径应能保证在大气压下、最大空气消耗量时，管内空气流速不超过 15~20 m/s。进气系统的阻力应不超过 0~80 mm 水柱。

发动机试验台的进气系统根据空气提供方式的不同可分为直接采用实验室内部空气和专用空气源供给两种方式[22]。直接采用实验室内部空气的进气方式不需要额外的进气系统；

专用空气源供给方式也分为两种，即管道直取式和进气调节系统式。

管道直取式是采用直接的管道连接，将发动机的进气口引至室外，直接取得外部新鲜空气。该方式结构简单，成本较低，但是无法控制进气的温度、湿度、气压等。

进气调节系统式是采用专用的进气调节设备，在满足进气量的同时还可以对进气的温度、湿度、压力进行调节。例如，做高原环境或高低温试验时，需要控制进气的温度在25℃，进气相对湿度为55%，进气压力高于大气压100 Pa，此时需要采用进气调节系统进行调控。

排气系统应能将废气排至室外，并尽量减小排气噪声。同时，应注意排气阻力不应过大。过大的排气背压对发动机性能有很大的影响[4]，应尽量减小发动机的排气背压，因此实验室中使用的排气管直径应大于发动机的排气管直径。

发动机废气的排放会产生噪声和部分危害气体，所以排气系统应具备相应的消音、防爆和废气处理的功能。有时为了模拟整车实际的使用情况，排气系统还应具有可改变排气背压的功能。因此，排气系统由排气管路、背压调节装置、消音坑、尾气处理装置等部分组成。

排气背压是指发动机排气的阻力压力，背压调节系统用于控制排气管路中的背压值。背压值的改变是在发动机排气管中增加一个可控的高温节流阀，通过控制阀门开度改变发动机排气管的空气阻力，从而改变发动机的背压值。

背压的测量根据国家规定应在离发动机排气管出口或涡轮增压器出口 75 mm 处，在排气连接管里进行测量，测压头与管内壁平齐。背压传感器的安装位置应在一直径不变的直管段，一般遵循前三维后四维的原则，否则在安装位置后马上进行变径处理时测量点容易出现负压值。

图 4-2-16 所示为某柴油机试验系统图[27]，从图中可以看出进排气系统的系统原理示意。

6. 发动机冷却系统

发动机冷却系统用来给发动机散热。对水冷式发动机试验台，冷却系统要求保持出水温度在规定的范围内，并能方便地调节温度范围；另外，在不改变发动机热状况下测量冷却水带走的热量。

目前，发动机试验台通常采用的封闭式冷却系统由两条管路组成：一条是原发动机的水冷管路系统，自成一个封闭管路系统，称为内循环；另一条由冷却塔、冷却水池、外部管路组成一个外部管路系统，称为外循环。通常，外部管路系统不是发动机独有，其为实验室的公共循环水系统。冷却系统的最高处应装空气-蒸汽阀，防止产生水蒸气时出现局部过热，以及发动机由工作状态转入停车状态时由于水蒸气冷却出现负压过高的现象。在最低处应装放水阀，能使冷却水放完，水管直径应使循环水的速度不超过 2~3 m/s[4]。

图 4-2-17 所示为冷却液恒温系统原理图，主要由水/水热交换器、循环水泵、膨胀水箱、集液水箱、电动调节阀、电磁阀以及电控系统等组成。

发动机工作前向发动机内自动定量充液且自动转换到循环过程；系统与发动机冷却液进、出口对接后，形成冷却液循环回路。冷却循环回路里设置有热交换器，通过电动调节阀控制冷却水量，控制冷却液循环回路冷却液的温度，此过程与发动机工作同时进行。

发动机工作完毕，系统可将循环体内使用过的液体全部吸抽至集液水箱中。

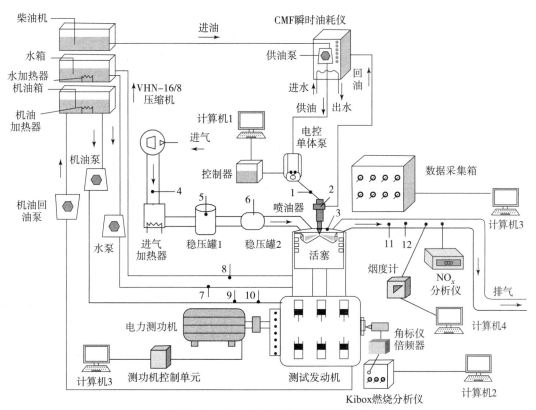

图 4 - 2 - 16 多缸柴油机试验系统图

1—喷油压力传感器；2—针阀升程传感器；3—缸压传感器；4—空气流量计；5—进气压力传感器；

6—进气温度传感器；7—进水温度传感器；8—回水温度传感器；9—机油温度传感器；

10—机油压力传感器；11—排气温度传感器；12—排气压力传感器

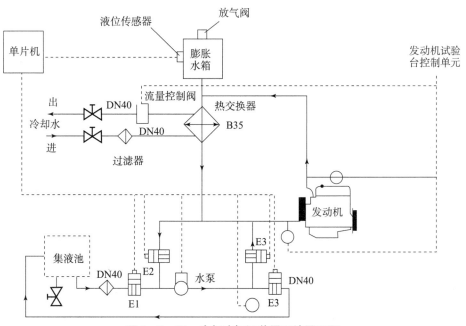

图 4 - 2 - 17 冷却液恒温装置系统原理图

7. 测控系统

测控系统主要功能是采集需要的各种参数、控制试验台的运行、监控试验台的各种状态。主要包括各种传感器、数采系统、控制发动机运转的装置、发动机辅助系统的控制装置、调整工作状态的各种开关、指示发动机工作状况的各种仪表以及操作台等。操纵台一般安放在具有良好隔音效果的控制室内。

测控系统主要由参数测量采集、执行控制和测控管理软件三部分组成。

参数测量采集部分主要由传感器和数据采集模块组成，主要参数测量采集任务包括被试对象试验参数测量与采集。某船舶发动机测控系统硬件系统如图 4 - 2 - 18 所示[28]，试验需要采集的参数如表 4 - 2 - 1 所示。

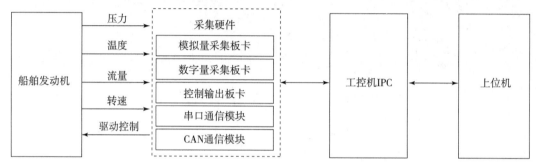

图 4 - 2 - 18 测控系统硬件关系图

表 4 - 2 - 1 发动机试验主要采集的参数

系统	序号	名　称	信号类型/mA	参数范围
冷却系统	1	滑油冷却器进口水温	4~20	-50~200℃
	2	高温调压阀进口水温	4~20	-50~200℃
	3	高温水泵出口水温	4~20	-50~200℃
	4	高温调压阀进口水压	4~20	0~6 bar
	5	高温水泵出口水压	4~20	0~6 bar
	6	发动机出口水压	4~20	0~6 bar
	7	低温水泵出口水压	4~20	0~6 bar
	8	滑油冷却器进口水压	4~20	0~6 bar
	9	发动机进口高温水流量	4~20	0~300 N·m³/h
滑油系统	1	滑油进机流量	4~20	0~300 N·m³/h
	2	油底壳滑油温度	4~20	-50~200℃
	3	油底壳液位高度	开关量	
进排气系统	1	大气压力	4~20	0~1.6 bar
	2	压气机出口压力	4~20	0~10 bar
	3	排气总管压力	4~20	0~6 bar

系统	序号	名　　称	信号类型/mA	参数范围
进排气系统	4	废气涡轮出口压力	4～20	0～10 bar
	5	空冷器进口空气温度	4～20	−50～200℃
	6	第1缸进气温度	4～20	−50～200℃
	7	第6缸进气温度	4～20	−50～200℃
	8	排气阀阀杆位移	4～20	10～15 mm
	9	排气阀阀杆上端压力	4～20	0～1 600 bar
	10	空气弹簧压力	4～20	0～40 bar
喷油系统	1	低压燃油压力	4～20	0～25 bar
	2	增压后的燃油压力	4～20	0～2 000 bar
	3	增压控制阀控制信号	4～20	0～50 A
	4	增压活塞行程	0～10	0～3 mm
	5	喷油器压力	4～20	0～2 000 bar
	6	针阀腔压力	4～20	0～2 000 bar
	7	主滤器进口燃油压力	4～20	0～10 bar
	8	主滤器出口燃油压力	4～20	0～10 bar
	9	供油管路燃油流量	4～20	0～5 m³/h
	10	回油管路燃油流量	4～20	0～5 m³/h
燃气系统	1	主燃气管道燃气压力	4～20	0～10 bar
	2	主燃气管道燃气温度	4～20	−50～200℃
	3	主燃气管道燃气流量	4～20	0～1 000 m³/h
微喷系统	1	微喷滤器进口燃油压力	4～20	0～10 bar
	2	微喷滤器出口燃油压力	4～20	0～10 bar
	3	微喷供油管路燃油压力	4～20	0～10 bar
	4	微喷供油管路燃油温度	4～20	−50～200℃
	5	微喷回油管路燃油压力	4～20	0～1 bar
	6	微喷回油管路燃油温度	4～20	−50～200℃
	7	微喷回油管路燃油流量	4～20	0～2 m³/h
注油器	1	注油器控制电磁阀信号	4～20	0～20 A
	2	注油器出油压力	4～20	0～100 bar
	3	注油器出油流量	4～20	0～1 000 m³/h

注：1 bar = 0.1 MPa。

发动机试验中，传感器的安装位置有着严格的要求。表 4 - 2 - 2 列出了发动机试验中传感器安装位置要求[29]。

表 4 - 2 - 2　发动机性能参数测量位置（摘录）

序号	测量项目	测量位置
1	大气压力（绝对）	在实验室内，不受阳光直射和热辐射处
2	汽缸压缩压力	在空气启动活门、喷油器孔、预热塞孔或专用的孔处
3	汽缸最高燃烧压力	在空气启动活门、预热塞孔或专用的孔处
4	进气阻力	非增压柴油机在距离进气管空气进口下游 30 mm 处，增压柴油机在进气口或靠近进气口直管段处
5	进气压力	
6	增压压力	在压气机出气口处或靠近出气口处的平直管段处
7	汽缸进口前的增压压力	进气歧管进口处
8	中冷器压力损失	在中冷器进出口处附近的直管段处测量二者间空气压力差
9	涡轮进口处的排气压力	在排气总管出口到涡轮增压器进口之间的管段处，传感器与管壁齐平
10	排气背压	非涡轮增压柴油机在距排气总管出口不大于 2 倍排气总管直径处，涡轮增压机在涡轮排气出口 1 倍直径距离处测量
11	曲轴箱压力	在曲轴箱上部测量
12	冷却介质压力	水靠近水泵出口处，中冷器冷却水进出口处
13	机油压力	主油道、凸轮轴油道、水品轴油道和增压器油道进出口等处
14	燃油供给压力	靠近喷油泵燃油进口处
15	环境温度	在实验室内，不受阳光直射和热辐射处
16	进气温度	在距进气管空气进口上游 150 mm 以内
17	增压器后的充气温度	靠近增压器空气出口的平直管段处
18	中冷器后空气温度	靠近中冷器空气出口的平直管段处
19	汽缸出口处的排气温度	在距汽缸盖排气管道出口端面 50 mm 以内测量
20	涡轮进口处的排气温度	尽量靠近涡轮增压器涡轮箱进口的管段处测量
21	排气管内或涡轮后的排气温度	在距排气总管出口不大于 2 倍排气总管直径或涡轮增压器排气出口 1 倍直径距离处
22	冷却介质温度	靠近柴油机水泵出口处，中冷器冷却水进出口处
23	机油温度	湿式油底壳柴油机：在主油道进口处或在油底壳内或在机油散热器的进出口处； 干式油底壳柴油机：在靠近柴油机的机油进出口处
24	燃油温度	在喷油泵燃油进出口处
25	燃油消耗量	燃油泵燃油进口前

发动机试验中，传感器的安装除了位置外，还需要有角度和深度的技术要求。如管道中的气流压力测压孔为 $\phi 1 \sim \phi 1.5$ mm 垂直管内壁的直孔（图 4-2-19），孔端不得有毛刺，利用管接头与压力机或压力传感器连接；管道中气流温度测量使用 $\phi 3 \sim \phi 7$ mm 的铠装式温度传感器，传感器端头（测温点）应逆气流方向安装在管道中心（图 4-2-20）。

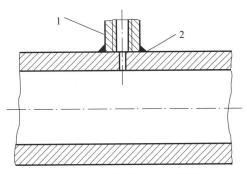

图 4-2-19　管道气流压力测量
1—管接头；2—测压孔

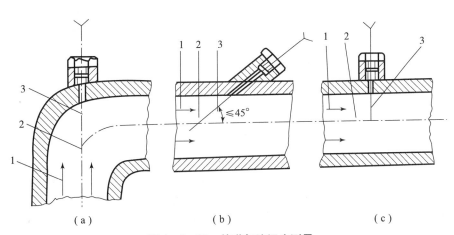

图 4-2-20　管道气流温度测量
（a）弯管上安装法；（b）倾斜安装法；（c）垂直安装
1—气流方向；2—测点位置；3—温度传感器

执行控制部分的作用主要是根据试验目的，经测控管理软件运算后控制相应执行装置，对驱动加载系统、辅助系统、被试件实施控制，包括对驱动和加载电机的转矩、转速进行控制，以及必要时的紧急停车。除按下操作台上的急停和快停按钮时直接指示驱动加载系统实施停车外，其余情况均由测控管理系统发送控制指令，由驱动加载系统实施控制。对被试对象的油门、挡位、转向、制动进行控制；对辅助系统，如冷却水流量、温度，空调温度、风量等参数进行控制，由测控管理系统发送控制指令，各辅助系统自带控制模块实施控制。

测控管理软件是整个试验平台的"大脑"，主要功能包括任务管理、试验控制、安全控制、被测对象控制、远程监控、载荷生成、试验评价、数据管理等功能。

船舶发动机试验测控系统的软件系统，如图 4-2-21 所示。

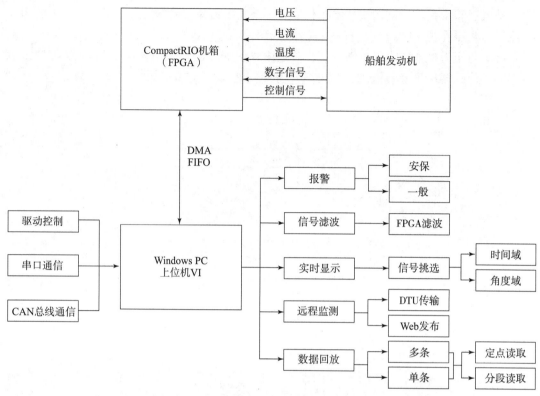

图4-2-21 船舶发动机试验测控系统功能框图

4.3 一般性能试验

装甲车辆动力装置试验目的主要是测试动力装置的各项评价指标是否达到要求。前面提到的动力系统评价指标，如动力性、经济性、运转性、可靠性、耐久性、紧凑性、强化性和适应性等，都需要各种对应的试验来验证。针对装甲车辆发动机动力性、经济性、紧凑性、强化特性等指标，需要开展性能试验。

发动机一般性能试验的内容许多，本节简单介绍一般启动试验、怠速试验、速度特性试验、负荷特性试验、万有特性试验、调速特性试验、机械效率试验、最低工作稳定转速、机油消耗量测定；另外，还有标定功率下的稳定试验、空载特性试验、最低空载转速测定、各汽缸均匀性试验、活塞漏气量测量、加速性试验等。

4.3.1 一般启动试验

1. 试验目的

柴油机启动是一个复杂的过程，启动时启动电机拖动柴油机转动，压缩行程活塞向上止点移动，压缩汽缸内的空气。当活塞位于上止点附近时将柴油喷入汽缸，经过一系列的物理、化学过程，柴油着火燃烧，产生高压，推动活塞下移，带动柴油机转动。当各个汽缸都能连续着火，柴油机能自行转动后，启动就成功了[30-31]。

发动机的一般启动试验用来评定发动机在常规条件下的启动性能。

2. 试验内容

在规定条件下，测试发动机是否成功启动。

3. 试验条件

动力装置的启动试验条件可按照 GJB 5464—2005《装甲车辆用柴油机台架试验方法》[32] 规定如下：

（1）环境温度不高于 -5℃。

（2）按标准规定的柴油机、冷却液、燃油、机油以及启动所需的器材设备，均置于试验规定的气温环境中，待其温度不高于 -2℃ 即可试验。

（3）试验采用的仪器设备，要满足要求。

（4）除预热塞和柴油机内置的加热装置外，不采用特殊的低温启动措施。

（5）试验前，按照技术要求完成磨合试验。

磨合试验是使柴油机相互摩擦的零件进行磨合，试验过程中要密切监控铁、铜等金属元素的变化趋势，通常每 30 min 取一次油样。表 4-3-1 所列为我国 59 式坦克柴油机的磨合试验规范[33]。

表 4-3-1　59 式坦克柴油机磨合试验规范

序号	转速/(r·min⁻¹)	扭矩/(N·m)	功率/kW	时间/min
1	600~800	0	0	15
2	900	627	59	10
3	1 000	842	88	10
4	1 200	1 186	149	10
5	1 400	1 411	207	10
6	1 600	1 578	264	10
7	1 800	1 705	321	10
8	2 000	1 825	382	15

（6）在试验前，可按工厂技术要求完成调整和保养。

（7）采用 4.2 节的发动机试验台进行试验，并断开负载。

4. 测量参数

（1）启动成功及失败次数；

（2）着火时间；

（3）启动时间；

（4）冷却液、机油、燃油温度，机油黏度；

（5）启动前的环境温度、大气压力和相对湿度；

（6）蓄电池工作电压，启动前蓄电池电解液温度及密度；

（7）启动电机的工作电压和电流；

（8）压缩空气瓶启动的柴油机应记录每次启动的空气瓶压力和空气消耗量；

（9）柴油机转速随时间的动态变化过程。

5. 合格判据

启动性的优劣取决于启动发动机所需要的拖动时间，若启动开关接通后 15 s 以内柴油机能自行运转，即为启动成功；若启动开关接通后超过 15 s 未能自行运转，其间无断续着火声，即为启动失败；若启动开关接通 15 s 内，其间有断续着火声，允许继续接通 15 s，如能自行运转，也为启动成功。

6. 程序和方法

（1）启动应按有关技术文件或使用说明书规定的操作程序进行。

（2）机油和冷却水不预热。发动机启动开关接通后 15 s。

（3）如启动期间有断续着火声，允许继续接通 15 s。

（4）若启动成功，则在 30% ~50% 标定转速下运行 2 min 后停机，待电解液、冷却液、机油及燃油温度下降至 -2℃后，可进行下一次启动；共启动三次。

7. 数据整理

（1）根据柴油机转速随时间的动态变化过程曲线，整理出柴油机的着火和启动时间。

（2）采用压缩空气启动柴油机时，计算每次启动的空气消耗量。

4.3.2　怠速试验

1. 试验目的

发动机的怠速是发动机无负载时的最低稳定工作转速。发动机的怠速性能对排放、油耗和舒适性有很大影响，是评价发动机性能的重要指标。怠速转速过高会使油耗增加，过低会使转速不稳。

怠速试验就是验证发动机怠速质量，即无负荷时，评定发动机怠速运转的平顺性（如转速波动量）及运转持续性（不熄火）。

2. 试验内容

在规定条件下，测试发动机怠速稳定情况。可在发动机处于低温冷机及热机两种状态下，无负载时，评定发动机怠速运转的平顺性（如转速波动量）及运转持续性（不熄火）。本试验可参照 GB/T 18297—2001《汽车发动机性能试验方法》[34] 进行。

3. 试验条件

（1）低温环境温度条件：不高于 -5℃；热机状态温度条件为：冷却液出口温度达到 (80 ±5)℃时；

（2）按标准规定的柴油机、冷却液、燃油、机油以及启动所需的器材设备，均置于试验规定的气温环境中；

（3）试验采用的仪器设备要满足要求；

（4）试验前，按技术要求完成磨合；

（5）试验前，可按工厂技术要求完成调整和保养；

（6）按照 4.2 节的发动机试验台进行试验，断开负载。

4. 测量参数

在测量中，除了环境参数外，主要记录的参数如下：

（1）测量进气管绝对压力；

（2）怠速转速；

（3）燃料消耗量；

（4）喷油（或供油）提前角；

（5）冷却液、机油、燃油温度，机油黏度。

5. 合格判据

怠速可以有两种合格判断依据。

（1）波动率：

$$\psi_2 = \frac{|n_{i,\max} - n_{i,m}|}{n_{i,m}} \times 100\% \text{ 或 } \psi_2 = \frac{|n_{i,\min} - n_{i,m}|}{n_{i,m}} \times 100\% \quad (4.3.1)$$

式中　$n_{i,\max}$ ——怠速最高转速；

$n_{i,\min}$ ——怠速最低转速；

$n_{i,m}$ ——怠速平均转速。

（2）按怠速质量（运转的平顺性及怠速持续能力）给出评分及评语。

6. 程序和方法

（1）按有关技术文件或使用说明书规定的操作程序启动发动机。

（2）冷机怠速试验：起动机停止拖动后，发动机能自行运转，即开始低温怠速试验，运转 3 min，记录数据。

（3）热机怠速试验：发动机在 40% ~ 80% 的额定转速下运行，油门回到怠速工况的位置，环境温度不限，即开始热机怠速试验，运转 3 min，记录数据。

（4）试验中若遇发动机熄火，应立即启动，进入试验工况再运转 3 min，并且只记录熄火次数，不记录拖动时间。

（5）试验至少进行两次。

7. 数据整理

根据发动机怠速，计算怠速波动率，按要求判断是否满足要求；或按怠速质量评价方法，评价怠速质量优劣。

4.3.3　速度特性试验

1. 试验目的

速度特性试验目的是测定柴油机在规定负荷工况下各项性能参数随转速变化的规律。

柴油机在循环供油量限制在标定工况点的位置时，其主要性能参数（M_e、N_e、g_e 等）随转速 n 变化的规律，称为柴油机的速度特性，如图 4 - 3 - 1 所示。

发动机全负荷工况下的速度特性称为发动机的外特性；发动机部分负荷下的部分特性称为速度特性。

2. 试验内容

在规定条件下，在发动机标定工况下，测量

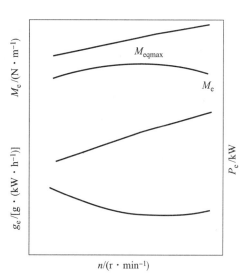

图 4 - 3 - 1　柴油机速度特性

发动机的转矩、燃油消耗量等随转速变化的规律。

3. 试验条件

转速特性试验条件可参考 GJB 5464—2005《装甲车辆用柴油机台架试验方法》规定如下：

（1）冷却液出口温度：(80 ± 5)℃；

（2）机油出口温度：(80 ± 5)℃；

（3）柴油出口温度：(40 ± 3)℃；

（4）进气压力降不大于 1.5 kPa；

（5）排气背压不低于 3 kPa；

（6）试验采用的仪器设备要满足要求；

（7）试验前，按技术要求完成磨合；

（8）试验前，可按工厂技术要求完成调整和保养；

（9）按照 4.2 节的发动机试验台进行试验。

4. 测量参数

测量中，除了环境参数外，主要记录的参数如下：

（1）进气温度；

（2）进气压力；

（3）转速；

（4）扭矩；

（5）燃油消耗量；

（6）排气温度；

（7）排气烟度；

（8）最高燃烧压力；

（9）噪声。

5. 程序和方法

（1）运转试验台，使试验条件达到要求。

（2）试验时，首先将柴油机调定在标定工况稳定运转，固定油门；然后逐步增大负荷，随转速降低，测量有关参数。自标定工况转速起，向下分布 5 个以上的测点，其中应包括最大扭矩时的转速；为了发动机和传动装置的匹配计算，建议自标定工况转速起，向下每运转 100 r（转）测量一个点。并且，最低试验转速应测到最低工作稳定转速点。

（3）装有两极式调速器的柴油机，可根据需要增做部分负荷的速度特性试验。

（4）对增压和增压中冷柴油机，低速工作点应视具体柴油机的情况确定，以避免喘振和排温超限。

6. 试验数据整理

（1）计算有效功率、平均有效压力和燃油消耗率。

（2）绘制柴油机各主要参数随转速变化的特性曲线。柴油机的主要参数包括有效功率、扭矩、平均有效压力、燃油消耗量、燃油消耗率、排气温度、最高燃烧压力。

4.3.4　负荷特性试验

1. 试验目的

测量在规定转速下，柴油机的各项性能参数随负荷变化的规律。

柴油机的负荷特性曲线是指当转速不变时，柴油机的主要性能指标（每小时燃油消耗量及燃油消耗率等）随着负荷而变化的关系曲线，如图 4 - 3 - 2 所示。

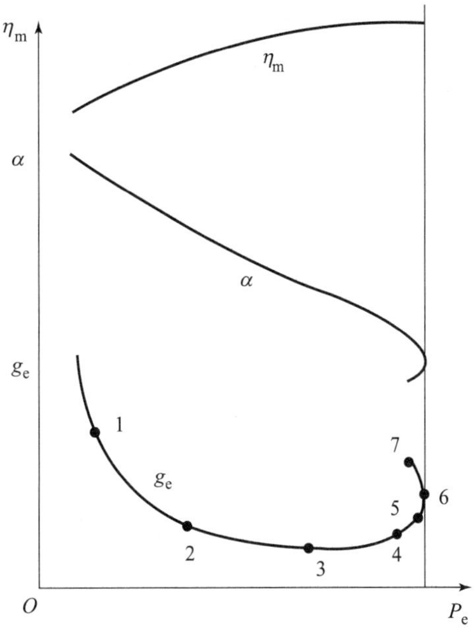

负荷特性试验的目的是评定发动机在规定转速、不同负荷时的经济性和排放性能。主要表明在同一个转速下，各种不同负荷时的燃油消耗率 g_e 随功率 P_e 变化的关系。对于额定转速，可以通过负荷特性曲线找出发动机所能达到的额定功率和额定点的耗油率，判断功率标定的合理性。对于其他转速，可以通过负荷特性曲线找到发动机各工况中的最低耗油率 $g_{e,min}$ ，这是评价不同发动机经济性能的一个重要指标。

图 4 - 3 - 2　柴油机负荷特性

2. 试验内容

（1）在规定条件下，在发动机额定转速、最大扭矩转速和其他转速下，测试发动机排燃油消耗量随负荷变化的规律。

（2）在规定条件下，在发动机额定转速、最大扭矩转速和其他转速下，测试发动机排燃油消耗率随负荷变化的规律。

（3）在规定条件下，在发动机额定转速、最大扭矩转速和其他转速下，测试发动机排排气温度随负荷变化的规律。

3. 试验条件

负荷特性试验条件可按照 GJB 5464—2005《装甲车辆用柴油机台架试验方法》规定如下：

（1）冷却液出口温度：$(80 \pm 5)℃$ ；

（2）机油出口温度：$(80 \pm 5)℃$ ；

（3）柴油出口温度：$(40 \pm 3)℃$ ；

（4）进气压力降不大于 1.5 kPa ；

（5）排气背压不低于 3 kPa ；

（6）试验采用的仪器设备要满足要求；

（7）试验前，按技术要求完成磨合；

（8）试验前，可按工厂技术要求完成调整和保养；

（9）按照 4.2 节的发动机试验台进行试验。

4. 数据采集与计算

在测量中，除了环境参数外，主要记录以下参数：

（1）进气温度；

（2）进气压力；

（3）转速；

（4）扭矩；

（5）燃油消耗量；

（6）排气温度。

燃油消耗量与燃油消耗率的关系为

$$g_e = \frac{1\,000 \times G_t}{P_e} \qquad (4.3.2)$$

5. 程序和方法

在试验时，柴油机分别保持在标定转速、最大扭矩转速和其他使用转速下完成下面试验步骤。

（1）运转试验台，使试验条件达到要求。

（2）负荷由大逐步减小，每一个转速下的测量点不应少于 5 个，在各负荷下分别测定各有关参数值。

（3）在试验中，每调节一次负荷，应同时调节油门位置，使转速保持不变。

（4）负荷大小可分别按标定功率的 25%、50%、75%、90%、100%、110% 等不同工况，逐步增加负荷。

（5）在每一个工况下，测量 2~3 次消耗一定量燃油所需要的时间。燃油质量的多少，可根据负荷的大小来进行选择。当负荷较小时，可取 50 g；当负荷较大时，可取 100~200 g 或更多一些。在测完 110% 负荷后，再测量 1~2 个点，直至油门调节至最大限制位置，并且再稍加负荷至转速就要下降为止，以找出极限功率。

6. 数据整理

（1）计算有效功率、平均有效压力、燃油消耗率等。

（2）绘制柴油机在规定的诸转速下的负荷特性曲线：①燃油消耗量随有效功率或平均有效压力或扭矩的变化曲线；②燃油消耗率随有效功率或平均有效压力或扭矩的变化曲线；③排气温度随有效功率或平均有效压力或扭矩的变化曲线。

4.3.5 万有特性试验

1. 试验目的

万有特性试验目的是测定柴油机在各种工况下主要性能参数之间相互关系的综合特征，以全面反映和评定柴油机的动力性和经济性。

发动机的万有特性是指在不同的发动机转速和负荷下，发动机的燃油消耗率。

2. 试验内容

在规定条件下，在发动机不同的转速和转矩下，测量发动机的燃油消耗量，绘制万有特性曲线。

3. 试验条件

万有特性试验条件可参考 GJB 5464—2005《装甲车辆用柴油机台架试验方法》规定如下：

（1）冷却液出口温度：（80±5）℃；

（2）机油出口温度：（80±5）℃；

（3）柴油出口温度：（40±3）℃；

（4）进气压力降不大于 1.5 kPa；

（5）排气背压不低于 3 kPa；

（6）试验采用的仪器设备要满足要求；

（7）试验前，按技术要求完成磨合；

（8）试验前，可按工厂技术要求完成调整和保养；

（9）按照 4.2 节的发动机试验台进行试验。

4. 测量参数

在测量中，除了环境参数外，主要记录以下参数：

（1）转速；

（2）扭矩；

（3）燃油消耗量；

（4）排气温度；

（5）进气温度；

（6）进气压力。

5. 程序和方法

（1）运转试验台，使试验条件达到要求。

（2）在柴油机工作转速范围内，均匀地分布 8 个以上的转速挡（一般可选 100%、90%、80%、70%、50% 和最低工作稳定转速等，其中应含常用转速和额定点转速、最大扭矩点转速）下进行试验。

（3）发动机转速不变，从小负荷开始，逐步增大油量进行测量，直至外特性油量（方法同负荷特性）。

（4）装有两极式调速器的柴油机，可依次保持标定功率的一定的比例，分别做外特性和部分速度特性试验。

6. 试验数据整理

（1）计算有效功率、平均效率、燃油消耗率。

（2）根据所得负荷特性或速度特性曲线，在以转速为横坐标、平均有效压力或扭矩为纵坐标的图上，绘制燃油消耗率曲线和等有效功率曲线，构成万有特性曲线图，如图 4 - 3 - 3 所示。

4.3.6　调速特性试验

1. 试验目的

动力装置的调速特性试验是为了测定柴油机的稳定调速率，并绘制调速特性曲线。

发动机的速度特性不能满足大多数从动机械的要求，当外界阻力有少量变化时，柴油机就会有较大的波动，对柴油机的运转不利。因此，需要设置调速器，使柴油机按照一定的转速 - 转矩关系运转，这个关系就是调速特性，是发动机曲轴的转速与发动机所做出的功、扭矩及单位燃油消耗量之间的函数关系。

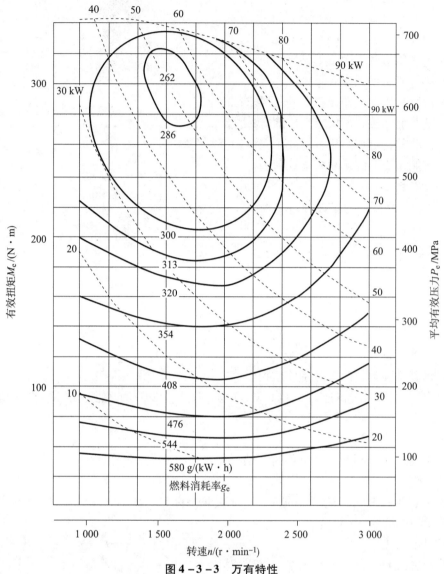

图 4 - 3 - 3　万有特性

2. 试验内容

在规定条件下，不同油门开度下，测量发动机的转速和转矩，获得发动机的调速特性。

3. 试验条件

转速特性试验条件可参考 GJB 5464—2005《装甲车辆用柴油机台架试验方法》规定如下：

（1）冷却液出口温度：（80 ± 5）℃；

（2）机油出口温度：（80 ± 5）℃；

（3）柴油出口温度：（40 ± 3）℃；

（4）进气压力降不大于 1.5 kPa；

（5）排气背压不低于 3 kPa；

（6）试验采用的仪器设备要满足要求；

（7）试验前，按技术要求完成磨合；

（8）试验前，可按工厂技术要求完成调整和保养；

（9）按照 4.2 节的发动机试验台进行试验。

4. 试验测量参数

测量中，除了环境参数外，主要记录以下参数：

（1）转速，含调速器开始不起作用的转速及最高空载转速；

（2）扭矩；

（3）燃油消耗量；

（4）排气温度；

（5）进气温度；

（6）进气压力。

5. 试验程序和方法

（1）试验时，先将发动机调定在标准工况稳定运转，满足规定条件。

（2）卸除全部负荷，油门置于全开位置，首先使发动机转速达到最高稳定空转转速；然后逐步增加负荷，转速逐步下降，直至当前调速率下的最大扭矩。适当地选取 10 个以上的转速测量点，其中应包括最大功率点、最大扭矩点、最低燃油消耗率点，并使较多的点分布在转折处。

（3）首先适当地选取等间隔的 9 个以上油门位置，保持当前油门位置；然后逐步增加负荷，转速逐步下降，直至当前调速率下的最大扭矩；适当地选取 10 个以上的转速测量点，并使较多的点分布在转折处，分别记录选定油门位置时的试验数据。

（4）在试验中首先明确发动机所采用的调速方式，若采用两极或车用调速方式，测功机应选用恒转速控制方式；若采用全程调速方式，测功机则应选用恒扭矩控制方式。

6. 数据整理

（1）计算稳定转速：

$$\delta_2 = \frac{n_{0\max} - n_i}{n_r} \qquad (4.3.3)$$

式中　$n_{0\max}$——标定空载转速；

n_i——全程式调速器，为柴油机输出标定功率时的转速（$n_i = n_r$）；对于两级式调速器，为调速器开始不起作用的转速；

n_r——标定转速；

（2）绘制柴油机调速特性曲线：

①燃油消耗量曲线：$B = f(n)$；

②燃油消耗率：$b = f(n)$；

③扭矩：$T_{tq} = f(n)$；

④有效功率：$P_e = f(n)$。

4.3.7　机械效率试验

1. 试验目的

开展机械效率试验是为了测定柴油机在不同转速时的机械损失功率，计算柴油机的机械效率。

2. 试验内容

在规定条件下，不同发动机转速下，测量发动机的转矩，得到发动机的机械损失，用来计算柴油机的机械效率。

3. 试验条件

转速特性试验条件可参考 GJB 5464—2005《装甲车辆用柴油机台架试验方法》规定如下：

（1）按照不同的试验方法准备柴油机试验台。不同类型柴油机可分别采用油耗线延长法、示功图法、单缸熄火法和倒拖法测定机械效率。其中倒拖法测定机械效率，测功设备需要能够提供动力，拖动发动机运转。随着技术手段的增加，可以通过全缸缸压测量来获得柴油机机械效率[35]。单缸熄火法也称灭缸法，仅适用于非增压柴油机。由于现在柴油机普遍采用增压方式，这里就不再介绍单缸熄火法。

（2）机油出口温度：（80±5）℃。

（3）柴油出口温度：（40±3）℃。

（4）冷却液出口温度：（80±5）℃。

（5）进气压力降不大于 1.5 kPa。

（6）排气背压不低于 3 kPa。

（7）试验采用的仪器设备，要满足要求。

（8）试验前，按技术要求完成磨合。

（9）试验前，可按工厂技术要求完成调整和保养。

4. 试验测量参数

测量中，除了环境参数外，主要记录以下参数：

（1）转速；

（2）扭矩；

（3）燃油消耗量；

（4）排气温度；

（5）进气压力。

5. 程序和方法

（1）电力测功器反拖法。在规定条件下，柴油机预热至规定的热状态，立即停止供给燃油，用电力测功器拖动柴油机。使转速从标定转速开始逐步下降，分别测定柴油机全负荷速度特性相应各点转速的机械损失功率，按下式计算机械效率[4]：

$$\eta_{\mathrm{m}} = \frac{P_y}{P_y + P_{\mathrm{m}}} \times 100\% \tag{4.3.4}$$

式中　P_{m}——试验转速下的机械损失功率。

（2）油耗线延长法。油耗线延长法可以负荷特性试验完成机械效率试验。柴油机在标定转速或其他规定转速下作负荷特性试验后，绘制燃油消耗量与有效功率的关系曲线，将曲线的近似直线部分延长与功率坐标轴相交，交点的坐标值即为机械损失功率的近似值。试验时 50% 负荷以下试验点不少于 5 个，机械效率的近似值用式（4.3.4）计算。

（3）示功图法。在规定条件下，柴油机在标定工况下稳定运转后，测出每个汽缸示功图，求出各汽缸的指示功率，并按下式计算机械效率：

$$\eta_{\mathrm{m}} = \frac{P_y}{\displaystyle\sum_{i=1}^{n} P_i} \times 100\% \qquad (4.3.5)$$

式中　　P_i——第 i 缸指示功率。

采用示功图法需要注意：①首先精确测定上止点位置，其准确度为 ±0.2CA；然后测量不同工况的高、低压示功图；②试验时，首先将柴油机调定在标定工况稳定运转，固定油门不变；然后逐步增加负荷，降低转速，测取有关参数值。自标定转速起向下分布 5 个以上的测点，其中应包括最大扭矩转速。

6. 数据整理

按下列步骤计算机械效率：

（1）由示功图求得平均指示压力，计算指示效率。

（2）由扭矩、转速求得平均有效压力，计算有效功率。

（3）计算机械损失功率、平均机械损失压力和机械效率：

$$P_{\mathrm{m}} = P_{\mathrm{i}} - P_{\mathrm{e}} \qquad (4.3.6)$$

$$p_{\mathrm{m}} = p_{\mathrm{i}} - p_{\mathrm{e}} \qquad (4.3.7)$$

$$\eta_{\mathrm{m}} = \frac{P_{\mathrm{e}}}{P_{\mathrm{i}}} = 1 - \frac{P_{\mathrm{m}}}{P_{\mathrm{i}}} \quad \text{或} \quad \eta_{\mathrm{m}} = \frac{p_{\mathrm{me}}}{p_{\mathrm{i}}} = 1 - \frac{p_{\mathrm{m}}}{p_{\mathrm{i}}} \qquad (4.3.8)$$

式中　　P_{m}——机械损失功率（kW）；

$\quad\quad P_{\mathrm{i}}$——指示功率（kW）；

$\quad\quad P_{\mathrm{e}}$——有效功率（kW）；

$\quad\quad p_{\mathrm{m}}$——平均机械损失压力（MPa）；

$\quad\quad p_{\mathrm{i}}$——平均指示压力（MPa）；

$\quad\quad p_{\mathrm{me}}$——平均有效压力（MPa）；

$\quad\quad \eta_{\mathrm{m}}$——机械效率。

4.3.8　最低工作稳定转速试验

1. 试验目的

最低工作稳定转速试验是测定柴油机在全负荷下稳定运转的最低转速。最低工作稳定转速不同于怠速，怠速是不带载时的最低转速，而最低工作稳定转速是在全负荷下的稳定最低转速，表示发动机低速下的输出能力。

2. 试验内容

测量全负荷下的最低稳定转速。

3. 试验条件

试验条件同速度特性试验。

4. 测量参数

测量参数基本同速度特性试验，需要重点关注最低工作稳定转速的最大值和最小值。

5. 程序和方法

试验时，首先将柴油机调定在标定工况稳定运转，达到条件后，固定油门不变；然后逐步增加负荷，降低转速，达到最低工作稳定转速，并能在该转速下稳定运转 5 min。

6. 数据整理

（1）计算有效功率；

（2）计算燃油消耗率；

（3）计算转速变化率（最低工作稳定转速的最大转速和最小转速之差与平均转速的百分比）：

$$\varphi = 2 \times \frac{n_{0,\max} - n_{0,\min}}{n_{0,\max} + n_{0,\min}} \times 100\% \tag{4.3.9}$$

4.3.9 机油消耗量试验

1. 试验目的

机油消耗量试验测定柴油机在规定工况下的机油消耗量。

机油主要用于发动机运转过程中的润滑和机件散热。机油消耗量是发动机的一项重要指标，可以通过机油消耗来反映活塞环预紧力的变化情况，从而评定发动机汽缸内的技术状态。当机油消耗量过大，就需要考虑是否有渗漏、窜缸等问题。发动机窜油会引起燃烧室沉积物增加，影响传热效率，引起不正常燃烧，活塞、活塞环烧结咬死，汽缸表面拉伤等。此外，机油消耗与 HC、NO_x 和 PM 排放关系密切[36-38]。

2. 试验内容

测量机油在 85% ~ 90% 的标定转速全负荷工况下的消耗量。

3. 试验条件

（1）试验条件同外特性试验；

（2）试验中柴油机所带附件符合规定；

（3）机油出口温度的变化应控制在 ±2%。

4. 测量参数

测量参数基本同速度特性试验，主要是燃油总消耗量、机油消耗量、机油温度、进气压力、转速、转矩、机油黏度。

5. 程序和方法

机油消耗量的测量方法有液面法和放油法两种，这里介绍液面法。液面法一般用于干式油底壳发动机。

在规定工况下柴油机稳定运转 3 min 后，首先记录油箱内机油液面高度、机油进口温度；然后使柴油机在上述工况下连续运转不少于 1 h；最后记录液面高度、机油进口温度。两次液面高度测量准确度为不大于 ±0.5%，前、后两次温度差值不大于 2℃。

6. 数据整理

（1）计算机油消耗量：

$$C = \frac{\rho (H_1 - H_2) F}{1\ 000 T} \tag{4.3.10}$$

式中　C——机油消耗量（kg/h）；

　　　H_1——试验开始时液面高度（cm）；

　　　H_2——试验结束时液面高度（cm）；

F——机油箱截面积（cm^2）；

ρ——机油密度（g/cm^3）；

T——规定工况运转时间（h）。

（2）机油消耗率用下式计算：

$$c = \frac{1\,000C}{P_e} \tag{4.3.11}$$

式中　c——机油消耗率（$g/(kW \cdot h)$）；

C——机油消耗量（kg/h）；

P_e——有效功率（kW）。

4.4　可靠性试验

坦克装甲车辆工作在非道路环境下，其发动机运行环境复杂恶劣、强化程度高、大负荷工作时间长，关键零部件机械负荷和热负荷较大，技术状况和综合性能下降较快，大修周期短，普遍为 350～500 摩托小时。为评估其可靠性，需要开展耐久性试验和冷热冲击试验。

4.4.1　耐久性试验

1. 试验目的

考核发动机性能稳定性、整机运转的可靠性和耐磨性。

2. 试验内容

在交变载荷条件下，对柴油机进行规定小时的耐久性试验考核。试验前后进行柴油机外特性等相关参数测定，试验后进行分解鉴定。

针对整机完成耐久性试验。如果是对某个部件提出要求，则需要对部件进行耐久性试验，但一般均随整机完成试验。对于高强化发动机汽缸盖通常采用水冷方式，其结构和形状非常复杂，在发动机工作过程中受到热负荷和机械载荷的双重作用，各部分的温度分布很不均匀，承受着很大的热机耦合应力，是发动机中最易发生故障的部件之一，在耐久性考核中需要重点关注[39]。

3. 试验条件

（1）试验用柴油机，由订货方在工厂合格产品中选定。

（2）必要时主要零部件摩擦副应进行测量。

（3）试验台形式为 4.2 节的形式，仪器仪表设备符合规定。

文献［40］的发动机耐久性试验系统如图 4 - 4 - 1 所示。该系统包括电力测功机、发动机、排放测量系统、自动测试系统和附加设备，可进行国家标准规定的 ESC、ETC 和耐久性试验。使用 AVL AMA I60 排放测量系统对排放物进行分析，采用氢火焰离子检测仪（FID）检测碳氢化合物排放；采用不分光红外线分析仪（NDIR）检测碳氧化合物排放；采用化学发光法（CLD）检测氮氧化合物排放；颗粒物 PM 通过滤纸采用微克天平进行测量。

国内某轻型柴油机的试验台如图 4 - 4 - 2 所示，试验主要设备有 AVL PUMA 发动机耐久试验测控台、AVL - PEUS 多组分气体测试仪、AVI415 烟度计等。

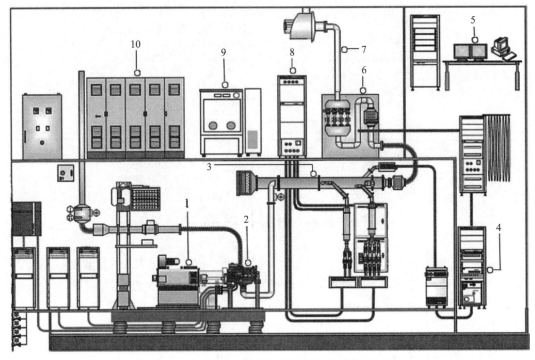

图 4 – 4 – 1　AVL 发动机耐久性试验系统示意图

1—测功机；2—发动机；3—全流稀释通道；4—排放测量系统；5—GEM301H 自动控制系统；
6—文丘里管；7—废气排放管道；8—颗粒采样系统；9—称量室及天平；10—测功机控制系统

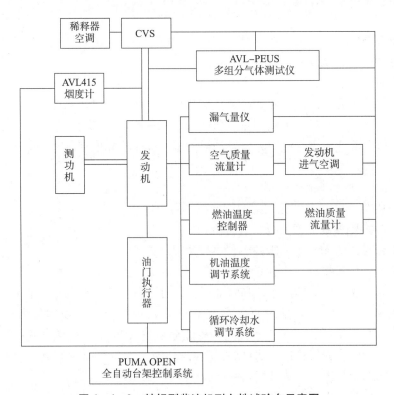

图 4 – 4 – 2　某轻型柴油机耐久性试验台示意图

（4）润滑、冷却和燃油系统应彻底清理。

（5）试验前、后对机油、燃油进行理化分析，理化性能应符合有关标准或技术文件规定。

（6）试验用冷却液应使用软水，软水中允许添加软化剂和防腐剂，否则只允许在闭式冷却系统中进行试验。

4. 试验剖面

试验应按照一定的规范进行，在试验开始、试验中和试验结束时，需要进行全负荷速度特性试验，并检查柴油机最高空载转速和最低空载转速。

我国坦克装甲车辆柴油机耐久性试验分成若干个独立阶段进行，每 50 h 为一个阶段，每 10 h 为一个工作循环。按照 GJB 5464.1—2005《装甲车辆柴油机台架试验 第 1 部分》，我国坦克装甲车辆柴油机的耐久性试验规范如表 4 - 4 - 1 所列。发电机工作循环按表 4 - 4 - 2 执行。

表 4 - 4 - 1 我国坦克装甲车辆柴油机耐久性试验规范

子循环	标定转速/%	扭矩/(N·m)	时间/min	要　求
1	启动			逐步增加转速、负荷，使冷却介质和机油温度达到规定要求
2	从最低空载转速增至最高空载转速 3 次			每隔 1 h 减少给油量，进行减速冷却，负荷开关不变，转速降至最低的稳定转速，时间 2 ~ 3 min（不计入考核时间）
3	100	按外特性	60	
4	85 ~ 90	按外特性	420	
5	80	按外特性	100	
6	最大扭矩转速	最大扭矩	20	
7	检查最低空载转速		3	
8	冷却停车			将柴油机逐渐冷却至停车规范
9	停车时间不大于 60 min			

表 4 - 4 - 2 发电机试验规范

柴油机标定转速/%	时间/min	发电机标定负荷/%
100	60	50
85 ~ 90	60	100
85 ~ 90	120	50
85 ~ 90	60	100
85 ~ 90	180	50
80	100	50
最大扭矩转速	20	50

试验每运转一个阶段，需要按使用说明书进行保养；每运转两个阶段，需要取机油试样进行理化分析，以决定是否清洗机油箱、油道，以及是否更换新机油。

5. 测试参数

主要测量参数如下：

（1）转速、转矩；

（2）冷却液进口、出口温度；

（3）机油进口、出口温度；

（4）进气、排气温度；

（5）机油压力；

（6）进气、排气压力；

（7）曲轴箱废气压力；

（8）燃油消耗量；

（9）机油消耗量。

（10）其他需要记录的参数。

6. 程序和方法

下面介绍国家军用标准规定的耐久性试验方法。

（1）启动，预热。

（2）外特性试验。在试验开始、试验中和试验结束时，需要进行外特性试验，并检查柴油机最高空载转速和最低空载转速。

（3）按表4-4-1和表4-4-2进行循环试验。试验中，不要长时间在一个转速和负荷下进行，可以灵活调整试验的转速和负荷，只需符合循环规定的时间即可。

（4）运转一个阶段后按使用说明书进行保养。

（5）运转两个阶段，取机油试样进行理化分析。

（6）按要求清洗机油箱、油道。

（7）按要求更换新机油。

（8）试验保养，允许排除一般性常见故障（如补拧外围螺栓、螺母等），但需要详细记录故障现象、原因分析、采取措施和停车延续时间等。

7. 数据整理

（1）将各次试验的外特性参数绘制成曲线。

（2）整理试验中的故障情况、次数、日期、排除方法和所用时间，求出可靠性参数值。

（3）计算机能率及故障平均间隔时间：

$$机能率 = \frac{运行时间}{运行时间 + 保养时间 + 故障时间} \times 100\% \qquad (4.4.1)$$

$$故障平均间隔时间 = \frac{运行时间}{故障停车次数} \times 100\% \qquad (4.4.2)$$

（4）测量主要零部件的磨损。

（5）柴油、机油的理化分析结论。

8. 分解鉴定

按照 GJB 59.48—92《装甲车辆试验规程　车辆分解鉴定》进行发动机的分解和鉴定。

零部件不允许有断裂、裂纹、变形和磨损严重等影响整机功能完整性的明显损伤，不得有重要零部件评分低于规定的合格分数，一般零部件评分低于合格分数的数值也应符合规定，重要参数测量值应在规定范围之内。

4.4.2　冷热冲击试验

1. 试验目的

检验发动机在冷、热交替冲击下，各种零部件的可靠性及耐久性[33]。

由于在冷、热冲击工况下，发动机各种零部件受热状态突变，按照热胀冷缩的规律，会降低连接件所形成的压强，破坏密封件（如汽缸垫被打穿），可能还存在压紧件之间的相对滑移和扯破密封垫（如排气歧管垫片）、零件内部受热不均匀、热应力交变而开裂（如活塞、汽缸套等）现象，改变了运动件间的间隙，可能产生擦伤、刮伤；改变压配件之间过盈的状态，可能产生松脱等[22]。

热冲击试验可考核和评价发动机承受温度较高易于热疲劳的零件的运行情况、汽缸盖和汽缸体的变形量、汽缸垫片的密封性和汽缸套的磨损量等[42]。

2. 试验内容

冲击试验有热冲击、拖动热冲击和深度冷热冲击三种不同类型。

（1）热冲击试验用于检验汽缸垫在其受热膨胀变化很大的情况下而不失效以及汽缸套和汽缸盖保持其变形量在设计范围内的能力。

（2）拖动热冲击试验用于检验汽缸垫在受热膨胀变化很大的情况下而不失效以及活塞、汽缸盖和排气歧管在受热疲劳的情况下的抗裂能力。试验时发动机频繁冷机启动。

（3）深度冷热冲击试验用于测试汽缸垫的可靠性，试验时发动机冷却液深度在最低 -40℃、最高 120℃之间不断交替变化。

3. 试验条件

（1）试验用柴油机，可从用于耐久性试验同批量的柴油机中选取合格产品。

（2）试验台结构形式为4.2节的形式，仪器仪表设备应符合有关规定。

（3）润滑、冷却和燃油系统应彻底清理。

（4）试验中对冷却液的冷却速度有要求，需要对发动机冷却液进行冷、热水交替变换，在设定工况下的规定时间内，发动机进出水温度达到要求值[43]；如果进行深度热冲击试验，不仅需要对冷却水的冷却和升温速度有要求，而且还需要有快速制冷到0℃以下的要求。柴油机热冲击试验装置如图 4 - 4 - 3 所示。

发动机冷、热冲击试验装置的循环水普遍采用冷水箱和热水箱交替工作方式[42,44-45]。文献［46］设计了一种适合发动机冷、热冲击试验的循环水系统，快速升温采用热态系统，快速制冷采用冷态系统。柴油机冷、热冲击试验循环水系统如图 4 - 4 - 4 所示。

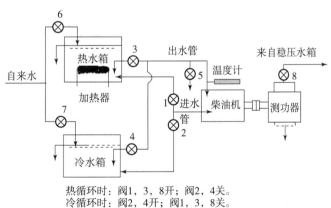

热循环时：阀1，3，8开；阀2，4关。
冷循环时：阀2，4开；阀1，3，8关。
阀5，6，7为调节水温用。

图 4 - 4 - 3　某柴油机热冲击试验装置图

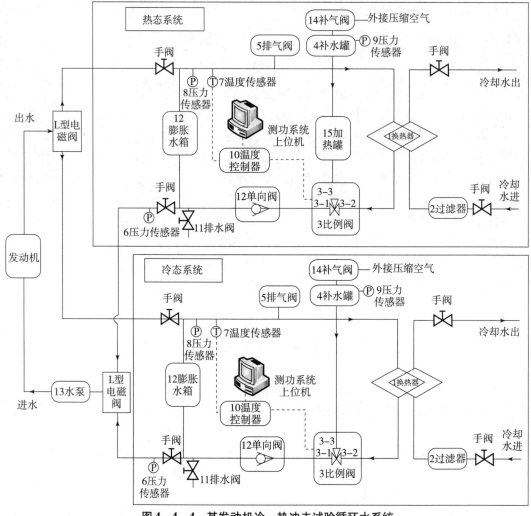

图 4-4-4　某发动机冷、热冲击试验循环水系统

（5）其他条件同耐久性试验。

4. 试验剖面

（1）热冲击试验规范。对于水冷柴油机（蒸发冷却和凝气冷却式除外），按照 GJB5464.1—2005 和表 4-4-3 中的规范进行热冲击试验，每 10 min 进行一个循环，共运转 3 000 个循环，即 500 h。

表 4-4-3　热冲击试验规范

序号	工 况		出水温度/℃	时间/min
	标定转速/%	标定功率/%		
1	100	100	$t_1 \geq 90$	6
2	最低空载转速	0	$t_2 \leq 30$	4

注：1. 若柴油机出水温度受到限制，则在试验时允许改变出水温度 t_1 和 t_2，但是应保证温差 $t_1 - t_2 \geq 60$℃；

2. "时间"中包括出水温度的变化过程和稳定时间，其中稳定时间不少于 2 min。

（2）拖动热冲击试验规范。目前，我国没有拖动热冲击的军用标准，可以参考英国 Parkins 公司的柴油机拖动热冲击试验规范开展试验，见表 4 - 4 - 4。

表 4 - 4 - 4 英国 Parkins 公司拖动热冲击试验规范

序号	转速	标定负荷/%	出水温度/℃	时间/s
1	最高空载转速	0	95 ~ 35	95
2	停机	0	35	150
3	标定转速	100	35 ~ 95	75
4		100	95	100

（3）深度冷热冲击试验规范。与拖动热冲击试验一样，我国还没有深度冷、热冲击试验的军用标准，可以参考德国 MTU 公司的军用柴油机深度冷、热冲击试验规范（图 4 - 4 - 5）和英国 Richardo 公司的柴油机深度冷、热冲击试验规范（表 4 - 4 - 5）。

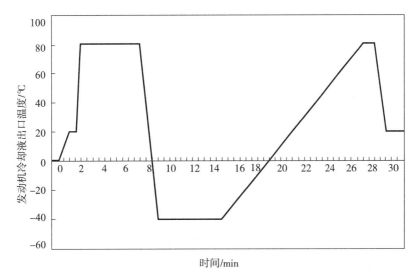

图 4 - 4 - 5 德国 MTU 公司的军用柴油机深度冷、热冲击试验规范

表 4 - 4 - 5 英国 Richardo 公司柴油机深度冷、热冲击试验规范

序号	转速	标定负荷/%	出水温度/℃	时间/s
1	标定转速	100	121	425
2	标定转速→怠速	100 ~ 0	121 ~ -15	25
3	怠速	0	-15	725

5. 程序和方法

这里介绍国军标规定的军用柴油机热冲击试验。

（1）发动机冷启动。

（2）切换热水模式。

（3）快速升到标定转速和标定转矩，4 min 内使出水温度快速超过 90℃，并能在 90℃以上稳定 2 min 以上。

（4）卸载，调整发动机转速到最低稳定转速。

（5）切换冷水循环，使出水温度在 2 min 之内快速降低 30℃ 以下稳定，稳定时间不少于 2 min。

（6）观察试验中，汽缸垫部位是否有失效现象发生。

（7）循环进行步骤（1）～（6）。

4.5 特种试验

不同于民用车辆，坦克装甲车辆需要在严寒、酷暑、高原、山地、沙漠等极端地理环境下越野行驶，发动机负荷急剧变化，且需要承受剧烈的冲击和振动。同时，受燃油品质随地域变化的影响和战时使用燃料的考虑，在研制过程中必须在台架上开展环境模拟试验和多种燃料适应性试验[33]。主要的试验包括热平衡试验、使用特性模拟试验、高原模拟试验、高温湿热试验、低温试验、振动试验和噪声试验等。

4.5.1 热平衡试验

1. 试验目的

根据热力学第一定律，燃料完全燃烧所产生的热量转变为几部分不同形式的能量存在，表示转变的能量如何在各个部分中进行分配称为热平衡。发动机热平衡界面示意图如图 4-5-1 所示。

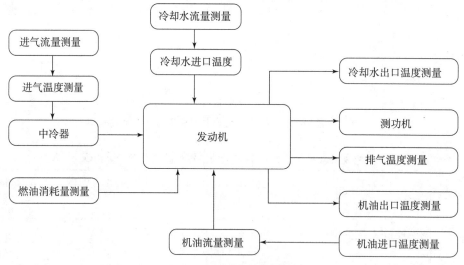

图 4-5-1 柴油机热平衡界面示意图

发动机热平衡试验就是测试不同工况下燃油燃烧释放出的总热量分配到有效功率以及各部分部件时散热损失的情况，从系统集成的角度来统筹测试发动机中的能量转换与流动传热过程，确保发动机的各个系统如进排气系统、冷却系统、润滑系统与发动机匹配最优化，在保证动力性、经济性、可靠性的同时，最大限度地提高发动机的热效率[22]。柴油机热平衡台架试验流程示意图如图 4-5-2 所示。

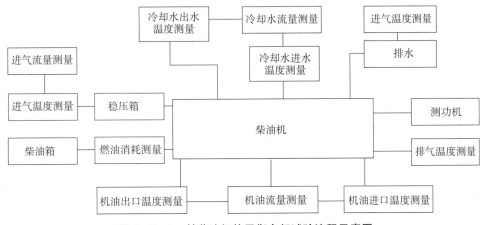

图 4 – 5 – 2　某柴油机热平衡台架试验流程示意图

2. 试验内容

热平衡是指根据有效功和各种损失的数量分配表示燃料热能的利用情况。通常，柴油机中柴油燃烧所放出的热能只有 30% ~ 45% 转化为有用功，其余的热量被冷却水带走 20% ~ 25%，被废气带走 30% ~ 40%[48]。

试验需要测定发动机在外特性下有效功的热当量、冷却水带走热量、机油带走热量、燃油带走热量、中冷器带走热量和废气带走热量。

3. 试验条件

动力装置的启动试验条件可按照 GJB 5464—2005《装甲车辆用柴油机台架试验方法》[49]规定，除速度特性外，还要求满足以下条件：

（1）柴油机冷却水进出口水温差和机油进出口油温差每次测量值的差值不得大于 ±0.1℃；

（2）冷却系统采用闭式循环；

（3）热平衡试验台的主要测试仪器包括 LKV 容积式油耗仪、D1200 水力测功机及其控制系统、进气压差传感器以及各气体温度传感器、水温传感器和流量计等[50-51]。柴油机热平衡台架试验传感器布置如图 4 – 5 – 3 所示。

4. 测量参数

测量参数同中，除了环境参数外，主要记录以下参数：

（1）进气温度；

（2）进气压力；

（3）转速；

（4）扭矩；

（5）燃油消耗量；

（6）喷油泵回油量；

（7）燃油进油温度；

（8）燃油回油温度；

（9）空气消耗量；

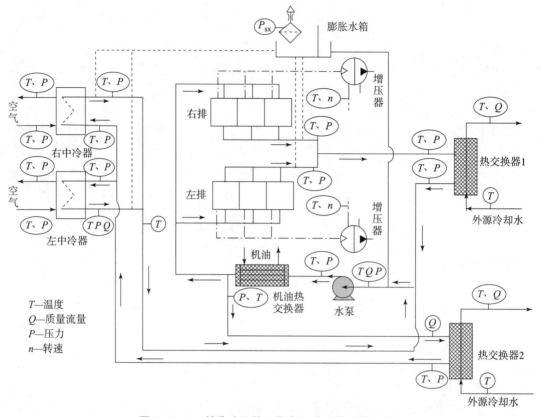

图 4-5-3　某柴油机热平衡台架试验传感器布置图

（10）排气温度；

（11）冷却水流量；

（12）冷却水进水温度；

（13）冷却水出水温度；

（14）机油流量；

（15）机油进油温度；

（16）机油出油温度；

（17）中冷器水流量；

（18）中冷器进水温度；

（19）中冷器出水温度。

5. 程序和方法

（1）运转试验台，使试验条件达到要求。

（2）在试验时，首先将柴油机调定在标定工况稳定运转，固定油门；然后逐步增大负荷，随转速降低，测量有关参数。从标定工况转速起，向下分布 5 个以上的测点，其中应包括最大扭矩时的转速。

（3）同一工况点水温差、机油温差及有关温度应测量 3~5 次，取算术平均值。

（4）试验重复 3 次。

6. 数据整理

1）计算有关热量

（1）计算有效功热当量：

$$Q_e = 3\,600P_e \tag{4.5.1}$$

式中　Q_e——变为有效功的热量（kJ/h）；

P_e——有效功率（kW）。

（2）计算冷却水带走热量：

$$Q_H = G_H \cdot C_H \cdot \Delta t_H \tag{4.5.2}$$

式中　Q_H——冷却水带走热量（kJ/h）；

G_H——冷却水流量（kg/h）；

Δt_H——冷却水进出水温差（℃）；

C_H——水的比热容（kJ/(kg·℃)）。

（3）计算机油带走热量：

$$Q_M = G_M \cdot C_M \cdot \Delta t_M \tag{4.5.3}$$

式中　Q_M——机油带走热量（kJ/h）；

G_M——机油流量（kg/h）；

Δt_M——机油进出油温差（℃）；

C_M——机油的比热容（kJ/(kg·℃)）。

（4）计算燃油带走热量：

$$Q_f = G_F \cdot C_f \cdot \Delta t_f \tag{4.5.4}$$

式中　Q_f——燃油带走热量（kJ/h）；

G_F——喷油泵回油量（kg/h）；

Δt_f——燃油回油与进油温差（℃）；

C_f——燃油的比热容（kJ/(kg·℃)）。

（5）计算中冷器带走热量：

$$Q_z = G_{zH} \cdot C_H \cdot \Delta t_{zH} \tag{4.5.5}$$

式中　Q_z——中冷器带走热量（kJ/h）；

G_{zH}——中冷器水流量（kg/h）；

Δt_{zH}——中冷器进出水温差（℃）；

C_H——水的比热容（kJ/(kg·℃)）。

（6）计算废气带走热量：

$$Q_r = (B + A_\alpha)C_r(t_r - t_\alpha) \tag{4.5.6}$$

式中　Q_r——废气带走热量（kJ/h）；

B——燃油消耗量（kg/h）；

A_α——空气消耗量（kg/h）；

t_α——环境温度（℃）；

t_r——涡轮后排气温度（℃）；

C_r——废气比热容（kJ/(kg·℃)）。

2）绘制各项热量随转速变化的特性曲线

（1）有效功热当量，$Q_e = f(n)$；

（2）冷却水带走热量，$Q_H = f(n)$；

（3）机油带走热量，$Q_M = f(n)$；

（4）燃油带走热量，$Q_f = f(n)$；

（5）中冷器带走热量，$Q_z = f(n)$；

（6）废气带走热量，$Q_r = f(n)$。

4.5.2　使用特性模拟试验

（1）试验目的：在发动机台架上模拟装车状态下发动机的动力性和经济性。

（2）试验内容：在台架上和配齐装车使用附件的情况下，测试发动机全负荷下的进气温度、进气压力、转速、扭矩、燃油消耗量等各项性能参数随转速的变化。试验内容可根据实际情况增减。

（3）试验条件：试验除了按 GJB 5464—2005《装甲车辆用柴油机台架试验方法》中外特性试验规定外，还需要配齐装车使用的附件，主要包括柴油辅助系统、机油辅助系统、进气系统、排气系统和冷却系统等。

（4）测量参数：测量参数同外特性试验。

（5）程序和方法：试验程序和方法同外特性试验。

（6）数据整理：数据整理同外特性试验。

4.5.3　高原模拟试验

1. 试验目的

在高原地区，大气压力和含氧量随海拔高度增加而减小的程度比较明显。据试验统计，海拔高度每增加 1 000 m，大气压力约下降 1.5%，空气密度约减少 9%。因此，在高海拔地区，压燃式柴油机的汽缸充气密度降低，燃烧不充分，后燃严重，燃油消耗率增加、有效功率减小[22,52-54]。

图 4-5-4 所示为高原环境对柴油机性能的影响。

图 4-5-5 所示为柴油机在平原和海拔 4 500 m 的高海拔地区的外特性比较。

柴油机的性能主要取决于汽缸内混合气的燃烧膨胀做功，冷却系统可以保证发动机在最适宜的温度下工作，海拔变化对柴油机汽缸内燃烧、冷却系统性能影响较大。

（1）海拔高度对柴油机燃烧的影响。柴油机在高原工作时，进气质量流量较平原地区下降。在相同的喷油量下，过量空气系数变小，空燃比变小，压缩终点的汽缸压下降，燃油和进气的混合质量变差，着火时间推迟，汽缸内的燃烧不完全，上止点附近的放热量变少，最终会导致汽缸压峰值的降低；同时，滞燃期变长，其间积累的较多的可燃混合气引起预混燃烧阶段燃油的燃烧强度变大，汽缸内燃油的燃烧温度迅速升高，导致高原汽缸内燃烧温度峰值的增大；主燃期燃烧不充分，部分燃料在活塞离开上止点之后燃烧，燃烧持续期加长，重心后移，后燃明显加重，排温增加，后燃期活塞下行，做功能力下降，导致柴油机热效率的降低。图 4-5-6 所示为汽缸内压力随海拔高度的变化曲线；图 4-5-7 所示为某柴油机不同海拔高度下的汽缸内瞬时放热率变化。

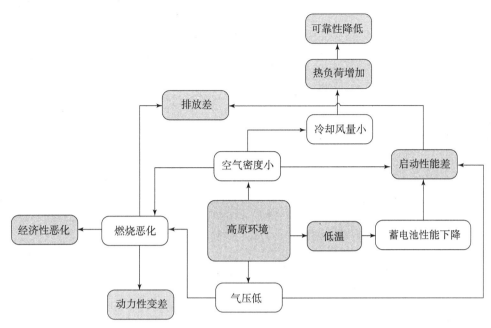

图 4 - 5 - 4　高原环境对柴油机性能的影响

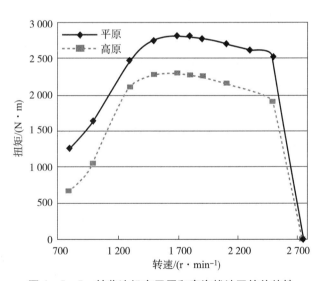

图 4 - 5 - 5　某柴油机在平原和高海拔地区的外特性

　　（2）海拔高度对柴油机冷却性能的影响。在高海拔条件下，冷却风的质量流量随着海拔高度的增加而下降，使得散热器散热能力下降。图 4 - 5 - 8 与图 4 - 5 - 9 所示为某柴油机在不同海拔高度下的散热器放热率和在不同海拔高度下的散热量。

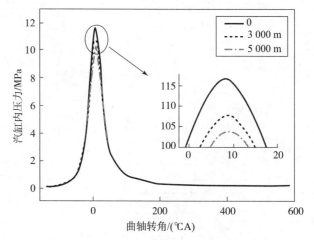

图 4 - 5 - 6　某柴油机在不同海拔高度下的汽缸内压力变化曲线

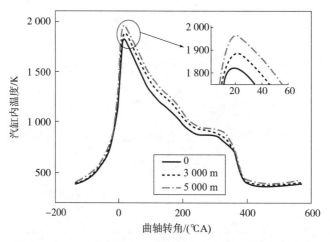

图 4 - 5 - 7　某柴油机在不同海拔高度下汽缸内温度的变化

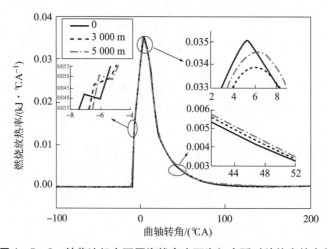

图 4 - 5 - 8　某柴油机在不同海拔高度下汽缸内瞬时放热率的变化

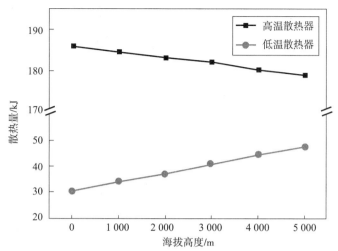

图 4 - 5 - 9 某柴油机在不同海拔高度下散热量的变化

前面分析了高海拔下发动机的性能受海拔高度的影响因素和后果，因此对于可能应用于高原地区的发动机有必要进行高原模拟试验。高原模拟试验目的就是在规定的模拟环境（海拔高度和进气温度）条件下，通过启动试验和性能试验，评定柴油机在规定海拔条件下的动力性、经济性、启动性能，以及运行是否正常。

2. 试验内容

（1）高原模拟环境下，测试发动机的启动性能；

（2）高原模拟环境下，测试发动机的外特性；

（3）高原模拟环境下，测试发动机的负荷特性；

（4）高原模拟环境下，进行发动机的热平衡试验；

（5）高原模拟环境下的其他试验。

3. 试验条件

试验条件除了同平原环境对应的试验条件外，主要为高原模拟试验装置。

试验时，需要用到的试验装置主要包括高原环境模拟系统、试验用计算机控制平台、测功机、油耗仪和燃烧分析仪等，区别于平原环境的主要是高原环境模拟系统[22]。图 4 - 5 - 10 所示为某柴油机在不同海拔高度下冷却气体体积流量和质量流量曲线。

高原环境模拟系统用来模拟高原环境，使试验过程保持在规定的环境下进行，高原环境模拟系统主要包括以下几个部分。

（1）压力模拟系统：用于模拟高原地区的低气压环境，由新风系统和尾气排气系统共同组成。

（2）温度模拟系统：用于实验室内的温度控制。

（3）湿度模拟系统：用于实验室内的湿度控制。

（4）循环风系统：均匀布置试验区域内的空气。

（5）安全控制系统：用于监测实验室内一氧化碳和碳氢化合物含量，避免人员伤亡。

图 4 - 5 - 11 所示为文献［55］研究风冷柴油机高原恢复功率的高原环境台架模拟系统，主要由进气节流装置、排气装置和引射装置三部分组成。

（1）进气节流。模拟高原试验时采用进气节流法来获得低气压。试验装置通过调节进

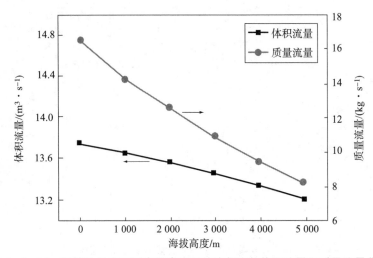

图 4 - 5 - 10　某柴油机在不同海拔高度下的冷却空气体积流量和质量流量曲线

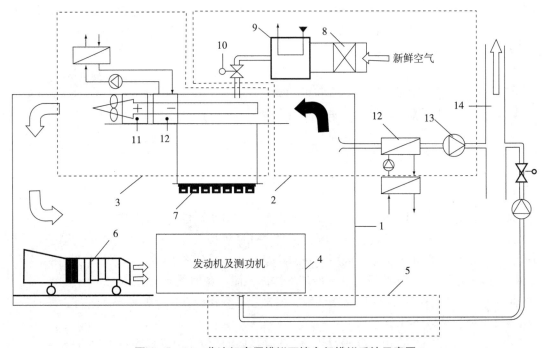

图 4 - 5 - 11　柴油机高原模拟环境台架模拟系统示意图

1—高原模拟舱；2—气压模拟系统；3—温度模拟系统；4—测功机；
5—尾气处理系统；6—模拟迎风装置；7—日照装置；8—滤清器；
9—加湿器；10—节流阀；11—加热器；12—冷却器；13—风机；14—排烟管

气装置的压力控制阀实现任意海拔高度下的真空度。在进气节流阀与发动机进气口之间装有一个稳压装置抑制进气压力波动，稳压罐的真空度通过气动薄膜阀节流空气建立。气动薄膜阀的开度越小，稳压罐真空度越大。气动薄膜阀的开度由比例调节器和气电阀门定位器控制阀的薄膜上方压缩空气的压力来调节。

（2）排气装置。排气装置一端由一个大的排气稳压罐与发动机的排气系统相连；另一端的出口与引射器相连。稳压罐的作用是将发动机脉动的排气压力波相对稳定在一定的范围内。

（3）引射装置。引射装置是模拟柴油机高原工况排气的一套装置，它借助压力相对高的引射介质带走被引射介质，从而形成排气的负压，使柴油机排气管中产生低气压，实现高原工况的模拟。

高原环境模拟参数如下：

①环境条件：试验环境温度一般为 10～46℃，海拔高度为 1 400～4 000 m；

②场地条件：纵坡坡度角一般为 15°～25°。

4. 试验程序、方法及数据记录

高原上开展的各种试验，程序、方法和数据记录同平原试验一样。下面以高原启动试验为例简单介绍。

开展动力装置高原启动性能试验是通过进行不同条件下的启动性能试验来验证不同因素对高海拔环境车辆起步性能的影响效果。本试验可参照 GJB 59.58—95《装甲车辆试验规程 高原地区适应性试验总则》。

试验应按先单一因素、后综合因素的原则进行，分别进行高海拔常温条件下平坦路面起步性能试验、高海拔低气温条件下平坦路面起步性能试验、高海拔低气温条件下复杂工况起步性能试验。

试验中，应控制增压器转速和排气温度不超过使用极限。试验中，对每次试验要记录序号、时间、环境温度、环境气压、相对湿度，以及冷却液温度（℃）、润滑油温度（℃）、电解液温度（℃）、电解液密度、电池端电压、启动准备时间（s）、启动拖动时间（s）、总启动时间（s）、发动机初始启动转速（r/min）、平均启动电流（A）、冲击启动电流（A）、平均启动电压（V）、冲击启动电压（V）等。

4.5.4　高温湿热试验

1. 试验目的

在高温环境下，空气密度较小，柴油机进气质量变小，从而输出功率也随之降低；环境温度高，机体散热性差，冷却效果差；机油的散热不好，机油温度升高易氧化、热分解和聚合，影响润滑效果；进入汽缸的混合气温度会随之升高，汽缸内最高压力和最高温度会随之增大，容易引起爆燃。

在高湿环境下，燃烧室内火花核形成位置延迟，喷雾雾化和混合气形成较差，会形成壁面着火现象，存在未燃混合气，燃烧情况恶化，热效率降低，功率和扭矩下降；水汽的冷凝和热腐蚀会加剧发动机的零部件磨损，影响防锈防腐效果。

高温环境试验一般称为耐热试验，试验需要分析高温环境对性能的影响，测试在高温环境中能否发挥出正常性能。

2. 试验内容

在规定的模拟环境（环境温度和相对湿度）条件下，通过高温（试验舱和进气温度应控制在 46℃以上）试验和湿热（试验舱内温度为 30～35℃，相对湿度为 85%～95%）试验，评定柴油机在规定温度下的动力性和经济性。

　　试验内容主要包括：高温高湿环境下的外特性试验；高温高湿环境下的负荷特性试验；高温高湿环境下的热平衡试验；高温高湿环境下的其他试验。

　　3. 试验条件

　　试验条件除与平原环境对应的试验条件相同以外，主要的不同点为高温环境模拟舱。

　　某环境舱温度和湿度模拟环境参数如下[56]：

　　（1）温度范围：30 ~ 60℃；

　　（2）相对湿度95%时，最高温度：45℃；

　　（3）温度控制精度：±2℃；

　　（4）相对湿度控制精度：±3%。

　　某柴油机在高温湿热环境试验系统的设备与工作原理如图4 - 5 - 12 所示。

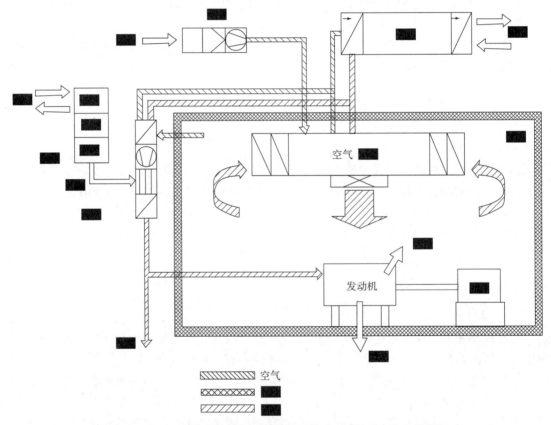

图4 - 5 - 12　某柴油机高温湿热模拟环境试验系统设备与工作原理

　　某发动机高温湿热环境模拟系统是由环境舱、新风过滤箱、空气循环空调箱、蒸汽发生器、湿热空气混合装置、水冷却器和配电柜等部分组成。

　　（1）环境舱：环境舱形成一个相对密闭空间，使舱内温度保持稳定，其由保温库板搭建而成，保温库板外表面是镀锌钢板，中间夹层为PU聚酯泡沫。

　　（2）新风过滤箱：新风过滤箱从外界环境吸收空气并进行过滤，为整个系统提供进气，进气量可调，并保持整个系统的进气量和气压平衡，主要由一个过滤器和一个变频风扇组成。

（3）空气循环空调箱：空气循环空调箱提供循环空气，由百叶窗、风扇、水空换热器和电加热器等设备组成。循环空气从百叶窗吸入，由风扇吹出。水空换热器和电加热器可对空气进行冷却或加温。

（4）蒸汽发生器：自来水进入蒸汽发生器经过软化、预热，进入到蒸汽发生设备继续被加热而生成水蒸气，由水软化设备、电加热设备和蒸汽发生设备三部分组成。

（5）温热空气混合：温热空气混合装置用来将空气循环空调箱送来的空气和蒸汽发生器送来的水蒸气混合成湿热空气，并进行适当加热或冷却达到设定要求。

（6）水冷却器：水冷却器为空气循环空调箱和蒸汽发生器提供冷却水。

4. 工作原理

环境空气由新风过滤箱过滤后进入空气循环空调箱（在环境舱内），按照系统设定的温度值进行加热或冷却后吹入环境舱，同时舱内的空气经百叶窗吸入并输送到湿热空气混合装置。此过程吸收了发动机工作时散到环境舱的热量，维持舱内的温度稳定和内外压力平衡。空气进入湿热空气混合装置与来自蒸汽发生器产生的水蒸气相混合，并经过加热或冷却达到发动机试验所需的温度和湿度，由管道直接送入发动机进气口。发动机的进气压力由进气旁通口进行调整稳定。发动机的进气是按照试验要求的温度和湿度提供的，而环境舱内的温度与发动机进气保持一致，但是没有加湿。

5. 试验程序、方法及数据记录

高温湿热环境试验、程序、方法和数据记录与常温试验一样，具体程序和方法不再重复介绍。需注意的一点是，在试验中，应控制排气温度不超过使用极限。

4.5.5　低温试验

1. 试验目的

在低温状态下，影响柴油机启动和运转的因素很多[57-58]，图 4-5-13[22] 所示为柴油机高温湿热模拟的环境。

（1）低温时冷却液温度低、润滑油黏度大、启动阻力大。在冷机启动时，柴油机机体、冷却液温度和润滑油的温度近似于环境温度，润滑油温度低、黏度大，机油泵不能及时将润滑油注入各摩擦表面；此外，低温条件下曲轴、连杆与轴瓦膨胀系数不同，不能建立均匀的油膜，启动阻力矩增加。

（2）燃油雾化不良，不易着火。低温时燃油黏度和密度增大，蒸发、雾化差，与空气混合不良；启动时转速低，进气流速低，空气涡流强度不足，实际参与燃烧的柴油过少；发动机转速低，喷油压力低，油滴尺寸偏大，喷油量贯穿度较大，使燃油碰到冷的燃烧室壁而不易蒸发，不易着火。

（3）压缩终点的温度和压力低。在低温启动时，汽缸传热量、漏气损失增加，压缩终了的温度和压力偏低，混合气不易自燃；滞燃时间急剧增加，推迟着火和降低燃烧速率，循环功率不足甚至熄火，从而造成柴油机启动困难。

（4）初期着火不稳定。柴油机启动过程中，压缩终点温度、压力低，热散失和燃气泄漏量多等，工质热力状态极不稳定，初期着火时断时续，并有可能熄火，造成启动失败。

（5）蓄电池性能下降。启动时蓄电池容量和端电压会随着电解液温度的降低而降低，

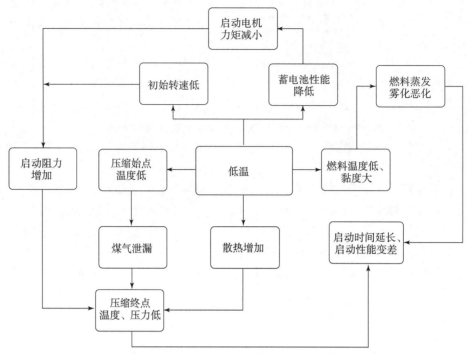

图 4 – 5 – 13　柴油机高温湿热模拟环境示意图

导致起动机转矩减小；而低温发动机需要的启动转矩更大，当温度下降到一定程度，起动机无法拖动柴油机，柴油机便启动困难。

目前，采取的柴油机冷启动性能改善措施包括安装起动机、减压装置、进气预热装置、电热塞、电控燃油喷射等方法。

因此，适用于严寒地区的柴油机必须开展低温启动和运转试验。目的是在规定的低温模拟环境（ − 43 ± 3）℃条件下，通过试验评估柴油机在低温环境下的冷启动性能和低温运转性能。

2. 试验内容

在低温模拟环境下，测试发动机的启动性能。

3. 试验条件

低温启动试验和常温启动试验主要区别为环境温度，因此试验时需要增加的试验装置（图 4 – 5 – 14）主要包括低温试验舱温控系统、预热器和测量监控平台等。温控系统用于使冷冻室温度达到试验设定温度，使试验过程保持在规定的温度下进行。

4. 试验程序、方法及数据记录

低温启动试验，程序、方法和数据记录同常温试验一样，具体程序和方法不再重复介绍。但是要注意，柴油机启动前或附加装置运行前，环境温度和工作介质温度均应达到（ − 43 ± 3）℃，被试发动机保温 12 h 后进行冷启动试验。

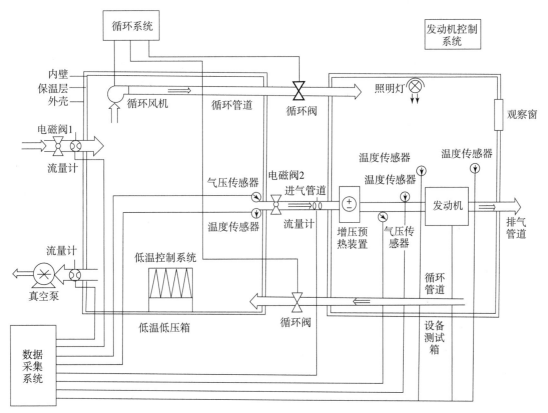

图 4 - 5 - 14 柴油机高温湿热模拟环境示意图

4.5.6 振动试验

1. 试验目的

柴油机多个活塞周期性交替做功造成机体振动，使曲轴等主要零部件承受周期性交变载荷，极易损坏柴油机构件，恶化柴油机整机性能。另外，发动机振动传递给车体，可造成车辆振动加剧，影响设备的安全和乘坐舒适性。

开展发动机的振动试验，测定柴油机正常工作状态下的机械振动，可作为车辆其他部件或车体设计的依据。

2. 试验内容

测量柴油机在正常工作状态下规定部位的振动速度或加速度，确定振动烈度。

3. 试验条件

（1）发动机的试验台同外特性试验台，在发动机的不通过部位安装加速度或速度测试设备，完成测试。

（2）测振仪、频谱分析仪等。

（3）振动测量点的选择。根据测量目的，确定振动测量点的数量与分布。对所选定的每一个测量点均须在 x、y、z 三个坐标方向上都可实现测量。

测定柴油机振级时，传感器通常布置在柴油机前后两端顶部、增压器托架、输出端传动箱上部以及底座等处，并且测量点部分需要有足够大的刚度。避免在罩壳、盖板、悬臂和薄壳结构等具有明显局部振动处布置传感器。

测量的目的是研究发动机振型时，需要布置 3~5 个三向传感器。研究振动传递情况时，三向传感器需布置在弹性支承、柔性连接管路的前后，并测量出 3 个方向上的振动。测量柴油机振动时，需要在典型工况下进行，例如，柴油机标定工况、共振转速下等。

（4）测量柴油机振动，需要采取振动干扰隔离措施，消除外界振源对测量结果的干扰。柴油机试验台应安装在单独的基础上，采取弹性或刚性支承。

4. 测量参数

根据测量振动的目的确定振动测量参数。

当研究结构强度或分析振型时，通常测量振动位移；当研究阻尼系数或确定人体对振动的敏感程度时，通常测量振动速度；当确定振动对被测部位的动载荷与力的关系、机械疲劳、冲击以及力的传递时，通常测量振动加速度。

振动烈度为量标时，用下式计算：

$$v_{rms} = \frac{1}{T} \sqrt{\int_0^T v^2(t)\,dt} \qquad (4.5.7)$$

式中　v_{rms}——振动烈度（mm/s）；

　　　$v(t)$——振动速度随时间函数（mm/s）；

　　　T——振动周期（s）。

5. 程序及方法

柴油机按标定功率和标定转速运行，工况稳定后方可测量。必要时可在其他工况下测量。

6. 数据整理

（1）全部测量数据填入测量报告；

（2）按测点位置、方向测量振动速度的均方根值，取 3 次以上的平均值，计算当量振动烈度，即

$$v_s = \sqrt{\left(\frac{\sum v_x}{N_x}\right)^2 + \left(\frac{\sum v_y}{N_y}\right)^2 + \left(\frac{\sum v_z}{N_z}\right)^2} \qquad (4.5.8)$$

式中　v_s——当量振动烈度（mm/s）；

　　　v_x、v_y、v_z——x、y、z 三个方向规定测点的振动速度均方根（mm/s）；

　　　N_x、N_y、N_z——x、y、z 三个方向测点数。

4.5.7　扭转振动试验

1. 试验目的

多缸柴油机，曲轴具有较长的当量长度、较小的扭转刚度和较大的转动惯量，会导致扭转振动频率较低，而且容易出现在发动机工作转速范围内；并且由于大小、方向成周期变化的激励载荷始终存在，任何一台发动机都不可避免地存在扭转振动；当扭转力矩的频率与曲轴的共振频率相同时，会产生共振。因此，曲轴扭转振动是轴系振动的主要方面，降低曲轴的扭振能够有效实现发动机的可靠性工作及降低发动机的噪声[59-60]，并且减轻传动装置的扭振负荷。

发动机曲轴扭转振动的试验目的是测定柴油机在正常工作状态下的柴油机轴系扭转振动特性。

2. 试验内容

在标定工况下，测量柴油机轴系扭转振动自由振动。

3. 试验条件

（1）发动机的试验台同外特性试验台，如果做自由振动可以不加测功机。

（2）柴油机轴系扭转振动测试试验台形式。

某发动机扭转振动测试系统选择非接触法进行测量，测试点选在扭转振动最大的曲轴前端，选择光电编码器作为本测试系统的信号发生装置，采用 LabVlEW 软件进行编程对采集到的信号进行处理分析[61]，如图 4 - 5 - 15 所示。

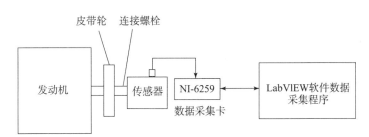

图 4 - 5 - 15　某柴油机轴系扭转振动试验台架示意图与数据采集

在柴油机运转时，带动光电编码器与曲轴一起旋转，输出方波信号，此光电编码器每转输出 360 个方波信号，所以每个方波信号相对于曲轴转过 1° 的转角。由于有噪声干扰信号，经过高频采样后的方波信号会出现尖角和毛刺，所以对此方波信号进行初加工，使原始方波转换成稳定且关于横轴对称的规则方波。通过对采样点进行计数，得出转过每个方波信号的时间，进而对时间进行计算处理得出扭振信号。

文献［59］的试验测试系统主要由发动机、测功机、发动机测控系统、编码器、扭振分析记录仪、计算机组成，如图 4 - 5 - 16 所示。发动机测控系统控制发动机运转及测功机施载，编码器安装在曲轴自由端，将采集到的转速脉冲信号反馈给扭振分析仪，扭振分析仪经过频谱分析处理，通过计算机配套分析软件将扭振角位移等信号输出显示。

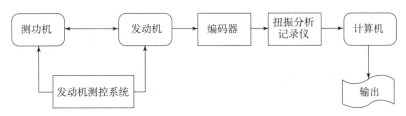

图 4 - 5 - 16　柴油机轴系扭转振动试验示意图

编码器采用增量式圆光栅编码器（120 脉冲/r）。工作时，编码器外圈固定不动，内圈码盘随曲轴同步转动，码盘一侧的发光二极管（LED）光源就会通过码盘上均布的光栅缝隙，另一侧光敏元件感应光线变化产生正弦波信号，经过放大整形电路便可得到与转动角度成正比的矩形脉冲信号，脉冲数代表转过的光栅缝隙数，从脉冲信号的数量上就可知道码盘转过的角度。

编码器将扭振信号放大整形为矩形脉冲信号，扭振分析仪通过对脉冲间隔进行计数并换算出间隔对应的时间。当曲轴旋转不发生扭振时，脉冲间隔均匀；当发生扭振时，脉冲间隔时间疏密不均，对应的时间也大小不等，该脉冲间隔时间代表了被测转轴转动单位角度增量所需的时间。扭振分析仪通过对脉冲间隔时间进行频谱分析处理，即可获取发动机扭振信号。

扭转振动测量仪器还有电涡流传感器、应变式传感器或光学传感器等。

（3）仪器量程一般应使测得的最大振幅值不小于指示装置30%的满刻度。

（4）测点应布置在曲轴轴系扭转振幅较大位置处，一般选择活塞连杆机构驱动机械的曲轴自由段。

4. 测量参数

测量参数除扭振信号外，还需要测量以下参数：

（1）进气温度；

（2）进气压力；

（3）最高燃烧压力（或排气温度）；

（4）转速；

（5）转矩；

（6）燃油消耗量。

5. 程序及方法

（1）内燃机台架试验轴系，一般按外特性基型；

（2）测量转速分挡间隔一般为额定转速的5%，在共振区内可加密至额定转速的2%分挡。

（3）必要时可在其他工况下测量。

6. 数据整理（略）

4.5.8　噪声试验

1. 试验目的

发动机是一种间歇性周期性完成工作循环的动力机，这种周期性包括空气工质运动的周期性以及力作用的周期性，形成了气动以及机械部件的振动激励源。由于空气的运动以及部件的振动都将引起噪声，这就是内燃机噪声产生的根源。内燃机噪声主要包括机械噪声、燃烧噪声、空气动力性噪声和液体动力噪声[62]。

燃烧噪声是在可燃混合气体燃烧时，因汽缸内气体压力急剧上升冲击柴油机各部件，使之振动而产生的噪声；机械噪声是柴油机工作时各运动件之间及运动件与固定件之间作用的周期性变化的力所引起的，包括活塞敲击声、气门机构冲击声、正时齿轮运转声等。空气动力性噪声是进排气的气流振动，一般与柴油机转速功率和进排气管道有关，目前广泛采用的空气滤清器和消声器就能有效降低进排气噪声。

噪声已经成为一个主要污染源，巨大的持续噪声对人体是有害的；对于军用车辆来说，噪声影响乘员或载员的舒适性，也影响车辆的防护性能。

噪声测试目的是测量噪声大小和噪声源，降低噪声。

2. 试验内容

在标定工况下，进行柴油机的噪声测试；在标定工况下，进行柴油机的噪声频谱测试。

3. 试验条件

（1）发动机噪声试验需在消声室内进行；消声室有全消声实验室、半消声实验室和全反射实验室[22]。

①全消声实验室。全消声实验室的四壁和天花板、地板等6个面均由吸音材料、尖壁等构成。试验柴油机所辐射的噪声全部被实验室六面的吸音材料吸收，室内无噪声反射。各测点所测得的声压级就是直接来自柴油机的辐射噪声。声学上把没有任何反射声的声场称为自由声场。

②半消声实验室。半消声实验室的四壁和天花板由吸音材料、尖壁等构成，地板为非消声地板。试验测得的声压级除直接来自柴油机的辐射噪声外，还包含有来自地面的反射声，因此半消声实验室也称半混响声场。在半消声实验室测得的声压级比全消声实验室高 3 dB左右。

③全反射实验室。全反射实验室的四壁、天花板和地板均用声学硬质材料（如水泥）构成，常常做成不规则的形状，有时也称混响室。试验中各点声场均由来自各个方向上的大量的反射声波复合而成，各点的平均声能密度相同，不存在噪声的指向性，这种声场称为漫射声场。全反射实验室的容积和混响时间会对漫射声场产生影响。全反射实验室的容积越大时，其低频特性越好。

全反射实验室由于无法测定噪声的方向性，难以确定产生噪声的噪声源。

（2）发动机噪声试验中，噪声室内要清除多余设备；做负载工况噪声试验时，测功机、扭矩传感器等尽可能布置在消声室外；无法布置在消声室外的设备需要用消声材料覆盖或包装。如果单独测量机械噪声或进排气噪声，需要对其他噪声源做消声隔离处理。

（3）噪声测量仪器包括传声器、声级计、频率分析仪、校准器，与其他附件配合使用实现噪声测量与分析。根据国际电工委员会（IEC）规定，精密声级计测量的频率范围为 20 Hz ~ 12.5 kHz，声级测量范围为 0 ~ 130 dB（2209 型），在主要频率范围内偏差小于 ± 1 dB。

（4）测量点的确定。测量柴油机噪声的测量点必须选取在规定表面，下面简单介绍传统九点测试法。

为了确定测量表面和测量点位置，假想一个包络内燃机主要噪声辐射部位并终止于反射面上的最小矩形六面体作为基准体，确定基准体尺寸时可以不考虑辐射噪声不大的内燃机凸出部分。发动机包络面指在发动机处于发动机安装姿态时（不包含空气滤清器及排气管），发动机前、后、左、右、上 5 个面的边缘包络面（图 4 – 5 – 17）[63-66]。

（5）近声场测试点的确定。选取距离发动机组表面 1 m 位置处进行噪声测试和 1/3 倍频谱测试，主要点为 4 点发动机前端（靠近皮带轮）、1 点发动机左侧（进气侧）、3 点发动机右侧（排气侧）、9 点发动机顶端、7 点发动机右前（排气侧）、8 点发动机左前（进气侧）、6 点发动机右后、5 点发动机左后（图 4 – 5 – 17）。

4. 测量参数

测量参数除各点噪声信号外，还需要测量以下参数：

（1）进气温度；

（2）进气压力；

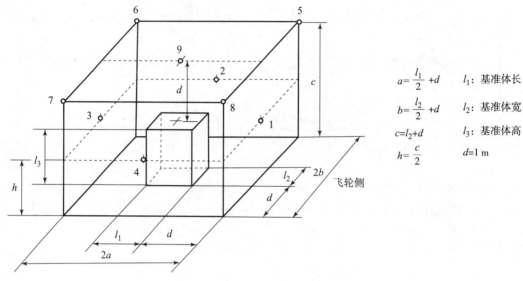

图 4 – 5 – 17　柴油机噪声测点布置图

（3）最高燃烧压力（或排气温度）；

（4）转速；

（5）转矩；

（6）燃油消耗量。

5. 程序及方法

对于不同目的的试验内容，开展针对性的试验。

（1）运转试验，使发动机满足试验规定的边界条件，包括发动机的进出水温度、油温、扭矩、转速和排气背压等均达到试验要求的状态。

（2）试验前开启所有辅助系统，测量试验室的背景噪声。

（3）负荷特性下，噪声测试。

（4）外特性下，噪声测试。

6. 数据整理

噪声试验主要对声压与声压级、声强与声强级、声功率与声功率级等进行计算分析，以及相关频谱分析。

1）声压级

根据试验测得的计权和倍频带或倍频带声压级有必要先对试验室进行背景噪声修正，用下式计算计权和倍频带或倍频带表面声压级 L_{PA}：

$$\overline{L_{PA}} = 10\lg\left[\frac{1}{N}\sum_{i=1}^{N}10^{0.1LPi}\right] - K \qquad (4.5.9)$$

式中　L_{PA}——A 计权和 1/3 倍频带或表面声压级基准值（dB）（基准值：20 μPa）；

　　　L_{Pi}——背景噪声修正后第 i 个测点处 A 计权和倍频带或 1/3 倍频带声压级（dB）；

　　　N——测量点数总数；

　　　K——测量发动机表面的平均环境修正量（dB）。

K 可表示为

$$K = L_W - L_{Wr}$$

式中　　L_W ——测试环境中测得标准声源的声功率级（dB）；

　　　　L_{Wr} ——标准声源标定的声功率级（dB）。

2）声功率级

发动机的 A 计权和倍频带或 1/3 倍频带声功率级 L_{WA}，按照下式计算：

$$L_{WA} = \overline{L_{PA}} + 10\lg(S_1/S_0) \tag{4.5.10}$$

式中　　S_1 ——测量表面积（m^2），$S_1 = 4(ab + bc + ac)$；

　　　　S_0 ——基准值（1m^2）。

4.6　研究性试验

科学研究性试验的目的是验证结构计算的各种假定、发展新的设计理论、改进设计计算方法、修改和制定各种规范，为发展和推广新结构、新材料和新工艺提供理论和试验的依据。研究性试验可以针对某种设想、某种理论或某种方法开展，不一定是针对特定的产品，因此，研究性试验是多种多样的。

研究性试验也称专项试验，是为专门测定某一种性能而进行的。发动机在研究和研制过程中，为深层次探究发动机的燃烧过程、改进曲轴等结构、降低排放措施、替代燃料、采用新的结构材料和工艺等试验以及为验证某种故障开展的专项验证试验等，都属于研究性试验。

本节仅针对柴油机领域的最新研究方向和成果，介绍几种研究性试验。

4.6.1　燃烧试验

燃料燃烧是发动机动力的根本来源。柴油机诞生二百多年以来，关于柴油机的燃烧研究已经不是一个新的课题。

发动机缸内工作过程如进气流动、喷雾、混合气形成和燃烧，是一个复杂多变的物理、化学过程，其完善程度直接决定了发动机的动力与经济指标、零部件的热负荷与机械负荷、使用寿命与可靠性，是发动机研发的核心环节。

随着能源问题的出现，柴油机多种混合燃料或替代燃料的研究方兴未艾。关于燃烧的研究试验也从未停止，新的试验手段也不断出现，推动了燃烧研究更加深入。

不同的燃烧试验有不同的目的，主要的目的如下：

（1）揭示发动机汽缸内工作过程机理；

（2）探究发动机燃烧过程中参数对性能的影响；

（3）不同燃料燃烧的特性试验；

（4）燃烧参数对发动机部件的强度、排放的影响；

（5）其他试验目的。

根据试验目的，设计试验内容，通过一定的试验手段完成内容，实现目的。目前发动机燃烧的试验手段主要是光学诊断方法。

发动机光学诊断方法主要有定容燃烧弹（以下简称为定容弹）试验、快速压缩机试验和光学发动机试验，它们对真实发动机工作过程的简化程度逐渐降低，越来越接近真实发动机[67]。

1. 定容燃烧弹试验

定容燃烧弹通常用来研究上止点附近近似等容条件下的发动机喷雾和燃烧特性。定容燃烧弹一般为强度很大的开有光学视窗的高强度容器，通过点燃预混合气或对工质直接加热，形成热氛围，模拟发动机在上止点附近的高温高压状态。

定容燃烧弹结构简单，温度压力便于精确控制，且光学视窗上的油污、水蒸气和碳烟易于清除，特别是在需要进行变参数研究时，定容燃烧弹可以在较大的范围内对环境温度、压力、气体组分等参数进行调节，流场对喷雾燃烧过程的影响较小，而且测试空间相对较大，适合于喷雾和燃烧特性的基础研究。

典型定容燃烧弹特征参数总结如表 4-6-1 所列。定容燃烧弹忽略气流运动的影响，更关注上止点附近定容环境下的喷雾和燃烧工作过程，可以研究不同燃料层流火焰燃烧特性及喷射、雾化、混合和燃烧特性，其边界条件精确可控，适用于基础研究和仿真模型标定，在发动机先期研发中具有重要作用。

表 4-6-1 典型定容燃烧弹参数对比

容弹类型	加热方式	最高设计温度/K	最高设计压力/MPa	内部容积/L	有效视窗直径/mm	喷油器安装	最高壁面温度/K	试验循环间隔/min	代表单位
点燃式	壁面电阻丝加热	650	4	33.5	76	无	650	10	北京理工大学
预燃加热式	内部预混气点燃	1 400	35	1.15	102	侧置	525	5	美国桑迪亚国家实验室
内部加热式	内部加热器加热	900	10	15	100	定置	353	5	北京理工大学
流动加热式	外部加热器流动加热	1 000	15	6	126	侧置	378	1/15	西班牙瓦伦西亚大学

1) 点燃式定容燃烧弹

点燃式发动机如汽油机、气体燃料发动机等的可燃混合气燃烧大多数属于预混燃烧，其火焰传播速度是发展化学动力学机理、优化燃烧系统结构和预测燃烧排放特性的基本参数。因此，研究不同燃料在不同条件下的火焰传播特性具有重要意义，通常需要在点燃式定容燃烧弹上进行相关研究。

图 4-6-1 所示为球形点燃式定容燃烧弹试验系统。该系统由球形定容燃烧弹、加热和温度控制系统、点火系统、进排气系统和高速纹影拍摄系统 5 部分组成。球形定容燃烧弹由不锈钢制成，最高工作压力为 4 MPa，温度为 650 K。定容燃烧弹对称布置了 2 个直径为 76 mm 的光学视窗，用于观察火焰发展传播过程。加热系统由均匀布置在腔体外表面的加热电阻丝组成，功率为 3.6 kW，外围包裹石棉来进行绝热和保温。温度控制系统根据热电偶反馈回来的定容燃烧弹内部可燃混合气的温度调节加热功率，达到设定目标温度。点火系统通过定容燃烧弹中心对称布置的 2 根电极点燃混合气，同时触发高速纹影拍摄系统工作，获

取火焰图像。点燃式定容燃烧弹多与纹影拍摄系统相结合,用来研究不同燃料的火焰传播速度、火焰不稳定性、点火极限等。进排气系统由管路、阀门、压力表和真空泵组成,根据分压法计算混合气中各组分的压力,按照压力表示数,精确控制混合气组分比例。试验结束后,用真空泵彻底排出燃烧废气,防止对下次试验产生干扰,每次试验间隔约 10 min。

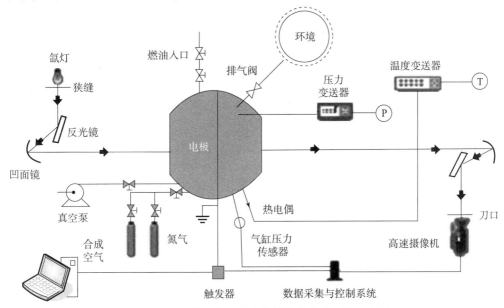

图 4 - 6 - 1　球形点燃式定容燃烧弹试验系统示意图

利用这种点燃式定容燃烧弹系统可以研究无约束状态下火焰自由传播特性[68],测量层流火燃速度等。

图 4 - 6 - 2 所示为研究湍流火焰传播过程的湍流定容燃烧弹系统。该定容燃烧弹为球形,在弹体内部等距离安装 4 个风扇,每个风扇前端固定孔径为 12 mm 的孔板。风扇由 4 台变频电机分别进行驱动和调节转速。定容燃烧弹内配置好混合气后,4 个风扇在相同转速下运转 2~3 min,然后点火并记录火焰发展图像[69]。

2) 预燃加热式定容燃烧弹

对于柴油机这种汽缸内压缩自燃着火的喷雾燃烧研究,则需要更高的环境温度,可以采用预燃加热式定容燃烧弹,通过点燃定容燃烧弹内部预先充入的混合气来模拟柴油机压缩上止点附近的高温高压环境[70]。点燃式容弹一般采用外壁布置加热丝或者加热棒来对定容燃烧弹内部气体进行加热,温度可达 700 K。

某大缸径双火花塞天然气发动机汽缸内燃烧特性试验采用的加热式定容燃烧弹试验系统如图 4 - 6 - 3 所示,平台主要包括基于定容燃烧弹的试验系统、平台控制及上位机操作系统、试验数据采集系统等。其中,基于定容燃烧弹的试验系统包括定容燃烧弹、进排气系统、加热温控系统等。定容燃烧弹是可视化光学平台的主体装置,弹体外观为立方体形结构,由汽缸盖、汽缸体、底座和光学窗口四部分组成。加热系统直接加热弹体表面来达到目标温度,加热系统选用圆柱形电阻塞作为加热载体,定容燃烧弹弹体侧面预留有加热塞安装孔。鉴于加热塞与安装孔之间存在间隙,在加热塞表面及安装孔内涂抹导热硅脂,使两者充分接触,可以避免降低加热效率及烧损加热塞[71]。

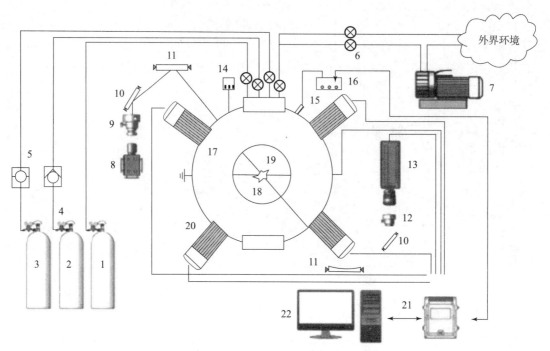

图4-6-2 球形点燃式定容燃烧弹系统示意图

1—空气瓶；2—氢气瓶；3—甲烷瓶；4—减压阀；5—止回阀；6—阀门；7—真空泵；
8—光源；9—狭缝；10—平面镜；11—凹面镜；12—刀口；13—高速摄影仪；
14—数字显示压力表；15—压力传感器；16—电荷放大器；17—燃烧弹；18—石英玻璃视窗；
19—点火电极；20—电机；21—试验系统控制单元；22—试验系统控制计算机

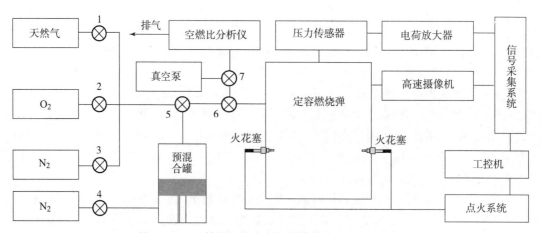

图4-6-3 某预加热式定容燃烧弹试验系统示意图

1，2，3，4—精密调压阀；5，6，7—三通电磁阀

另一种预燃加热式定容燃烧弹试验系统如图4-6-4所示[72]。

3）内部加热式定容燃烧弹

利用定容燃烧弹内的可燃混合气燃烧可以获取较高的环境温度和压力，研究不同环境温

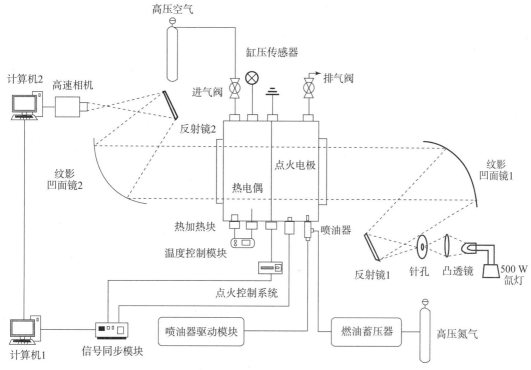

图 4 - 6 - 4 某预加热式定容燃烧弹试验系统示意图

度、环境密度和喷射压力下柴油喷雾的雾化特点及其对着火的影响,但燃烧产物如二氧化碳、水等对后续燃烧会产生影响。对于环境温度低于 900 K、压力不大于 8 MPa 的试验或者环境气体组分控制要求较高的试验,可以采用内置加热模块的内部加热式定容燃烧弹,将工作介质充入定容燃烧弹内直接进行加热。

图 4 - 6 - 5 所示为内部加热式定容燃烧弹的试验系统[73-74],该系统能灵活地调整环境参数,包括背景介质的种类、环境密度和温度;可以改变喷射条件,包括喷射压力、喷射脉宽、喷射次数等。该系统主要包括高温高压定容试验装置、高压共轨喷射系统、阴影仪、数据采集系统和控制系统五大部分。

定容装置最高耐承受压力为 6 MPa,最高模拟温度为 900 K,可以模拟柴油机压缩上止点的汽缸内环境。定容燃烧弹外形为圆柱形结构,定容燃烧弹上端盖顶部可以安装喷油器、高压共轨装置,实现燃油喷射。下端盖布置了进排气接口,实现进气、扫气功能,调节弹体内的背景压力。定容燃烧弹壁面上设计了 4 个视窗,用于安装直径为 120 mm 的石英玻璃,视窗有效直径为 100 mm,为试验测试提供可视化光学通道,满足不同光学测试方法的需求。在视窗下方,定容燃烧弹内部安装有电热丝加热装置,用以给环境介质进行加热。通过调节加热丝的加热功率,实现弹体内环境温度的可控。

定容燃烧弹加热系统能将内部气体加热至设定的温度。加热系统由加热器、调压器与温度传感器组成,布置在定容燃烧弹内测试区域下方。加热器为空心圆柱形结构,其内部嵌入两根并联的加热丝,并通过电极与调压器相连。调压器通过调节加热丝两端的电压来调节加热丝的加热功率,并与温度传感器相配合来控制定容燃烧弹内部的温度。由于定容燃烧弹的壁面采用的是金属材料,加热过程中壁面会快速传热,导致弹体内温度迅速下降。因此定容

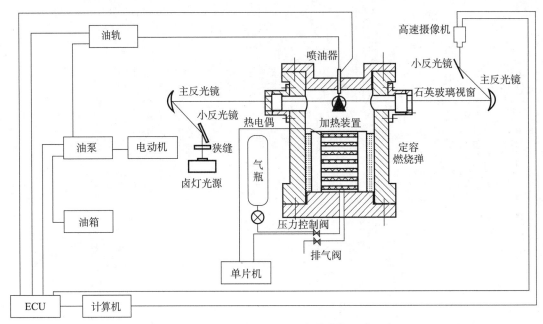

图 4 - 6 - 5　内部加热式定容燃烧弹试验系统示意图

燃烧弹采用了隔热保温措施，在加热器与弹体壁面之间铺了保温棉，有效降低热传导。在背压为常压时，定容燃烧弹内部的温度在 0.5 h 左右可以达到 900 K。

由于加热装置布置在定容燃烧弹内测试区域的下方，加热过程中热量从下往上传递，因而在测试区域的轴向与径向存在一定的温度梯度。为了保证测试数据的正确性，需要对定容燃烧弹内的温度进行标定。在喷油嘴下方的不同高度和不同径向位置各布置 3 个温度测量点，测试轴向与径向温度分布。测试结果表明，在喷嘴下方轴向 100 mm 内，温差在 10 K 以内，轴向温度梯度较小；径向温度梯度较大，轴线位置处的温度比壁面位置的温度约高 20 K。测试过程中，为了避免温度传感器对被测对象产生干扰，只保留内壁处的测温传感器，温度传感器测量的温度为壁面处温度。

该定容燃烧弹系统在控制系统的控制下，利用德国博世高压共轨燃油喷射系统，通过阴影系统及高速相机，对不同环境条件和喷射参数下柴油自由射流喷雾雾化与着火进行试验研究。

4）流动加热式定容燃烧弹

流动加热式定容燃烧弹通过外部加热模块，不断地将高温高压气体连续输入定容燃烧弹内部，模拟发动机上止点附近的缸内热力学环境，为发动机喷雾和燃烧过程研究提供支持。

整个试验系统主要由气体压缩装置、加热系统、流动定容燃烧弹本体和控制系统四部分组成。通过空气压缩机将氮气和氧气压入高压罐，氮气和氧气的比例可调。将罐内的高压混合气体导出，经加热系统加热后进入定容燃烧弹内部形成高温高压环境，然后再从定容燃烧弹流出。控制系统用来调节定容燃烧弹内部的温度和压力，并同步触发燃油喷射、激光照明和相机拍摄等操作。流动加热式定容燃烧弹试验系统如图 4 - 6 - 6 所示。

与预燃加热式和直接加热式定容燃烧弹相比，流动定容燃烧弹内的热力环境更为稳定，试验重复性好，同时定容燃烧弹内部连续的气体更换也能大幅提高试验效率。但是，由于需要有配套的制氮系统和空气压缩机，系统相对复杂，成本较高。

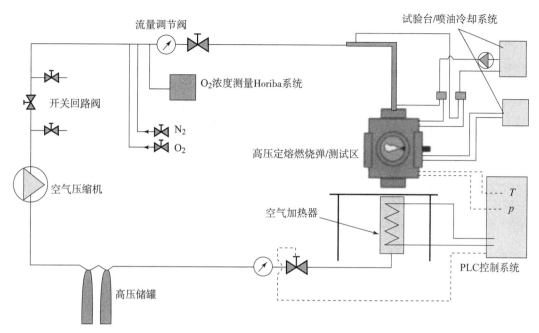

图 4 - 6 - 6 流动加热式定容燃烧弹试验系统示意图

2. 快速压缩机

快速压缩机利用活塞对工质进行压缩，使其达到高温高压状态，然后在此高温高压环境下进行试验。快速压缩机结构较为简单，可以方便地布置光学窗口，开展多种光学诊断，进行发动机缸内气流运动、喷雾和燃烧过程的基础研究[67]。

快速压缩机活塞通常使用气压或液压驱动。当活塞到达压缩终点后，将其固定在终点位置，燃烧室容积不再发生变化。少数快速压缩机也设计有膨胀功能，以使其工作过程更接近真实发动机[75]。

快速压缩机通过控制气压或液压系统改变驱动压力，压缩冲程时间一般可控制在数十毫秒以内，最快可以达到 5 ms，能模拟较宽的发动机转速范围。

快速压缩机工作原理基本上可归纳为表 4 - 6 - 2 中的几种典型代表形式[67]。

表 4 - 6 - 2 典型快速压缩机行驶

驱动方式	活塞运动规律	燃烧室形状	压缩比调节方式	视窗位置	可视区域	代表单位
气压 - 活塞直连	压缩 - 定容	圆形	余隙高度	端盖、侧壁	全视场	清华大学
气压 - 飞行活塞	压缩 - 定容	圆形	余隙高度	端盖	全视场	密歇根大学
气压 - 凸轮	压缩 - 定容	方形	余隙高度	端盖、侧壁	全视场	Pprime 研究所
气压 - 凸轮	压缩 - 膨胀	圆形	余隙高度	端盖	全视场	大分大学
气压 - 曲柄连杆	压缩 - 膨胀	圆形	挡块高度	端盖	全视场	卡尔斯鲁厄理工
曲柄连杆	压缩 - 膨胀	圆形	余隙高度	端盖	全视场	同志社大学
气压 - 活塞嵌套	压缩 - 膨胀	圆形	活塞行程	活塞	部分视场	慕尼黑工业大学

1）气压驱动活塞直连式快速压缩机

由清华大学设计的这种气压驱动活塞直连式快速压缩机[76]（图4-6-7），通过调整燃烧室余隙高度可以调整压缩比。其主体结构由气罐、驱动段、液压段、压缩段和燃烧室构成。在驱动段、液压段、压缩段内各装有1个活塞，3个活塞通过轴连接为一体，面积依次减少。在压缩开始前，活塞置于下止点，然后通过向液压段泵送高压液压油将活塞固定在下止点位置。当连接驱动段与气罐的阀门打开后，驱动段将充入高压气体。将液压段内控制电磁阀打开后，液压段泄压，驱动段内活塞在高压气体的驱动下带动整套活塞机构运动并压缩混合气。液压段内活塞头部设计有减速机构，可以在接近压缩上止点时对整套活塞减速，实现对压缩过程启停控制。由于驱动段活塞的面积远大于压缩段，当压缩完成后，在驱动段内高压气体的作用下，活塞将固定在压缩终点位置，燃烧室内的过程为定容过程。

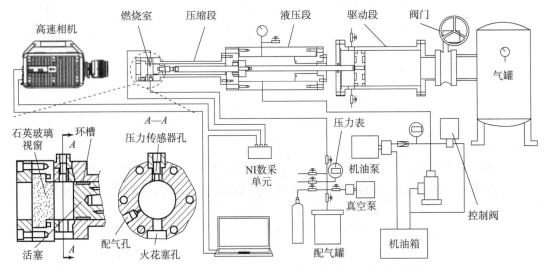

图4-6-7　气压驱动活塞直连式快速压缩机系统示意图

2）气压-飞行活塞的快速压缩机

美国密歇根大学的气压-飞行活塞快速压缩机[77]如图4-6-8所示。该快速压缩机利用驱动段和压缩段的较大面积比实现活塞驱动，其使用了单个飞行活塞代替了多个活塞直连，降低了系统复杂程度。在接近压缩终点时，飞行活塞头部将卡入燃烧室内，在驱动段高压气体和卡入过程产生的摩擦力共同作用下，活塞将固定在压缩终点位置。

3）气压-凸轮的快速压缩机

为使快速压缩机的活塞运动规律更为接近真实发动机，少数快速压缩机使用气压或液压系统控制具有特殊型线的凸轮驱动活塞[78-80]，以实现特定的活塞运动规律。图4-6-9所示为日本大分大学使用的具有压缩和膨胀功能的气压-凸轮快速压缩机系统示意图，该系统通过更换具有不同型线的凸轮，即可实现不同的活塞运动规律。

由于快速压缩机没有复杂的配气机构，因此其燃烧室机构较为简单，在设计可视化视窗时的可利用空间非常大，布置也较为灵活。尤其是对于汽缸盖（燃烧室盖板），如果不需要在缸盖上布置设备或接口，则可以实现与燃烧室相同尺寸的视窗设计，从而对全燃烧室进行可视设计。

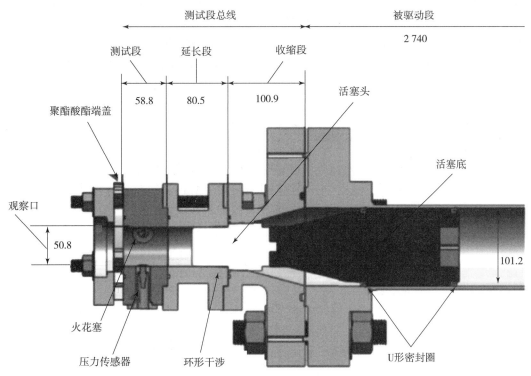

图 4 - 6 - 8　气压 - 飞行活塞直连式快速压缩机系统示意图

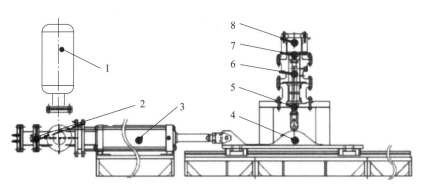

图 4 - 6 - 9　气压 - 凸轮快速压缩机系统示意图

1—蓄能器；2—电磁阀；3—驱动气缸；4—凸轮；

5—杆；6—压缩缸；7—燃烧室；8—观察窗

　　与定容燃烧弹相比，快速压缩机实现高温高压状态的过程较为迅速，利于高温高压状态下的预混气点燃研究；采用特殊的活塞设计、燃烧室隔离孔板或进气导流，还可以实现燃烧室内不同程度的湍流运动，更接近发动机的实际工作过程。由于快速压缩机可提供高温高压的可视环境，结构相对光学发动机简单，工作状态稳定、重复性好，是模拟发动机汽缸内状态的重要手段，一般结合光学测试手段即可进行燃烧机理研究。

　　3. 光学发动机

　　不同的试验方法有着不同的局限。定容燃烧弹用来模拟上止点附近定容空间的喷雾和燃烧过程，无法模拟气流运动；快速压缩机虽然可以模拟气流运动，但不能连续工作；光学发动机可通过在发动机汽缸或活塞上改造出光学通道，使得光学信号可以通过数据采集装置进行采集处理，比定容燃烧弹和快速压缩机更接近发动机实际工作过程。

按照光学发动机所开的石英玻璃视窗位置不同，有顶置、底置和侧置三种形式。

顶置视窗光学发动机将汽缸盖一部分改造成光学视窗，如拆除一个排气阀来观察汽缸内的工作过程。受汽缸盖上零部件布置限制，视窗尺寸不能过大，视野受到限制，只能看到半个汽缸内的喷雾燃烧状况。

底置视窗是在原机活塞上连接一个加长活塞，顶部完全换成石英玻璃，中下部开槽，插入一个45°反射镜，这样从燃烧室底部即可观察汽缸内喷雾燃烧过程[81-83]（图4-6-10）。这种结构出于安全性及固定方便的考虑，视窗往往低于安装视窗的活塞头部，因此当活塞位于上止点附近时会存在视觉盲区，无法观测汽缸边缘的近壁区域。

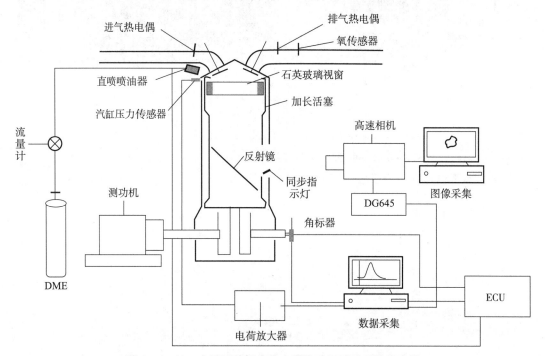

图4-6-10　底置石英视窗的光学发动机试验系统示意图

视窗侧置式光学发动机在汽缸壁面加工出光学通道，或者采用全透明汽缸，从侧面对缸内进行观测（图4-6-11）。第一种方式由于视窗尺寸相对较小，可以观察的范围受到限制，但可以承受较高的缸内压力和热负荷。全透明汽缸视野开阔，但受材料强度限制，多用于非燃烧情况，如气流运动和喷雾混合等方面的研究，或者用于汽油机这种燃烧不太剧烈的情况。侧置式视窗可以和顶置或底置视窗相结合，实现多种光学布局，以获取更为丰富的信息。

某发动机光学发动机试验系统示意图如图4-6-12所示。试验用的光学单缸发动机的测控平台包括光学单缸发动机、电力测功机、油水恒温控制系统、高压供油系统、时序控制单元、LED光源、高速摄像机等[84-85]。

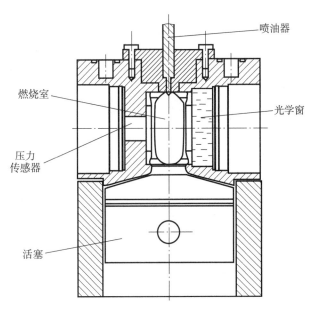

图 4 - 6 - 11　侧置石英玻璃视窗示意图

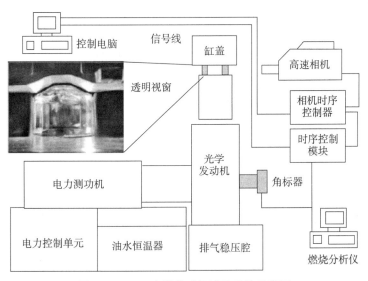

图 4 - 6 - 12　光学发动机试验系统示意图

　　在提高光学发动机工作负荷方面，主要采用蓝宝石视窗和跳火功能两种措施。由于蓝宝石硬度极高，力学性能好，耐高温能力强，但成本高；跳火功能是让光学发动机在两个着火的循环之间增加若干个不着火的循环，来降低光学视窗的热负荷。

　　在光学发动机上，可以采用多种光学测试方法对流动、喷雾、混合、燃烧和污染物生成过程进行研究。德国亚琛工业大学采用4台相机搭建的层析粒子图像测速系统，在1台汽缸内直喷汽油光学发动机上获取缸内三维流动信息全场，为组织油气混合过程提供参考[86]（图 4 - 6 - 13）。

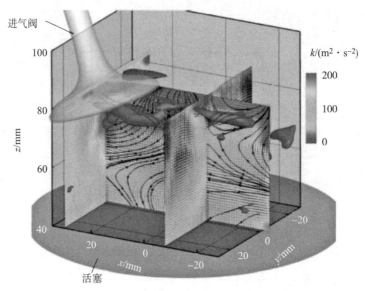

图 4-6-13　光学发动机汽缸内三维流场（见彩插）

4.6.2　部件性能试验

现代内燃机基本由三大机构和 5 个系统组成，即曲轴连杆机构、联动机构、气体分配机构，以及供给系统、润滑系统、冷却加温系统、空气启动系统和增压系统等部分。每一部分都对内燃机的性能有着或轻或重的影响；每一部分都是一套复杂机构或系统，由许多的零部件组成，对于那些对内燃机的性能和结构起着关键作用的主要零部件，需要对其性能或强度进行试验。

作为发动机中结构最复杂、热负荷最高的零部件之一，汽缸盖的温度分布很不均匀。缸盖火力面构成发动机燃烧室的顶部，直接与高温燃气接触，受到高温高压燃气的周期性冲击；水腔壁面与冷却液直接接触部位温度较低，这种温度分布的不均匀以及大的温度梯度导致了缸盖很大的热应力和热变形，工作环境恶劣。作为发动机中的典型零件，对缸盖的温度场和冷却水道流场的有关试验做简单介绍。

1. 汽缸盖的温度场试验

目前，汽缸温度常用的测试方法有硬度塞法和热电偶法，红外测温仪和红外热像仪在汽缸温度测量中也有使用。

硬度塞测温法加工工艺简单，但只能对测点的某一工况最高温度进行测量，所以硬度塞测温法适用于稳定工况下活塞温度测试。

由于某些金属在受热后会产生永久性的硬度变化，这种硬度的最后变化取决于它所受的最高温度和在此温度下的延续时间，如果延续时间一定，则可建立温度与硬度的关系曲线，然后按测定的硬度值找出相应的温度。硬度塞测温法就是利用某些金属所具有的这一特性来测试温度[87]。硬度塞法属于间接测量方法。

任意两种不同温度、互相接触的物体必然会发生热交换，直至两者温度相同为止。热电偶是根据"热电现象"，即将温度变化转化为电动势变化的原理所制成的测温元件。利用热电偶测温可以实现温度的连续测量、多点测量、远程测量与自动控制，通过搭建规模化测试程序系统，可以实现温度测试的自动化和集成化。热电偶测试技术可以实现间接测量环境恶劣的火力面的温度，通过测出距离火力面不同距离测点的温度计算出温度梯度，进而可以推算出火力面的温度[88]。

利用测定物体辐射能的方法测定温度，在测量中几乎不受材料性质的影响，不破坏被测介质的温度场，动态响应好，测量范围大，典型的有红外测温仪与红外热像仪[89]。但是，相比红外测温仪只能测量单测点的温度，红外热像仪还可以测量被测物体的整体表面连续的温度分布，得到物体发射的红外辐射通量的分布图像，即热像图。

由于内燃机的汽缸盖上布置了很多的冷却水通道及进排气门、喷油器等，可用来布置温度传感器的空间很小，故测量汽缸盖温度场前，传感器的布置是需要重点考虑的。

为了研究缸盖上的温度分布情况，应尽量多布置温度测点，以便深入了解汽缸盖上的热负荷，从而为进一步强化燃烧提供理论依据。

图 4 - 6 - 14 所示为某单缸柴油机采用热电偶测量汽缸盖的传感器测点[90]。

图 4 - 6 - 15 所示为某单缸柴油机采用热电偶测量双气道汽缸盖的传感器测点[91]。

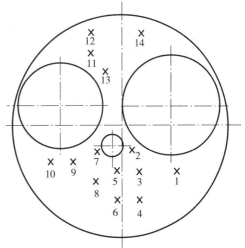

图 4 - 6 - 14　单缸汽缸盖热电偶测量布点

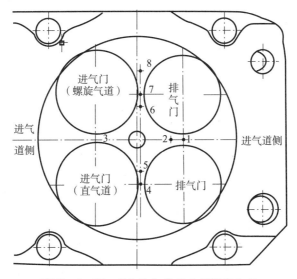

图 4 - 6 - 15　单缸汽缸盖热电偶测量布点

文献［87］为了便于分析和评估卧式柴油机汽缸盖温度场的分布情况和冷却水的冷却效果，采用硬度塞和热电偶试验测试汽缸盖火力面和水腔底面关键点的温度场，采用热电偶温度传感器、压力传感器和流量传感器测试冷却水流动情况。其在双缸柴油机每一个汽缸盖火力面布置了 37 个硬度塞测点，两个汽缸中间区域分布了 3 个测点（图 4 - 6 - 16）。

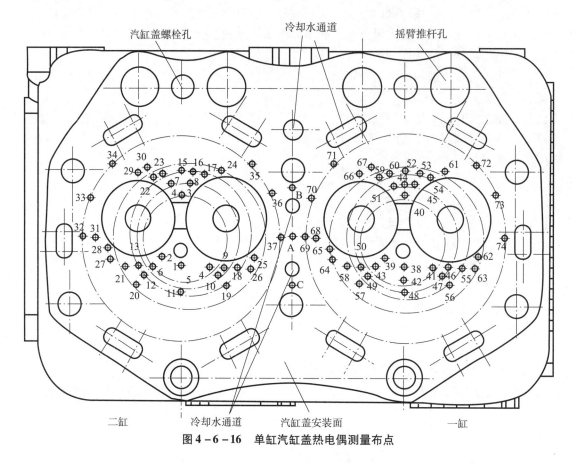

图 4 - 6 - 16　单缸汽缸盖热电偶测量布点

为了能够研究火力板上、下部分之间的温差，在汽缸盖地板上部冷却水接触面布置 5 个热电阻传感器测量温度（图 4 - 6 - 17）；为了研究汽缸盖的冷却效果，在标定工况下测试了冷却水流动情况，分别在汽缸体公共水腔的入水孔、汽缸体上水孔、汽缸盖上水孔处布置了压力和温度传感器，研究某单缸柴油机采用热电偶测量双气道汽缸盖的传感器测点。

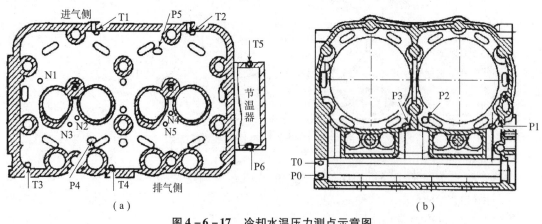

（a）　　　　　　　　　　　　　　　　　（b）

图 4 - 6 - 17　冷却水温压力测点示意图

（a）汽缸盖图；（b）汽缸体图

文献 ［88］对某单缸风冷汽油机汽缸盖进行温度场测量，其试验系统原理图如图 4 - 6 -18 所示。采用镍铬 - 镍硅热电偶来测试汽缸盖火力面的温度；采用红外热像仪获取汽缸盖的表面温度图像，对难以测量位置的表面温度，采用红外测温仪配合补点。

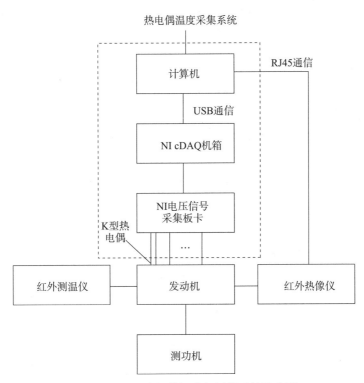

图 4 - 6 - 18 汽缸盖温度场测量系统示意图

2. 汽缸盖冷却水道试验

发动机冷却水的多少及分布直接影响到发动机的经济性与机器的正常运行。水量过多，虽然可以使汽缸头及有关零部件得到足够的冷却，但却过多消耗了冷却水泵的功率，并且冷却水带走了更多的可利用能，也影响了润滑油的特性，不利于发动机的正常运行；冷却水过少，水温过高，使汽缸头及有关零部件得不到足够的冷却，影响使用寿命[92]。所以，适当的冷却水量及合理的流场分布是发动机研发中的重要一环。必须对水道进行精确的测量，获取相关的试验数据，以反映冷却液的真实流动情况，为数值模拟提供可靠的验证数据。由于缸盖几何尺寸小、内部空间复杂，对冷却液的流动情况很难进行直接的测量，目前采取的方法主要有二维激光多普勒测速仪（LDV）和粒子图像速度场测量技术（PIV）两种方法[93]。

1）LDV 测试冷却水道

某缸盖水套的 LDV 流场测试系统如图 4 - 6 - 19 所示[94]，主要由有机玻璃汽缸盖模型、水箱、循环水泵、压力表、流量计和激光多普勒测速仪构成。汽缸盖冷却液由水箱进入输水管道后进入汽缸盖进水口，经过冷却水腔后由出水口直接回到水箱，反复循环。在冷却液循环过程中，利用激光多普勒测速仪对缸盖水套内的三维流场进行测量。

试验采用五光束三维氩离子激光多普勒测速系统进行测试，系统见图 4 - 6 - 20。该系

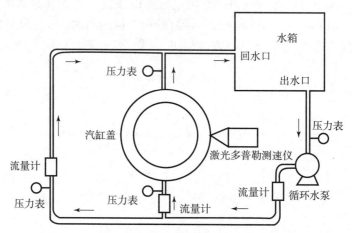

图 4 – 6 – 19　LDV 缸盖水套流场测试系统示意图

统主要由氩激光器、分光系统、光信号发射接收探头、光电倍增管、BAS 信号处理器、三维坐标架、激光器冷却系统、控制计算机等部分组成。采用纯水作为流动介质，其中添加微量的空心玻璃珠（密度 $1.05 \sim 1.15$ g/m^3，粒径 $8 \sim 12$ μm）作为 LDV 示踪粒子，其体积分数约为 0.01%，该粒子的跟随性较好，对流场的影响可忽略不计。试验中，激光集合光线的轴线与光学玻璃垂直。每个测量点取 2 000 个样本点，采样时间为 20 s。

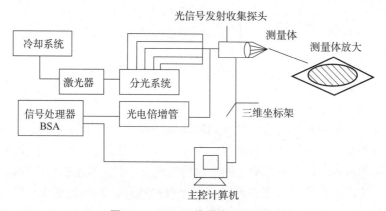

图 4 – 6 – 20　三维激光测速系统

　　LDV 属于光学测试，被测量部位必须透光。测量缸盖采用透明有机玻璃制成。一般缸盖火力面附近要求有较高的冷却液流速，尤其是鼻梁区和排气门周围的水套。为此，选定了图 4 – 6 – 21 所示 5 个虚线框指示的测试位置。在每一个测试位置，按照图 4 – 6 – 22 所示的测试截面逐一选取。每个测试横截面的选取是以汽缸盖火力面为基准，向下取 20 mm（$z = 20$ mm）作为第 1 个测量截面，其他四个截面分别为 $z = 25$ mm、30 mm、35 mm、40 mm。

　　某 CA498 柴油机冷却水流 LDV 测量系统如图 4 – 6 – 22 所示，测量仪器采用天津大学内燃机燃烧学国家重点实验室的双色三光束二维氩离子激光多普勒测速系统。试验采用水作为冷却介质，利用水中的杂质作为示踪粒子。

　　氩离子激光器发出的合成光束进入光机系统后分成两束：一束经光程变化输出；另一束

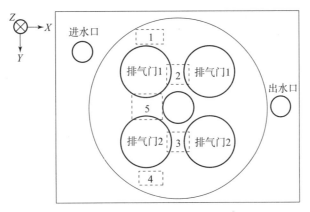

图 4 – 6 – 21　LDV 试验测试位置

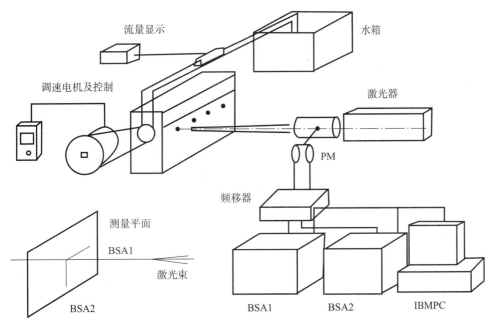

图 4 – 6 – 22　汽缸盖冷却水流场采集系统示意图

经布拉格盒光学频移和分色分离器分成绿光和蓝光。由蓝光、绿光和合成光组成的三束光线在透镜（$f=600$ mm）前焦点处相交形成测量点（探测区域）。绿光与合成光形成的交点测量水平方向的速度，蓝光与合成光交点测量垂直方向的速度。测量平面与激光光轴垂直，可以测量速度大小和自动辨别方向。

当测量流场某点的速度时，光束通过设计的透明窗口在被测流场内相交形成测量点。微粒散射光的多普勒频移向后返回被 LDV 光机系统接收，通过光电倍增管（PM）转换成电信号，经频移器、信号处理器 BSA 和计算机处理得到测量点的二维瞬时速度、平均速度、标准差和紊流强度。

测试结果和计算流体动力学（CFD）仿真分析结果对比如图 4 – 6 – 23 所示。

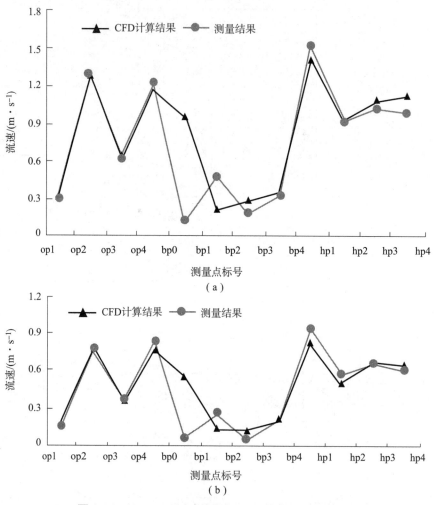

图 4 - 6 - 23　LDV 测试结果和 CFD 仿真分析结果对比
（a）流量 163 L/min；（b）流量 100 L/min

2）PIV 测试冷却水道

PIV 汽缸盖冷却水测试系统如图 4 - 6 - 24 所示[95]，由改造光学玻璃视窗的汽缸盖试验件、粒子图像测速仪（PIV）、示踪粒子投放装置、循环水泵、水箱、压力计和流量计等组成。冷却液由循环水泵自水箱抽出，经过示踪粒子投放装置，进入缸盖试验件，最后回到水箱，反复循环。在循环过程中，利用 PIV 对汽缸盖水套内的流场进行测量。

试验采用 LaVision 公司 PIV 系统，包含激光器、相机、同步控制器、片状激光成型器、激光光导壁和计算机工作站等。

根据试验件结构特点，试验对水腔内平行于侧壁的流场截面进行测量。电荷耦合器（CCD）相机固定在正对试验件侧壁视窗的位置，CCD 相机中心与侧窗中心重合。激光器安装在试验件上方的位移机构上，激光器产生的片光平面垂直于水腔底部火力面，并与侧窗所在平面平行。位移机构能够使片光平面在两侧窗之间进行移动，以照亮不同位置的截面进行测量。

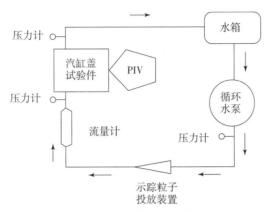

图 4 - 6 - 24　PIV 汽缸盖冷却水测试系统示意图

由于 PIV 设备不能直接测量流体速度，而是通过测量流体中示踪粒子的速度而间接测出流体速度，因而试验过程中需向流场中添加合适的示踪粒子。试验采用氧化铝粉末作为示踪粒子，粒径小于 20 μm，密度为 1.05×10^3 kg/m³，折射率为 1.33，该粒子为表面光滑的白色颗粒，跟随性较好，对流场的影响可忽略不计。

图 4 - 6 - 25 所示为冷却水流量为 41.5 L/min 时的详细测量结果，只列出了速度场合涡流场。从图可以看出各位置的流速分布，还可以截取某个界面上的流速分布。

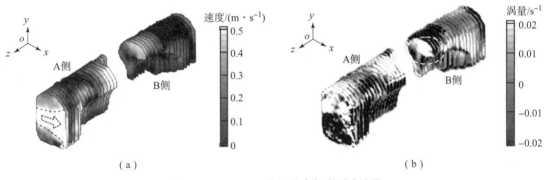

图 4 - 6 - 25　PIV 汽缸盖冷却水测试结果

(a) 速度场；(b) 涡量场

采用 PIV 测试汽缸套水流场的试验系统基本相同。图 4 - 6 - 26 所示为另一种发动机汽缸盖冷却水流场的 PIV 测试系统[96]。汽缸盖材料为透明且透光率好的 PMMA。

冷却系统台架包括水泵、变频器、汽缸盖、机体、流量计、水箱以及管道，其中用变频器控制水泵流量。

PIV 系统包括激光器、同步器、计算机、CCD 相机。

试验采用二维 PIV 测试系统，主要由光源系统、图像采集系统和图像分析系统组成。试验使用 Vlite - 200 激光器，采用平凹稳定腔技术，输出激光光束均匀。激光器输出波长为 532 nm，输出能量为 200 mJ，脉宽 8 ns，发散角 3 mrad，试验使用相机为 4MP - LMS 相机。在试验前，对示踪粒子和激光频率进行匹配试验。失踪粒子选择聚酰胺，粒径 20 μm，激光

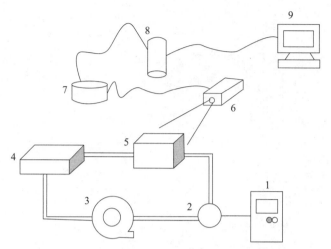

图 4 – 6 – 26　柴油机冷却系统及 PIV 测试系统组成
1—变频器；2—流量计；3—水泵；4—水箱；5—发动机；
6—激光器；7—控制器；8—CCD 相机；9—计算机

频率为 15 Hz。激光器两次曝光脉冲下，CCD 相机记录两组测试图片。对拍摄图像进行处理，采用自相关技术根据两次脉冲下粒子的位移即可以得到柴油机缸盖拍摄区域的流场分布情况。

4.6.3　故障验证试验

柴油机作为一种动力强劲、结构复杂的动力装置，系统或部件在工作过程中就会发生各种故障。目前，无论是军用柴油机追求高功率密度，还是民用车辆发动机追求高燃油经济性和低排放，越来越多的发动机采用各种强化技术，如增压直喷技术等，来提高发动机性能，这也就使发动机承受了更高的负荷，发动机发生故障的概率更高。

发动机典型故障主要有烧机油、气门密封不良、凸轮轴组件磨损、汽缸盖裂、活塞磨损、活塞熔顶、汽缸组件磨损过大、油底壳裂等。

发动机的燃气做功在汽缸盖、汽缸套和活塞行程汽缸内完成，活塞和汽缸盖需要承受非常高的温度和压力；活塞与连杆、曲轴等形成曲柄连杆机构，将活塞的往复运动输出为旋转运动。柴油机工作过程中，活塞一方面承受燃油燃烧过程中产生的高温高压气体作用；另一方面承受高速往复运动产生的惯性力、侧向压力和摩擦力等周期性的机械负荷作用，会产生多种故障。本节仅对活塞的故障以及试验做简单介绍。

1. 活塞的典型故障

活塞是柴油机中最重要的零件之一，一旦它出现失效，轻则影响性能，重则造成柴油机丧失工作能力。活塞典型故障形式有以下几种[97]。

1）熔顶

活塞熔顶失效主要是因为活塞顶部局部过热引起温度超过活塞材料的熔点而导致的，表现为活塞顶部出现严重缺失和变形[98]。

活塞熔顶是一种故障现象，可能引起熔顶故障的原因如下：

（1）机油冷却喷管堵塞或断裂，引起活塞冷却不畅；

（2）活塞含有气孔、夹渣、疏松、微裂纹等铸造缺陷；

（3）喷油器出现雾化不好、滴油等工作不良现象，造成活塞局部温度过高；

（4）水流量不够导致散热不良，活塞长时间处在高温状态。

其中的每一条原因，都可能引起活塞熔顶；每一条原因，也可能是由于其他的因素引起，在故障分析时，要找出最根本的原因。

2）开裂

活塞开裂表现为在活塞的某个方向上出现裂纹，此类失效主要原因有两个：

（1）活塞铸造含有缺陷，氧化皮的厚度超过了允许值；

（2）外部颗粒进入缸内，造成活塞顶面凹陷，从而产生应力集中引起裂纹。

3）顶面点蚀

活塞的顶部有很多深浅不一的大小凹坑，部分凹坑中还镶嵌着金属类颗粒。通常异物可能来自杂质随气流经气道进入燃烧室和气门碎片落入燃烧室。

4）气门打顶

在活塞的顶部表面可以看到清晰的活塞撞击留下的压痕，该失效形式一般为活塞的早期失效，产生的主要原因如下：

（1）正时相位发生变化，导致气门开启时间变化；

（2）气门间隙发生变化；

（3）轴瓦磨损严重导致活塞行程变化，活塞运行至上止点时凸出量变大；

（4）凸轮轴与轴座间隙过大，导致气门升程变大。

2. 活塞的温度场试验

对于发生的活塞故障，需要进行故障分析，必要时进行理化分析，对每一条可能的原因进行分析、排除或确认。对于能够故障再现的进行再现试验。各种针对性的试验需要根据不同的试验目的而设计。例如，如果怀疑活塞熔顶故障是温度超高引起，那么在确认故障原因再现时，开展活塞温度场试验。

1）活塞的温度场测试方法

内燃机活塞温度的测试方法大致可分为两类，即非电测法和电测法。非电测法主要包括常规的硬度塞法、残留硬度法、易熔合金法、示温涂料法等；电测法主要包括热电偶法、电磁感应法、红外无线遥测法等。常规的非电测法虽然简单可靠，但是每次只能测量一个稳态的工况，测量精度也不高，不能实现在线测量；电测法虽然测量准确，但是目前尚不成熟，仍存在一些问题，还有待进一步的发展[99]。

（1）硬度塞法。硬度塞法主要是利用经过淬火后的某些金属材料在受热后产生永久性硬度变化的性质来测量温度。该测试方式精度（5～25℃）与硬度塞材料的均匀性、热处理工艺及控制等均密切相关，人为的操作误差影响也较大，需要有一定经验的专业人员来操作，硬度计上测定刻痕长度的光学计量精度也有一定影响。硬度塞法在前面的汽缸盖温度场测试中介绍过。

（2）残留硬度法。残留硬度法主要是利用铝合金在高温状态下硬度降低现象，直接进行活塞温度分布测量，这是应用硬度法测温度的简易原理。此种方法测量精度更低，不适用于测量活塞温度的绝对值，但它却是测量活塞温度分布的较好方法。

（3）易熔合金法。易熔合金法的原理是利用纯金属或共晶转变的各种不同成分的合金有不同熔点这一物理特性进行试验。为了能较准确地测出测试部位的温度，应在待测部位装入能包含该温度的几个相连续温度的易熔合金丝。

（4）示温涂料法。示温涂料法是利用某些物质在不同的温度下能够发生颜色变化的化学特性进行测量的，用作温度测量的涂料其颜色必须随温度上升而发生相应的变化，而当温度下降时不能再恢复原来的颜色，而且其变色前后的颜色容易区别，同时变色温度应尽可能是一些固定点而不是某一温度区间，以便确定温度值。该方法虽然理论上可行，但是在实际中很难找到可以较好地符合上述条件的示温材料，而且还有其他一些相关的问题需要解决，因此在实际的活塞温度测量中很少使用这一方法。

（5）热电偶法。热电偶法是把单根康铜丝焊接于制作的闷头上面压装在活塞的测量部位，使康铜和铝合金活塞本身组成非标准热电偶。热电偶测量方法具有动态响应速度快，可以测量变工况的活塞稳态的温度，精度高，还可布置多点测量的优点；缺点是结构较复杂，热电偶的附设结构动静滑片的支架、副连杆或四连杆机构对活塞的温度场有一定的影响。

（6）电磁感应法。电磁感应法是一种无接触的互感式测量方法，它是利用半导体和电感传导原理，将活塞上的测量值传给静止系统，作为温度传感器的半导体是负温电阻（也称热敏电阻），随着温度的增加其电阻值急剧减小。

电磁感应法的测量精度介于硬度塞与热电偶之间，可以多测点测量，可靠性高，累计误差不超过6℃，温度测量范围广（-30~400℃），适应于统一控制，有利于数据采集。每一个测点都要有一对互感线圈，测点的增加导致要求机体有较大的布置空间。

（7）无线遥测技术。无线遥测技术通过运动的发送器把测量的温度信号传送到发动机以外的接收机，该技术包括测量传感器、负温电阻、转换发射装置、幅频转换器、发光二极管和电池组、接收装置、硅光二极管、比较仪和频幅转换器。该技术的测量精度高；但是此方法造价极高，而且使用寿命短，很难广泛推广。

还有一种方法称为存储式活塞温度测量方法，测试装置包含温度传感器、巡弋开关和数据存储模块。巡弋开关模块和数据存储模块由耐高温绝缘胶封装，固定在活塞销座上，内部含有实时时钟芯片、数据存储器和电池等元件。在试验时，该装置能记录和存储所测活塞温度数据和时间等信息[100]。试验结束后，打开发动机，再读取数据。

2）活塞温度场测点布置

对活塞特征测点平均温度的分析，要尽可能全面地反映活塞的真实温度，应使每一个测点都具有代表性，尽量减少测点个数，降低安装难度。局部特征测点的真实温度是进行分析的依据，因此，特征测点的布置要有封闭性、均匀合理性。考虑到活塞顶部与燃烧室、进排气门处的温度差较大，活塞各测温点布置如图4-6-27所示[101-102]。如果在故障验证试验中需要重点关注某点温度，则需要在该位置布置测温点。

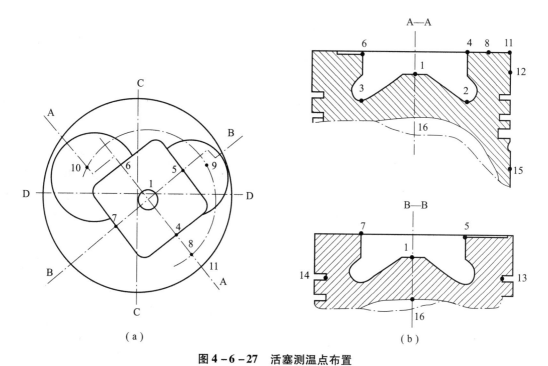

（a）

（b）

图 4 - 6 - 27 活塞测温点布置

（a）活塞顶面测温点布置；（b）活塞侧面测温点布置

第 5 章
传动系统与部件试验

坦克装甲车辆传动装置连接发动机和行动装置，是实现坦克装甲车辆各种行驶及使用状态的装置。其功用是：将发动机发出的功率传递到行走装置；根据行驶地面条件来改变坦克装甲车辆牵引力和行动速度；传递转向功率；使车辆具有空载启动发动机、直线行驶、左右转向、坡道驻车、倒向行驶、随时切断动力等功能，同时也可以输出部分功率去驱动空气压缩机、冷却风扇、辅助油泵等；具备水上行驶功能的车辆，传动系统还输出动力给水上推进器，工程车辆的传动系统还输出动力给作业机构。

车辆传动系统性能对于车辆的动力性、燃油经济性及可靠性有重要的影响。性能试验是试验装备或部件是否达到设计要求的工作性能，对传动系结构和零部件的性能、寿命等进行测试和分析，为产品设计与质量评价提供可靠的科学依据，利于缩短装备的开发周期和提高装备质量。车辆传动系统的试验主要有道路行驶试验和台架试验。道路行驶试验结果易受人为因素影响，试验成本高，周期长；传动系统台架试验可以通过试验装置模拟传动系统实际运行的各种工况进行加载，试验台布置灵活，受人为和环境因素影响小，能够为传动系统的开发、理论研究、产品出厂测试以及故障诊断提供强有力的支撑，缺点是不能完全模拟实际工况，与实际工况有一定的差距。

5.1 传动系统评级评价指标

目前，坦克装甲车辆上的传动装置不尽相同，有离合器、变速箱、行星转向机式的单流传动装置，也有集变速、转向机构为一体，集液力技术、液压技术、行星传动技术、自动变速技术为一身的综合传动装置。传动装置种类多样，但传动系统实现的功能都是一样的。可以按照实现的功能要求，建立传动装置的评价指标，如图 5 - 1 - 1 所示。

5.1.1 动力性指标

传动系统动力性指标是表征传动装置传递功率能力的大小，一般用传递功率、最大输出转速、0 ~ 32 km/h 加速时间、传动比范围等表征。

1. 传递功率

传动系统的传递功率是指能够与发动机匹配工作，传递的发动机额定功率的大小。传动功率的大小与整车的吨位密切相关，并且与车辆达到的最大车速和实现爬上的最大坡度有关。

2. 最大输出转速

传动系统的最大输出转速是指最高挡最大功率点所对应的输出转速，常常与整车最大车

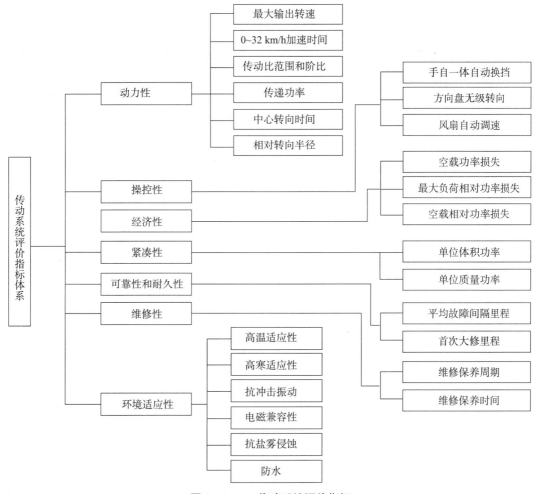

图 5 - 1 - 1　传动系统评价指标

速相对应。

3. 0 ~ 32 km/h 加速时间

加速性一般用车辆的起步加速性能来描述。加速时间是指车辆在战斗全重和在一定的路面条件下，从原地起步开始，连续换挡加速到 32 km/h 所用的时间。现役世界先进主战坦克 0 ~ 32 km/h 加速时间为 5.5 ~ 7 s。

传动系统的加速性能，在台架上试验，需要配置整车转动惯量和地面阻力，测定传动输出速度从 0 到 32 km/h 时所对应的输出转速的最短时间。

4. 传动比

传动系统的最大总传动比和最小总传动的比值称为坦克装甲车辆的传动范围，即

$$d = \frac{i_{\max}}{i_{\min}} = \frac{v_{\max}}{v_{1\max}} \tag{5.1.1}$$

式中　$i_{\max}$——传动系统最低挡总传动比；

　　　$i_{\min}$——传动系统最高挡总传动比；

$v_{\max}$ ——最高车速;

$v_{1\max}$ ——1 挡最大车速。

一般情况下,当前传动装置的传动范围都在 6.4 以上。

随着车速的不断提高,现代坦克前进挡的挡位数一般为 5、6 或 7。

5. 中心转向时间

目前,履带装甲车辆普遍采用零差速双流转向形式,中心转向时间是转向性能的重要指标。

在试验台架上,可以通过测得两侧输出转速来计算中心转向时间。

5.1.2 操控性指标

传动系统操控性指标表征传动装置操控先进性,一般用手自一体自动换挡、无级转向、风扇自动调速等表征。

1. 换挡性能

换挡性能是传动系统的重要评价指标。目前,主流先进坦克一般都具有手自一体自动换挡功能,具有有手动模式和自动模式两种设置。

液力变矩器解闭锁本质上也属于自动换挡功能的一部分,也是传动系统操控性能的衡量因素。

换挡品质也是换挡的重要指标,主要用换挡时间和换挡冲击来评价。

2. 无级转向

无级转向是指通过方向盘转动带动操纵机构控制传动装置的转向执行机构,实现转向半径的连续变化。

3. 风扇自动调速

风扇自动调速是指动力舱的冷却风扇能够根据发动机水温、传动装置等参数的变化,根据一定的控制策略自动控制风扇的转速,从而达到动力舱发热量和散热量自动匹配的需求。

5.1.3 经济性指标

经济性指标是表征传动装置传递功率损失的大小,一般用空载功率损失、最大负荷相对功率损失、空载相对功率损失等表征。

1. 空载功率损失

传动系统空载功率损失是指传动系统在一定输入转速和油温的工况下,无输出功率,传动消耗的功率。传动装置的空载功率损失一般用最高挡、最高输入转速和油温 90℃ 左右时的功率损失值来表征。

2. 最大负荷相对功率损失

最大负荷相对功率损失是指按照传动系统能够传递的发动机额定功率条件下,传动输入功率和传动输出功率之差与传动输入功率之比。目前,传动系统最大负荷相对功率损失在 15% 以下。

3. 空载相对功率损失

空载相对功率损失是指传动系统在最高挡和额定输入转速条件下的空损值和能够传递的

额定功率之比。目前，传动系统的空载相对功率损失在 15% 以下。

5.1.4　紧凑性指标

传动系统的紧凑性指标用来表征传动系统的功率密度，一般用单位体积功率和单位质量功率来表征。

1. 单位质量功率

传动系统单位质量功率是指传动装置传递的发动机标称额定功率与传动装置质量之比，又称为质量功率密度。目前，传动系统的质量功率密度都在 450 kW/t 以上。

2. 单位体积功率

传动系统单位体积功率是指传动装置传递的发动机标称额定功率与传动装置体积之比，又称为体积功率密度。目前，传动系统的体积功率密度都在 900 kW/m³ 以上。

5.1.5　可靠性和耐久性指标

传动系统的可靠性和耐久性指标是指传动系统在设计规定的使用条件下持续工作的能力。在我国，可靠性和耐久性指标通常以在保证期内传动装置平均故障间隔里程、首次大修里程来评定。

1. 平均故障间隔里程

传动系统平均故障间隔里程一般是指传动系统在使用期限内，发生主要故障与前一次故障的间隔里程（主要故障包括断轴、断齿、油压低）。

2. 首次大修里程

传动系统使用寿命用传动系统首次大修里程衡量，是指从传动系统开始使用到第一次大修前累计行驶的总里程（单位：km）。

传动系统大修一般需要更换包括变速机构的摩擦片、动密封、O 形圈等一个或多个传动系统主要内部构件。

传动系统首次大修里程普遍在 10 000 km 以上。

5.1.6　环境适应性指标

传动系统的环境适应性是传动系统在不同地理条件、不同气候条件下的工作能力。评价指标有高温适应性、高寒适应性、抗冲击振动等。

1. 高温适应性

传动系统高温适应性是指传动系统在高温条件下的工作能力。按照工作油温温度 125℃，温度达到平衡后保温 30 min，检查传动装置有无渗漏现象、各个传感器监控测点的参数是否发生异常。

2. 高寒适应性

传动系统高寒适应性是指传动系统在高寒条件下的工作能力。按照工作温度 −43℃，温度达到平衡后开展低温启动试验。

3. 抗冲击振动

传动系统需要开展抗冲击振动试验。把传动装置安装在振动台上，按照国军标规定的振动加载条件进行加载，检验产品抗冲击振动性能。

4. 电磁兼容性

传动系统含有较多的电子设备，在整车环境或者作战环境，电子系统工作容易受到干扰，必须开展电磁兼容性能相关试验。电子控制系统的电磁兼容性应满足 GJB 151A—97《军用设备和分系统电磁发射和敏感度要求》中相关要求。

5. 抗盐雾侵蚀

传动系统零部件、接插件、电子元器件都容易受到腐蚀环境的侵害，需要做抗盐雾侵蚀试验。

6. 防水

传动系统的电控系统应有良好的密封性，保证不进水，需要做防水试验。

5.2 传动系统试验台的基本组成

5.2.1 传动系统试验台的形式

坦克装甲车辆按照行走机构分为履带式和轮式两种，不同形式行走机构采用的传动形式也有区别，装备的部件也各有特点。

1. 履带式车辆传动系统形式

履带式装甲车辆的传动装置通常由变速机构、转向机构、液力或液压元件、机械或电液操纵系统、润滑与冷却系统及其他传动机件组成。各个功能部件按照不同的形式组合，可以获得不同的传动类型。

按传递功率机件的类型可分为机械式、液力式、液力机械式、液压机械式和电力无级调速式 5 种类型。机械式指的是功率的传递采用机械方式来完成，如齿轮传动、摩擦传动和链传动等，车辆传动中主要包括固定轴式和行星式机械传动装置；液力式指的是发动机全部输出功率都需要经过传动系统中的液力元件；液力机械式是液力元件仅传递部分功率，其余功率由机械机构、液压机构单独或联合传递；液压机械式是指发动机的功率分别经液压元件和机械机构传递；电力无级调速式是指发动机全部功率均由电力装置传递的传动装置[103]。

按照变速功率和转向功率的传递方式，传动可以分为单流传动和双流传动。

单流传动指履带式装甲车辆变速功率和转向功率串联传递的传动方式，变速机构与转向机构串联，发动机的功率先经过变速机构，再经过转向机构，最后传递到行动装置。图 5 - 2 - 1 所示为目前常见的带中央变速箱的单流传动形式。

双流传动指变速机构与转向机构采用并联方式，发动机的功率首先经前传动后分为变速功率和转向功率两路，然后在汇流行星排上汇合后再传递到侧减速器上的传动方式。双流传动装置通常由液力变矩器及前传动、变速机构、转向机构、汇流机构等集成于一体，称为综合传动装置，其传动系统示意图如图 5 - 2 - 2 所示。

双流传动装置按照两侧履带速度的变化关系可以分为独立式双流传动和差速式双流传动。按照两侧汇流行星排太阳轮和齿圈转速关系可分为正独立双流传动、零独立双流传动、正差速双流传动、零差速双流传动和负差速双流传动。

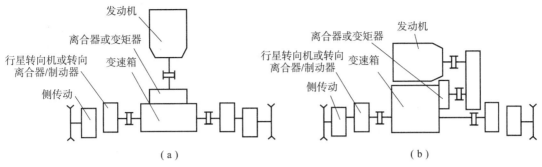

图 5 - 2 - 1　带中央变速箱的单流传动

（a）发动机纵置；（b）发动机横置

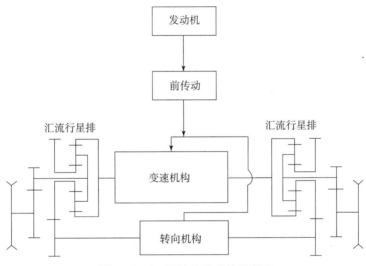

图 5 - 2 - 2　双流传动系统示意图

现在坦克装甲车辆传动部件主要包括综合传动装置、制动器、侧减速器以及综合传动装置内的变矩器、转向机构、变速机构、换挡离合器等，通过操纵装置，可实现车辆起步、行驶、转向、变速、制动、停车、倒车等。

2. 轮式车辆传动系统形式

本书中的轮式装甲车辆，主要指多轴驱动的轮式输送车、轮式步兵战车、轮式突击车、轮式侦察车等，不包括民用的轮式车辆。

现有装甲车辆动力传动部分的布置顺序，基本上保持着纵向布置的传统，即发动机、传动系统依次纵向连接，当发动机前置时传动系统就向后布置；当发动机后置时，传动系统就向前布置。

按照发动机位置的布置有发动机前置（图 5 - 2 - 3）、发动机后置（图 5 - 2 - 4）和发动机中置（图 5 - 2 - 5）。

现代轮式装甲车辆传动系统布置方案除了取决于发动机的布置外，主要取决于驱动轴的数目多少，车桥的形式还与悬挂形式有关。按照驱动轮数量，轮式装甲车辆可以分为 4×4、6×6、8×8、10×10 传动方案。

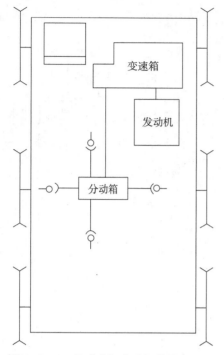

图 5 – 2 – 3　轮式车辆发动机前置布置图

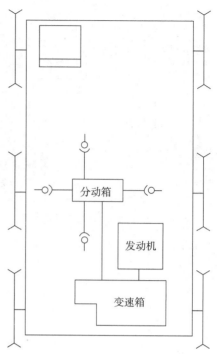

图 5 – 2 – 4　轮式车辆发动机后置布置图

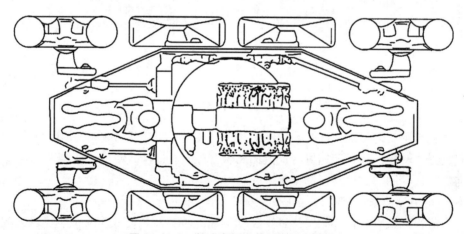

图 5 – 2 – 5　轮式车辆发动机中置布置图

　　4×4 双轴驱动装甲车的三种传动系统布置方案如图 5 – 2 – 6 所示。其中，（b）型与（a）型基本上是同一个类型的，不同点在于（b）型中具有轮边减速器。

　　6×6 三轴装甲车的三种传动系统布置形式如图 5 – 2 – 7 所示。其中，（a）型布置的中后桥采用并联传动；而（b）型则采用串联式传动；（c）型布置优点与图 5 – 2 – 6（c）型一样。

　　图 5 – 2 – 8 和图 5 – 2 – 9 所示为我国某步兵轮式战车、装甲输送车的 6×6 传动系统布置图。

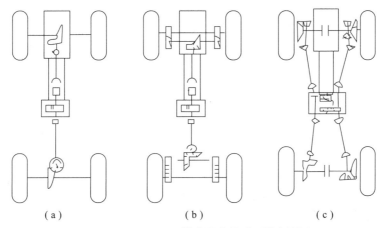

图 5 - 2 - 6　4×4 三轴装甲车传动系统布置图

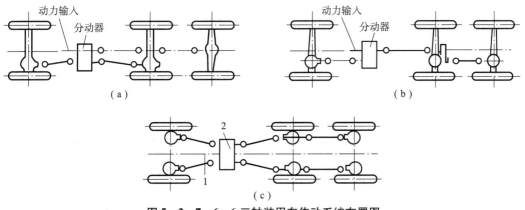

图 5 - 2 - 7　6×6 三轴装甲车传动系统布置图

（a）中后桥并联形式；（b）中后桥串联形式；（c）H 传动

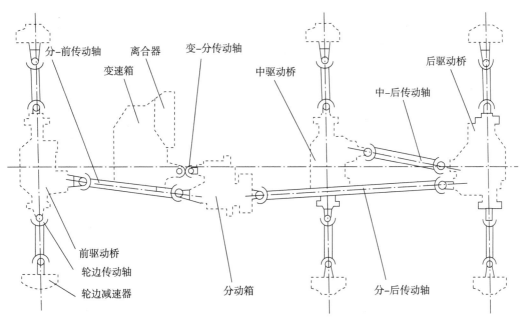

图 5 - 2 - 8　某步兵轮式战车传动系统布置图

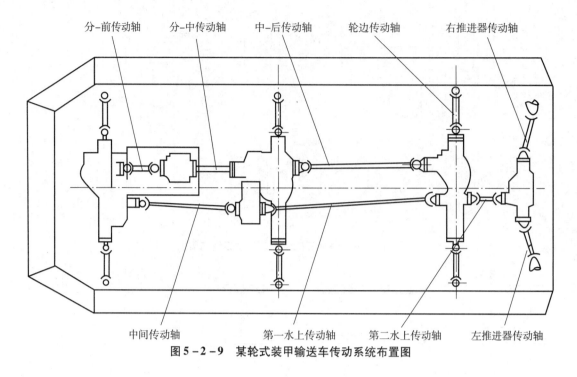

分-前传动轴　分-中传动轴　中-后传动轴　轮边传动轴　右推进器传动轴

中间传动轴　第一水上传动轴　第二水上传动轴　左推进器传动轴

图 5 – 2 – 9　某轮式装甲输送车传动系统布置图

8×8 四轴装甲车辆的传动形式，大体类似三轴布置，分为中央传动（图 5 – 2 – 10）和 H 传动（图 5 – 2 – 11）两种形式。

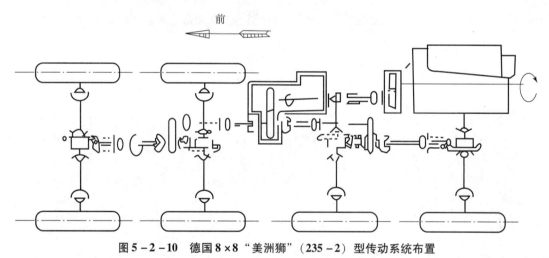

前

图 5 – 2 – 10　德国 8×8 "美洲狮"（235 – 2）型传动系统布置

传统的多轴轮式车辆采用中央传动方案，发动机动力先经变速后，经过分动箱传递给前、中、后桥差速器，再传递给两侧车轮，传动轴布置在车体中央，称为中央传动。

中央传动方案应用较多，车身较高，防护略差，主要用于各种二线车辆，如突击炮、火箭炮、自行榴弹炮等，也有轮式步兵战车采用此方案。

轮式车辆采用 H 传动的设计方案，发动机动力经变速后，由主差速器传动箱传到两侧，再分别传到两侧车轮，其传动形似 H 形，故称 H 传动。

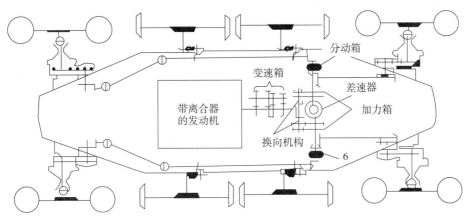

图 5 – 2 – 11　法国"潘那尔"8×8 装甲汽车传动系统布置

3. 传动系统试验台形式

通过上面分析，履带式车辆和轮式车辆传动没有本质的区别，许多试验台完全可以通用。对于履带式车辆的综合传动装置这种单输入双输出的传动部件，试验台上需要两个加载器。按照加载器的数量，坦克装甲车辆动力传动试验台按照布置形式可分为一字形布置试验台（图 5 – 1 – 12）和 T 形布置试验台（图 5 – 1 – 13）。

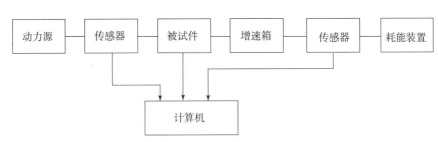

图 5 – 2 – 12　传动装置一字形试验台

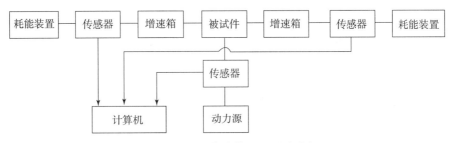

图 5 – 2 – 13　传动装置 T 形试验台

试验台采用一字形布置还是 T 字形布置，取决于试验台被试件的输出端数量。如离合器试验台采用一字形试验台，而综合传动装置性能试验台必须采用 T 形试验台。

按照能量传递方式，综合传动系统试验台分为开式试验台和闭式试验台[4,104]。

开式试验台即试验台的动力装置传给被试传动系统的功率，除被试传动系统和试验台传动损耗外，剩余部分由试验台的吸功装置转变为热能，有时也称为耗散型试验台。吸功装置可以是磁粉制动器、水力测功机、电力测功机、电涡流测功机或发电机等。开式试验台通用性好，试验条件与实际情况相同，适用于多种传动系统及其零部件的试验。但是，系统输入的试验功率几乎全部被加载装置以热或电的形式消耗掉，能耗很大，不宜进行大功率加载和疲劳耐久性试验，一般只适宜用作传动系统及零部件的性能试验。综合传动装置开式试验台如图 5 - 1 - 14 所示。

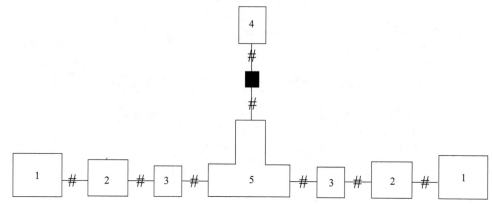

图 5 - 2 - 14　传动装置开式试验台

1—吸功设备（可用电涡流测功机或水力测功机）；2—增速箱；

3—扭矩仪；4—直流变速电机；5—被试传动系统

　　闭式试验台即试验台动力装置传给被试传动系统的功率，除被试传动系统及试验台传动损耗外，其余全部回收利用，所以节约能源。

　　闭式试验台分机械封闭式、液压封闭式、电封闭式几种。

　　（1）机械封闭式利用齿轮传动箱将加载功率封闭起来，在传动链中形成寄生功率，外部动力只负担机械摩擦和搅油等损失的功率。机械封闭式试验台最显著的优点在于节能。但是，由于增加了传动装置和伺服加载装置，组成相对较复杂，需陪试部件，在运转中改变载荷不易实现，力矩不易控制，试验性能不够稳定，通用性较差。机械封闭式试验台如图 5 - 1 - 15 所示。

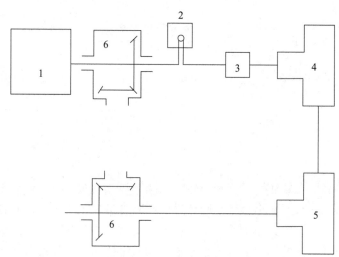

图 5 - 2 - 15　机械封闭式试验台

1—电机；2—加载机械；3—扭矩仪；4—被试传动系统；5—陪试传动系统；6—齿轮箱

履带式车辆在小半径转向时，一侧履带输出功率，另一侧履带吸收功率，要求综合传动装置的试验台加载元件能够实现转矩和转速四象限变化，马达组成的系统具备这种性质。图 5 - 1 - 16 所示为综合传动装置液压封闭式试验台，其通过"泵组 - 管路 - 马达机组 - 综合传动装置 - 泵组"构成闭式功率循环，满足履带式车辆直线行驶及转向性能试验的基本需要[106]。

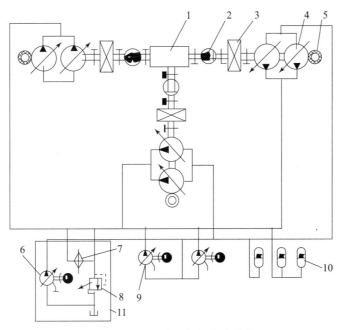

图 5 - 2 - 16　液压封闭式试验台

1—被试件；2—转矩传感器；3—传动箱；4—串联次级元件；5—转速传感器；6—补油泵；
7—散热器；8—安全溢流阀；9——次元件（变量油泵）；10—储能器；11—辅助油路部分

（2）液压封闭式通过液压泵和马达来进行功率封闭，马达作为动力，液压泵作为加载装置，可进行动态加载，而且反应较快。这种方式对液压泵、马达的性能要求较高，有液压辅助系统，占地面积较大，制造成本较高。

综合传动电封闭试验台在实现加载功能的同时能够实现发电的功能，发出的电力通过闭环系统提供给驱动端的电机或反馈给电网，以达到节能的目的。

（3）电封闭试验台有交流电反馈方式和直流电反馈方式两种。

图 5 - 1 - 17 所示为综合传动装置共直流母线电封闭式试验台，直流母线电封闭方式采用一个整流器将外部电网交流电转换为直流电供给直流母线，一台连接到该直流母线的直 - 交变频器驱动交流电机拖动综合传动装置。两台负载发电机反馈的电能以直流的形式反馈给直流母线，能量在系统内部循环，外部电网通过整流电路向直流母线提供少量电力，用于补充系统运行过程中的机械摩擦损失和效率损失。由于外部电网到直流母线间的能量只是单向传输，避免了发电机发电对电网的干扰以及并网发电对电气设备运行的同步同相要求的难题[106]。

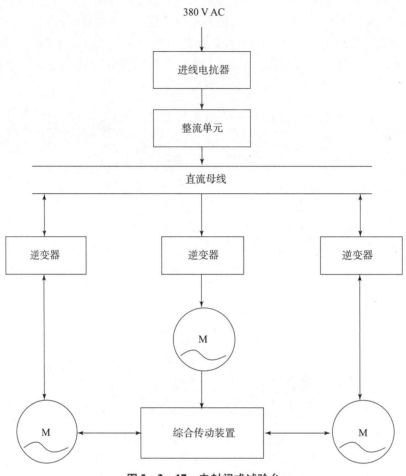

图 5 – 2 – 17　电封闭式试验台

5.2.2　传动系统的试验的目的

坦克装甲车辆传动系统部件种类很多，按照试验目的可分为性能试验和寿命试验、可靠性试验。性能试验主要测试性能参数，试验时间较短，主要用于研究、设计阶段。可靠性试验目的是发现产品在设计、材料和工艺方面的缺陷，确认是否符合可靠性定量要求，为评估产品的战备完好性、任务成功性、维修人力费用和保障资源费用提供信息。广义而言，寿命试验也属于可靠性试验，其主要针对具有耗损特性的产品，测定产品在规定条件下的寿命。

寿命试验与可靠性试验是在规定条件下进行长期试验，直到部件失效为止，主要用于工艺、生产阶段。前者适用于性能试验，后者适用于机械式传动部件的疲劳强度试验。

对于不同的传动部件或系统，试验具体目的如下[4]：

（1）测试传动部件性能及其参数，如摩擦系数、传动效率、空载损失等；

（2）测试传动部件承载能力、强度变形、疲劳寿命，如齿轮寿命、传动轴载荷等；

（3）测试传动部件噪声、振动、热负荷等；

（4）综合检查传动部件装配质量，作为生产过程部件的最后检验；

（5）测试操纵机构的工作性能，如换挡、转向等。

5.2.3　传动系统试验台的基本组成

传动系统试验台中，传动部件或传动系统为被试品，试验台的形式类似于传动系统或部件在车辆上按动力传递路线的布置，传动系统试验台基本形式如图 5 - 2 - 18 所示。传动系统包括动力及其控制系统、加载及其控制系统、机械支架及连接支承系统、散热系统、测控系统等。不同的试验对象，系统组成略有不同。

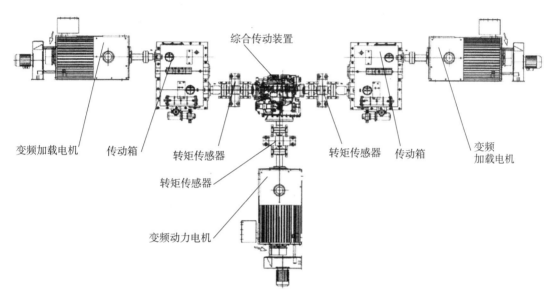

图 5 - 2 - 18　综合传动系统试验台基本形式

1. 动力及其控制系统

按照被试产品的试验内容和要求，需要选取不同的试验动力。图 5 - 2 - 18 所示为综合传动系统试验的常用形式，其可以完成被试综合传动装置的大部分试验。但是，对于综合传动装置的启动试验、换挡过程试验等，以电机为动力是不合适的，因为很难用电机来模拟发动机的动态特性。

常用的试验动力装置有发动机、液压马达、电机。

选择发动机作为试验台的动力源，其最大优点是对被试件的试验模拟与实车使用状况最为接近，发动机对综合传动装置实际工作过程中的转速、转矩波动等工作状态的反应更贴近实际应用，可进行各类工况下变速器的动、静态试验以及相关部件的匹配试验[107]。选择发动机作为动力源的试验台，发动机需要配备一系列的辅助系统，如燃油供给系统、机油供给系统、进排气系统、散热系统等，并且其结构形式一般为机械开式试验台。加载设备采用耗散式加载装置，造成能源浪费较大。图 5 - 2 - 19 所示为某液压机械无级综合传动系统试验台，履带式车辆综合传动系统试验台基本构成，驱动系统采用发动机，试验台为机械开式试验台。

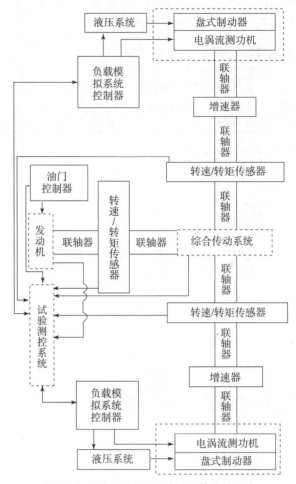

图 5 - 2 - 19　发动机驱动综合传动试验台

　　液压马达按其额定转速的高低可以分为高速液压马达和低速液压马达两种类型。高速液压马达具有转动惯量小、转速高的特点，可以方便地进行驱动和加载，而且速度调节及换向灵敏度高。低速液压马达的特点是排量大、体积大、转速低，低速液压马达不需要减速装置而可以直接和被试传动装置相连接，从而简化试验台结构。试验系统采用液压马达作为动力装置时，常用液压泵作为加载装置，通过液压回路将液压马达和液压泵耦合起来构成液压动力加载系统。由于液压马达需要配置相应的液压回路，液压回路的压力受到限制，因此在功率不高的试验台上可选择液压马达作为动力装置[4]。图 5 - 2 - 16 所示为液压封闭式试验台，可以实现小功率的综合传动装置的各种试验。

　　直流电机和交流电机都可以作为传动试验台的驱动单元。

　　直流电机按激磁方式不同可以分为并励、串励、他励和复励四种形式，实际应用中，为得到大的转速范围，常采用他励式直流电机。他励式直流电机的特点是转速可精确调节，在较大的转速、转矩范围内电机可以稳定地工作，电机的刚性大，随着转矩的变化，其转速变化较小；控制方便，可远距离对直流电机进行控制。但直流电机的工作需要有直流电源，需要有配套的直流发电机组或硅整流设备。

直流电机驱动可用直流调速器通过改变输出方波的占空比使平均电流功率从 0～100% 变化，从而改变电机速度。其大多采用脉宽调制（PWM）方式实现调光/调速，它的优点是电源的能量功率能得到充分利用，电路的效率高。

交流电机按转子形式的不同可以分为绕线式交流电机和鼠笼式交流电机。绕线式电机的特点是能够很方便地在转子回路中接入附加电阻，以改善电机启动性能，调节电机的转速。鼠笼式电机的优点是转子结构简单，而且制造方便，能够采用变频的方式对转速进行调节，但启动性能相比于绕线式电机较差。

交流电机可采用变频器和伺服控制器，应用变频技术与微电子技术的原理，通过改变电机工作电源频率的方式来控制交流电机的电力控制设备。使用的电源分为交流电源和直流电源，一般的直流电源大多是由交流电源通过变压器变压、整流滤波后得到的，交流电源占总使用电源的 95% 左右。图 5 - 2 - 20 所示为采用交流变频电机驱动的综合传动试验台[108]。

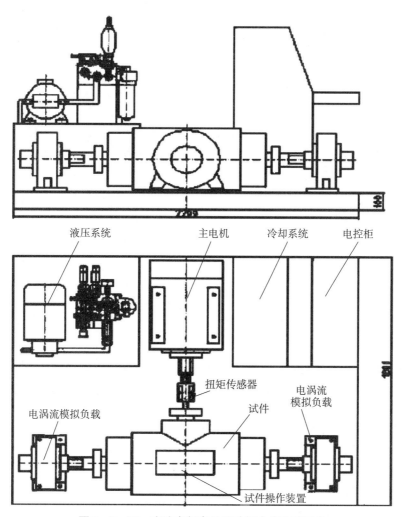

图 5 - 2 - 20　交流变频电机驱动综合传动试验台

以上几种动力装置在不同的传动系统试验台上均有应用，在实际中应根据试验台的要求以及购置价格的不同而采用合适的动力装置。由于电封闭式试验台在传动试验中具备非常优良的品质，驱动单元和加载单元是整体控制的，在加载部分再进一步介绍。

2. 加载及其控制系统

加载装置就是制动测功装置，包括测功机及其辅助系统，其主要吸收和测量驱动单元经传动系统传递过来的功率，以达到控制被试传动装置负荷与转速的要求。

按测功机传递力矩介质的不同，分为水力测功机、电力测功机、电涡流测功机、磁粉测功机、黏液测功机等，现在常用的是电涡流测功机和电力测功机。在第4章中，已经对各种测功机做了简单介绍，这一部分仅对电封闭传动系统的加载和驱动系统做介绍。

1. 共直流母线电封闭加载系统

履带式车辆用的综合传动装置，在车辆小半径转向时，低速侧履带吸收功率，高速侧履带输出功率。在试验台上模拟转向工况时，需要加载装置具备四象限工作能力，即低速侧测功机作为动力输出功率给综合传动装置，高速侧测功机作为负载吸收综合传动装置传递过来的动力。水利测功机、电涡流测功机、磁粉测功机、黏液测功机都不具备这种四象限工作的能力，电机和双向液压泵具备四象限工作能力。

由于内外侧功率的变化也同时导致驱动单元功率的变化，因此，综合传动装置在由直驶到转向的过程中，功率出现了较复杂的再分配，传统试验台模拟该工况具有很大的难度，特别是内侧履带要由直驶工况下的消耗功率连续变化到转向工况下的发出功率。这种性能试验需要试验台的测功装置既具有吸收功率，又具有发出功率的能力，并且从吸收功率转化为发出功率工况要可控，能根据具体履带车辆转向性能试验参数进行设定和调整。上述试验工况需要导致了执行元件的特殊性。另外，由于转向试验台的功率较大，应当采用闭式系统，执行元件把吸收的能量返回到另一个发出能量的执行元件，就可减少试验台的总输入能量，节约试验成本，减少试验费用。电机是实现试验台吸收功率到发出功率的转换和能量的回馈利用最为理想的动力元件之一。同时，电机和发电机性能可靠，维护简单方便，满足本试验台动力执行元件的性能要求[22]。

电机具有四象限工作的能力，如图5-2-21所示。变频电机在正转和反转的条件下都可工作于电动机工况和发电机工况，能完成发出功率和吸收功率的两种功能。这种四象限工作能力，可以满足吸收功率到发出功率两种工况的无停机转换。同时，驱动加载系统能把工作于发电机工况下的电能回馈到电动机工况，实现能量的闭式循环利用，减少试验过程中的用电量。综合传动装置的电封闭试验系统功率再生原理，如图5-2-22所示。

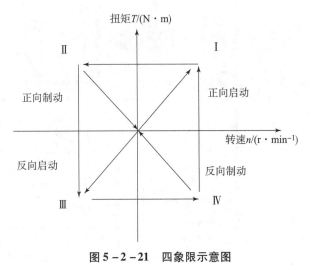

图5-2-21 四象限示意图

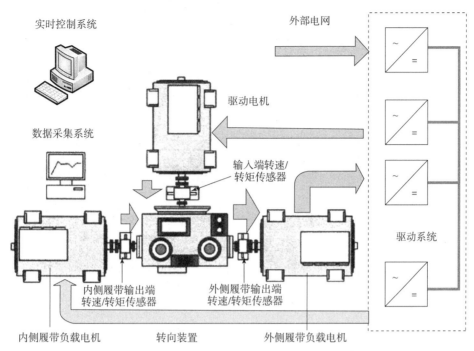

图 5 – 2 – 22　综合传动电封闭功率再生原理示意图

驱动电机为整个试验的动力头，模拟与被试件相匹配的发动机特性。动力头通过输入端转速/转矩传感器与被试综合传动装置的输入端相连。综合传动装置的输出端分别通过内外侧履带输出端转速/转矩传感器与内、外侧负载电机相连。内、外侧电机根据实时控制系统中控制模型的计算结果模拟转向过程中的内、外侧主动轮负载转矩，三台变频电机通过驱动系统组成电功率封闭系统。

电封闭试验台有直流电反馈方式和交流电反馈方式两种。

（1）直流反馈方式是由直流电机拖动综合传动装置带动发电机发电，发出的电再回送给直流电机驱动综合传动装置，完成电能封闭。外部电网通过整流电路将交流电转换为直流电，提供系统运行过程中的机械摩擦损失和效率损失。由于直流电机本身结构上存在机械式换向器和电刷这一致命的缺点，其逐渐被高性能交流调速系统所取代。

（2）交流反馈方式有两种，一是采用"变频器 + 交流电机"驱动试验综合传动装置，负载发电机发出的电能通过逆变器送回交流电网，实现能量反馈。此方案对电气设备运行同步、同相的要求较高，导致电气设备复杂，工作可靠性差，而且对公共电网造成污染，目前逐渐被基于直流母线的电封闭方式取代。

直流母线电封闭方式采用一个整流器将外部电网交流电转换为直流电供给直流母线，一台连接到该直流母线的直 – 交变频器驱动交流电机拖动综合传动装置，两台负载发电机反馈的电能以直流的形式反馈给直流母线，能量在系统内部循环，外部电网通过整流电路向直流母线提供少量电力，用以补充系统运行过程中的机械摩擦损失和效率损失[106]。

共直流母线电封闭系统由于外部电网到直流母线间的能量只是单向传输，避免了电机发电对电网的谐波污染，整个系统消耗电功率较小，可以降低整个试验台系统装机容量；实现电机到电机的制动而无须制动斩波器或能量回馈单元，同单台变频器传动比较，它有较小的安装尺寸和较经济的投资费用，减少了器件数量，提高了可靠性；节省了连线、安装和维护费用，减小了线电流并且简化了制动装置[109]。

共直流母线主要应用于多电机传动系统中，用于控制调速系统的高精度，并且提高能源的利用率。共直流母线综合传动装置电封闭试验台组成，如图5-2-23所示。

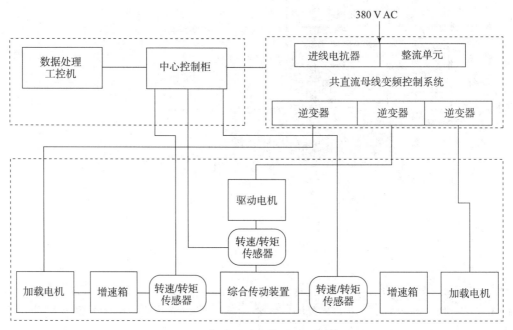

图5-2-23　综合传动共直流母线电封闭系统

试验台主要由综合传动装置试验机械系统、共直流母线变频控制系统、中央控制与数据处理系统组成。综合传动装置试验机械系统包括驱动电机、加载电机、输入和输出转速/转矩传感器、被试综合传动装置、匹配增（减）速箱；中央控制与数据处理系统包括数据采集、电机控制、数据显示等部分；共直流母线变频控制系统包括进电整流单元、直流母线、逆变器等。

共直流母线控制架构包括整流/回馈单元、直流母线、逆变器等，如图5-2-24所示。

共直流母线的整流/回馈单元为系统提供一个具有一定容量的直流电源，于是就形成了一个直流公用母线，它为所有的逆变器提供直流电。调速用逆变器直接挂接在直流母线上，把电压稳定的直流电源转化为电压、频率可调的交流电源，以满足电机平滑调速的目的。当系统中某电机工作在电动状态时，逆变器从母线上获取电能；当某电机工作在发电状态时，能量通过母线及回馈装置回馈给直流母线，回馈的能量可用于驱动系统中其他处于电动状态的电机，以达到节能、提高设备运行可靠性、减少设备维护量和设备占地面积等目的[110-112]。

2. 共直流母线电封闭加载控制

按照传统电机学的调速理论，异步电机的转速表达为

$$n = \frac{60f}{p}(1-s) \tag{5.2.1}$$

式中　p——极对数；

图 5 - 2 - 24 共直流母线控制变频驱动器

　　f——异步电机供电频率；

　　s——转差率。

　　根据公式，异步电机调速方式可以采用变频、变极、变转差率三种方式。变极只能是有级的调速，无级调速只有变频和变转差率。由于转差功率是损耗功率，改变转差率的调速是低效率的[113]。异步电机的转速是由旋转磁场的同步转速决定的，同步转速随频率而变，通过变频就实现了调速。

　　变频调速效率高，并具有调速范围宽，精度高等优点。使用变频器的电控系统，操作方便、易控，而且又能实现软启动和软停车，变频调速优越的调速性能和显著的节能效果使其成为现代化电气传动的主要发展方向之一[114]。

　　无论功率大小，变频器对异步电机的控制都是根据电机的特性参数及运行要求，对电机提供电压、电流、频率进行控制，满足负载的要求。

　　目前，变频器对电机的比较成功的控制方式大体可分为 U/f 恒定控制、转差频率控制、矢量控制和直接转矩控制。

　　U/f 恒定控制是异步电机最基本的变频调速控制方式，又称为变压变频控制（VVVF）。通过改变电机电源频率的同时改变电机电源的电压，使电机磁通保持一定，在较宽的调速范围内，电机的效率及功率因数不下降。由于感应电动势难以直接测量，所以一般用定子相电压来代替感应电动势。U/f 恒定控制是转速开环控制，设定值为定子频率，也就是理想空载转速，而电机的实际转速由转差率所决定，这样 U/f 恒定控制方式存在稳定误差不能控制，故无法准确控制电机的实际转速。另外，U/f 恒定控制的主要问题是低速性能差。低速时异步电机定子电阻压降所占比重增加，不能认为定子电压和感应电动势近似相等，仍然按照 U/f 恒定控制已不能保持电机磁通恒定，可以通过闭环控制来改善 U/f 恒定控制的性能[115 - 117]。

转差频率是施加于电机的交流电源频率与电机速度的转差频率。当频率一定时，异步电机的电磁转矩正比于转差率。转差频率控制就是通过控制转差频率来控制转矩和电流。与U/f 恒定控制相比，转差频率控制对调速范围和启动、制动性能有了很大改善，在一定范围内实现平滑调速，速度的静态误差小。但是还不能够完全适应高动态性能系统，不能完全达到直流双闭环系统的水平。

矢量控制是基于磁场定向原理实现的。通过测量和控制异步电机定子电流矢量，分别对异步电机的励磁电流和转矩电流进行控制从而达到控制异步电机转矩的目的。具体是在磁场定向坐标上，将电流矢量分解成为产生磁通的励磁电流分量和产生转矩的转矩电流分量，并使两分量相互垂直，彼此独立，然后分别进行调节。因此，矢量控制的关键是对电流矢量的幅值和空间位置的控制。矢量控制是一种高性能的控制方式，其具有调速范围宽、系统反应速度快、加/减速特性好、低频转矩增大和控制灵活并能在四象限运转等优点；但是矢量控制变频器需要具备对电机的参数进行自动检测、自动辨识、自适应功能。

直接转矩控制是自 20 世纪 70 年代继矢量控制方式之后出现的又一种高性能的新型交流调速技术。不同于矢量控制技术，它利用空间矢量、定子磁场定向分析方法，直接在定子交流坐标系下分析感应电机的数学模型，估算定子磁链和输出转矩，不需要对电机的模型进行解耦，转矩直接作为被控量来控制，控制定子磁链，不受转子磁链的影响，并直接对逆变器的开关状态进行控制，可以实现很快的转矩响应速度和很高的速度、转矩控制精度。

直接转矩控制有着自己的特点，它省掉了复杂的矢量变换与电机数学模型的简化处理，没有通常的 PWM 信号发生器，它的控制性能受电机参数变化的影响较小，它的控制思想新颖，控制结构简单，控制手段直接，转矩响应迅速，是一种具有高静态、动态性能的交流调速方法[118-119]。

3. 机械台架

传动系统试验同发动机试验一样，需要有机械支架和连接件，主要是动力支架、传感器支架、测功机支架以及动力和传感器连接件、传感器与测功机连接件、旋转件防护罩等。与发动机试验不同的是，在传动试验系统中，一般还需要有匹配传动被试部件和测功机的增（减）速箱，对于一些动态试验，还需要匹配转动惯量。各种支架和连接件在发动机机械台架部分已经介绍过，这里主要介绍增（减）速箱。

1）增（减）速箱

增（减）速箱主要用来匹配综合传动输出转速/转矩和加载测功机的转速/转矩，增（减）速箱的位置如图 5 - 2 - 18 所示。

例如，某综合传动装置的单侧输出转速/转矩如图 5 - 2 - 25 所示。从图中可以看出，加载测功机的转速范围能够覆盖综合传动装置的输出转速，但是转矩却比综合传动装置的输出转矩小，满足不了低挡的试验要求。这样就需要在综合传动装置输出端增加一个减速箱（从加载端看），通过减速箱的降速增扭，降低加载转速，提高加载转矩，匹配后输出转矩，如图 5 - 2 - 26 所示。

减速箱传动简图如图 5 - 2 - 27 所示。图中的减速箱传动比为 1.03 和 3.32。当采用减速箱的传动比为 1 时，可以满足综合传动装置的 3 ~ 6 挡试验的加载；挡采用传动比为 3 时，可以满足综合传动装置 1 ~ 3 挡试验的加载。

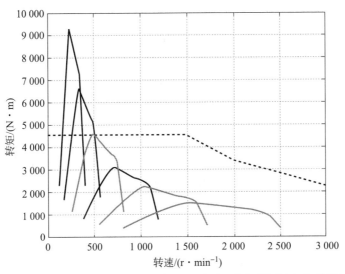

图 5 - 2 - 25 综合传动装置输出转矩（单侧）与加载测功机加载转矩

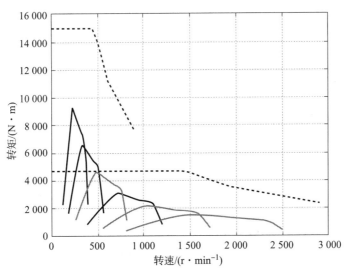

图 5 - 2 - 26 经减速箱匹配后的加载转矩

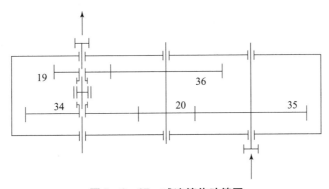

图 5 - 2 - 27 减速箱传动简图

2）转动惯量

在动力或传动的动态试验中，需要模拟车辆的转动惯性，在试验台中需要配置转动惯量。

在传动的输出位置配置模拟车辆转动惯性的惯量，转动惯量大小和被试的综合传动装置的传动比无关。

按照能量等效原理，将车辆直驶动能转换为变速箱输出轴上的旋转动能，即

$$I\omega^2/2 = mv^2/2$$

$$I = mv^2/\omega^2 = m(\omega\ r/i_c)^2/\omega^2 = mr^2/i_c^2 \qquad (5.2.2)$$

式中　I——等效转动惯量（kgm^2）；

　　　m——车辆质量（kg）；

　　　ω——变速箱输出角速度（rad/s）；

　　　v——车辆直线行驶速度（m/s）；

　　　r——车辆主动轮半径（m）；

　　　i_c——侧传动比。

综合传动为两侧输出动力，转动惯量按两侧均分，需要考虑法兰盘、传感器、黏液测功机的转动惯量后，再配置转动惯量装置。对于单输出的传动装置，其转动惯量配置需要按全车的转动惯量来计算。

转动惯量的计算需要考虑试验转动惯量在车辆传动中的对应位置。如果在变速装置前，需要考虑变速传动比。

转动惯量装置最好做成组合可调的，图 5 - 2 - 28 所示为组合式转动惯量设备。

图 5 - 2 - 28　组合式转动惯量设备

有的试验台可以通过加载装置进行电子模拟，这里不再讨论。试验台中的测控系统和发动机试验的测控系统没有本质区别，这里不再单独介绍。对于一些传动的特种试验，其设备在相应的试验部分介绍。

5.3　综合传动装置整机试验

5.3.1　概述

履带式坦克装甲车辆上，将液力元件、变速机构、转向机构、制动装置、液压元件、机

械或电液控制系统、润滑系统及其他传动机件集成在一个箱体上，形成了综合传动装置，其集传动、变速、转向、制动、倒车、坡道驻车、随时切断动力以及部分功率输出功能为一体，集液力传动、液压传动、机械传动与自动控制等技术于一身。综合传动装置性能指标的先进程度既关系到坦克装甲车辆的使用性能，也反映出一个国家在机械设计、制造、工艺等方面的综合水平。

本节重点介绍目前国内外最常用的液力机械综合传动装置的试验情况。

液力机械综合传动装置是集机电液为一体的复杂系统，不同形式的综合传动装置组别可能略有不同。某型号行星式液力机械综合传动装置包含前传动等共 21 个组别：传动装置总体，箱体部件，中间支架，变矩器支架，前传动总成，液力变矩器，变速机构，换挡离合器，辅助传动，液力减速器，液力减速器控制阀，左汇流排及侧盖，右汇流排及侧盖，风扇传动总成，黏液离合器总成，油泵组，联体泵马达，供油系统，液压操纵系统，操纵电控系统，测试系统。除整体外，各个组别可视情开展试验。图 5-3-1 所示为液力机械综合传动装置构成的原理简图，箭头表示功率走向；图 5-3-2 所示为国外某液力机械综合传动装置外貌图。

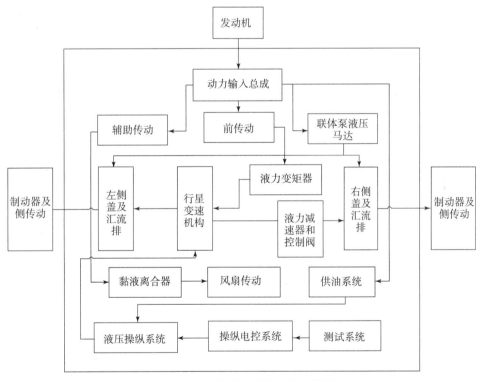

图 5-3-1 液力机械综合传动装置

1. 台架模拟方案

1）稳态载荷模拟

综合传动装置稳态工作时的载荷（发动机转速、油门、挡位等参数固定时的负载）是相对容易模拟的。目前，国内外综合传动装置的台架试验也广泛采用稳态载荷模拟的方法。稳态方法的缺点是与试验负载与实车负载差距较远，不能准确模拟综合传动装置实际的负载情况[1]。

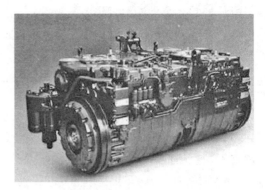

图 5 - 3 - 2   液力机械综合传动装置外貌图

2）动态载荷模拟

综合传动装置在实际工作过程中更多包含起步、加速、减速、换挡、制动、转向等动态过渡过程，地面的阻力也是随机变化的，随时存在冲击载荷。因此，在实际运转过程中，综合传动装置的受力状态更多是这些过渡过程和地面随机阻力产生的动态载荷。台架在模拟产生载荷的过程中，需要模拟发动机动态转矩（扭矩脉动、油门变化率等）；按照车辆实际质量、挡位合理配置转动惯量（包含动力源和加载端）；加载设备要模拟地面动态冲击载荷，需要具备较高的动态响应能力，如模拟转向工况，还需要具备多象限工作能力。

为了确保动态性能的准确模拟，还应按照实车使用方式应用弹性支承方式。

振动是综合传动装置发生故障的重要因素，如果条件具备，还应加上振动载荷。

3）姿态模拟

综合传动装置一般随整车在纵向32°、侧倾25°坡度的工况下使用；另外，整车悬挂系统、车辆的加/减速带来的激励也会对综合传动装置姿态产生相应的影响。对于综合传动装置姿态的模拟一般需要配备专门的试验台。

4）取力单元模拟

综合传动装置往往配备一些辅助动力输出端口，如用来驱动风扇、液压气机、水上驱动螺旋桨等，如果不能准确模拟取力装置的载荷，将导致传动装置某些部分载荷不准确。

取力单元模拟一般包括压气机、风扇传动、液力减速器等；对于工程机械，取力单元还有作业输出，也需要进行模拟试验。

2. 台架试验体系

液力机械综合传动装置台架试验主要分为零部件功能和性能试验、整机空损及功能检查试验、整机性能试验、整机可靠性摸底试验、道路谱动态考核试验、整机可靠性强化试验。液力机械式综合传动台架试验体系如图 5 - 3 - 3 所示[1]。

综合传动装置中一些部件的试验可以随整机试验进行考核，但特定零部件的试验需要在专门的部件试验台上开展。

液力变矩器是综合传动装置的重要部件，在试验台架上完成原始特性试验。液力变矩器的可靠性摸底试验、强化试验和路谱动态试验最好随综合传动装置整体完成，因为没有液力变矩器综合传动装置也无法完成试验；如果条件具备，在试验台架上单独完成也是可以的，但是试验费用很高，增加了液力变矩器的产品样本量和研制试验周期。

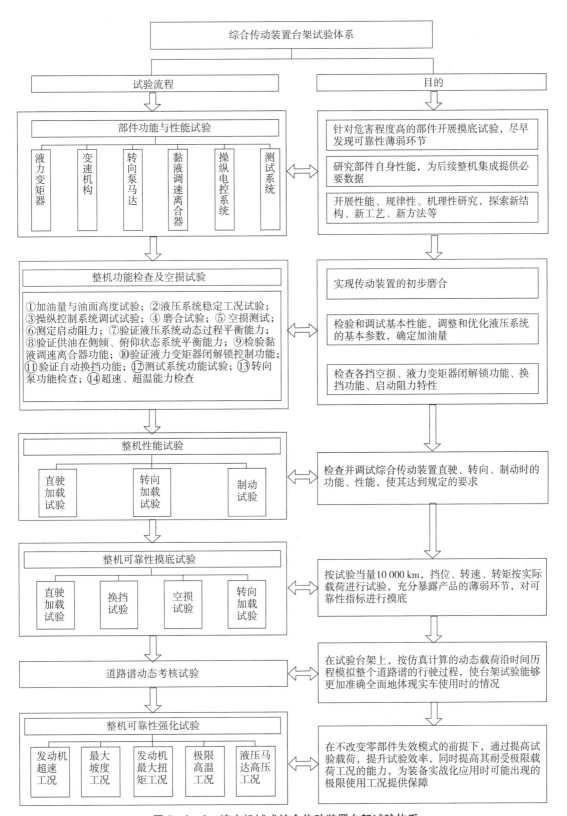

图 5 – 3 – 3　液力机械式综合传动装置台架试验体系

变速机构是综合传动装置的关键部件，综合传动装置的大部分试验内容皆与变速机构有关。现在综合传动装置的变速机构有行星式变速机构和定轴式变速机构。行星变速机构在部件台架上开展空损和性能试验，由于振动应力、冲击和液压系统及控制系统的耦合在部件试验台上无法准确模拟，所以行星变速机构的考核需要随整机进行；整机可靠性摸底、强化和道路谱动态试验均是考核变速机构的主要部分。而定轴式的变速机构，由于不能单独形成独立部件，其空损和性能均需随整机进行试验。

换挡离合器是综合传动装置变速机构的重要部件，一般随变速机构进行试验。如果某种情况下，需要确认离合器的负载性能、带排性能、热衰退性能以及其他性能，则需要在离合器试验台上完成性能试验。

转向泵马达系统的考核主要在台架试验上进行，在泵马达试验台上可以开展各种负载条件下的试验，能够较好地考核产品本身的可靠性。综合传动装置整机进行的一系列可靠性研制试验对于泵马达而言，主要考核液压系统适应能力、油液清洁度、负载变化带来的冲击等因素对泵马达的影响。

黏液调速离合器主要用于风扇调速，其在部件台架上可以进行负载工况下的可靠性试验；而整机无法提供负载，整机可靠性试验主要考核黏液离合器的适应性。

液压操纵系统随整机完成试验。

电控系统和测试系统属于电子产品，可以应用电子产品较成熟的可靠性试验方案，开展热应力、电应力、振动应力及综合应力的试验；而整机无法提供足够的应力环境，对电控系统的考核不足，整机主要考核电控系统和传感器以及整机接口的适应性及可靠性。

在传动试验中，不再像发动机试验部分介绍试验目的、试验条件、测量参数等，主要对试验内容和试验程序及方法做详细介绍。

5.3.2　综合传动装置常规试验

本书介绍综合传动装置的整机试验，有关综合传动装置部件功能和性能试验，在部件试验部分做介绍。

1. 功能检查及磨合试验

针对液力机械综合传动装置的功能，开展下述试验[22]。对于不同类型的综合传动装置，内容会有调整，顺序可以有变化，如有的综合传动装置风扇采用黏液调速离合器为软启动装置，有的则采用泵马达驱动风扇。

（1）加油量与油面高度试验；

（2）液压系统稳定工况试验；

（3）操纵控制系统调试试验；

（4）磨合试验；

（5）测定启动阻力；

（6）验证液压系统动态过程平衡能力；

（7）验证供油在侧倾、俯仰状态系统平衡能力；

（8）检验黏液调速离合器功能；

（9）验证液力变矩器闭解锁控制功能；

（10）验证自动换挡功能；

（11）测试系统功能试验；

（12）转向泵功能检查；

（13）超速、超温能力检查。

试验流程按照上述顺序进行。功能检查试验主要检查综合传动装置关键系统的功能。

1）加油量与油面高度试验

综合传动装置有两种底壳形式：一种是湿式油底壳；另一种是干式油底壳。

湿式油底壳是油泵从油底壳里吸出油液给控制系统和润滑系统，完成控制或润滑的油液汇集到油底壳，油底壳保持一定的液面高度；而干式油底壳是油泵从油底壳里吸出油液到压力油箱，压力油箱再提供一定压力的油给控制系统和润滑系统，完成控制或润滑的油液汇集到油底壳后被油泵吸走，油底壳基本不保留油液，减少了机械搅油损失。

湿式油底壳式综合传动装置加油量与油面高度试验的目的在于确定合适的加油量，以确保液压系统工作正常，并尽量降低空损；确定量油尺刻度位置是否合理。试验步骤如下：

（1）将合格的液力机械综合传动装置固定到试验台架上，连接好散热系统；试验测试系统标定；为便于观察油面高度，在油底壳连接观察油面高度的油管，敞开呼吸器。

（2）为确保油液清洁，应将散热器中油液尽量排出。

（3）挡位置于空挡状态，启动动力输入，待油温 60～80℃ 时，观察操纵主压和润滑油压在不同转速下是否符合要求，任一转速不符合要求，应查明原因后再继续试验。

（4）当操纵主压和润滑油压偏低时，每次增加 10 L 油量，直到润滑油压满足要求为止。

（5）在电机转速为 1 500 r/m 时，将此油面高度所对应的量油尺刻线位置定为最小油量位置"min"，记录空损扭矩。

（6）继续每次增加 10 L 油量，待空损扭矩明显上升时为止，将此油面高度所对应的量油尺刻线位置定为最大油量位置"max"。

（7）液面高度还需要满足车辆纵向 32°、侧倾 25° 坡度的工况下使用要求。即在车辆纵向 32°、侧倾 25° 情况下，操纵主压和润滑油压也要符合要求，油滤不能吸空。在简易条件下，可将综合传动装置分别吊起成纵向 32°、侧倾 25° 坡度状态，观察吸油口是否暴露在液面以上。如果不满足要求，则需要增加油液，直到满足吸油要求，由此确定最低刻度。这部分可以在后面的第（8）条完成。

（8）干式油底壳式综合传动装置加油量主要是要保证液压系统正常工作，不需要考虑空损因素。在压力油箱连接观察油面高度的油管，纵向 32°、侧倾 25° 坡度的工况下同样处理。

2）液压系统稳定工况试验

试验的目的在于测定在各输入转速下，液压系统是否稳定，试验步骤如下：

（1）空挡状态，启动试验台，使传动油温达到 60～70℃；

（2）不同输入转速各稳定运行 10～30 s，采集系统记录转速、压力等信息；

（3）传动油温保持 90～100℃，重复各转速点试验。

如某定轴式液力机械综合传动装置液压系统检查内容如下：在空载状态下，调节并稳定输入转速为（1 500±5）r/min，油温保持在（90±5）℃，检测换挡定压阀压力 1.30～1.60 MPa、变矩器进口压力 0.65～0.90 MPa、变矩器出口压力 0.40～0.65 MPa、润滑冷却油液的压力 0.05～0.18 MPa。

3）操纵控制系统调试试验

试验目的是在整机条件下，对换挡操纵、变矩器闭解锁操纵、黏液离合器操纵控制系统进行标定、调试，验证拖车启动功能。

试验步骤如下：

（1）输入转速（1 200 ± 10）r/min；传动油温 60 ~ 100℃；

（2）按照各挡位升挡、各挡位降挡、中心转向的次序进行试验；

（3）在传动装置挂 1 挡，启动拖车电机油泵，记录相应操纵件的实际压力。

例如，某综合传动装置定压阀压力检查如下：

在空载状态下，调节并稳定输入转速为（1 500 ± 5）r/min，油温保持在（90 ± 5）℃，检测换挡定压阀压力 1.30 ~ 1.60 MPa、变矩器进口压力 0.65 ~ 0.90 MPa、变矩器出口压力 0.40 ~ 0.65 MPa、润滑冷却油液的压力 0.05 ~ 0.18 MPa。

4）磨合试验

磨合试验目的是改善各运动配合接触工作表面状况，扩大和改善运动配合的实际接触面积，以形成正常的工作面，降低齿轮运转噪声。磨合试验后，要趁热放掉润滑油，使磨下来的各种杂质颗粒能随热油带走；更换精滤滤芯，清洗粗滤；加注新润滑油。

某综合传动装置的磨合试验分空载磨合和 40% 加载磨合两部分。

（1）空载磨合。空载磨合试验台布置如图 5 - 3 - 4 所示。在空载状态下，调节并稳定输入转速分别为（1 000 ± 5）r/min、（1 300 ± 5）r/min、（1 600 ± 5）r/min、（1 900 ± 5）r/min、（2 200 ± 5）r/min 时，控制换挡转阀依次转到 1、2、3、- 1 挡液力工况位置；1、4、5、6 挡机械工况位置，油温保持在（90 ± 5）℃，各挡各转速下稳定运行 5 min，共计约（4 + 4）× 5 × 5 = 200 min。

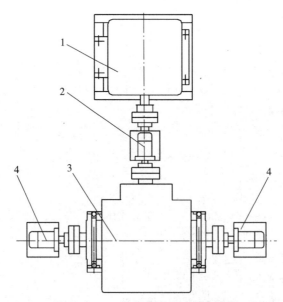

图 5 - 3 - 4　空载磨合试验台布置图

1—电机；2—输入转速/转矩传感器；3—综合传动装置（被试件）；4—输出转速/转矩传感器

（2）加载磨合。加载磨合试验台布置如图 5 - 3 - 5 所示。

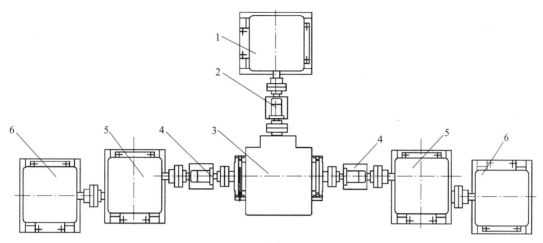

图 5 - 3 - 5　记载磨合试验台布置图

1—电机；2—输入转速/转矩传感器；3—XXXXA 综合传动装置（被试件）；

4—输出转速/转矩传感器；5—匹配变速箱；6—加载电机

调节并稳定输入转速分别为（1 000 ± 5）r/min、（1 300 ± 5）r/min、（1 600 ± 5）r/min、（1 900 ± 5）r/min、（2 200 ± 5）r/min 时，控制换挡转阀依次转到 1 挡液力工况、1 挡机械工况、2 挡液力工况、3 挡液力工况、4 挡机械工况、5 挡机械工况、6 挡机械工况、−1 挡液力工况位置，对综合传动装置进行双边加载，使对应输入扭矩达到 763 N·m（1 000 r/min）、756 N·m（1 300 r/min）、712 N·m（1 600 r/min）、628 N·m（1 900 r/min）、507 N·m（2 000 r/min），连续运行，使变矩器出口油温保持在（90 ± 5）℃，各工况各转速下稳定运行 10 min，共计约 8 × 5 × 10 = 400 min。

5）启动阻力测定

该试验测定综合传动装置在规定的启动过程中的阻力矩。试验分别在室内正常温度、60℃条件下进行，输入转速在 3 s 内从 0 匀加速到怠速转速，挡位设置为空挡，变矩器自动闭解锁工况。测定综合传动装置的输入转速和转矩。

6）系统动态平衡能力验证

该试验主要验证液压系统在换挡等动态过程中的平衡能力。

将系统油温控制在标准范围内，空载，分别在怠速下、发动机最大转矩转速、发动机额定转速条件下进行试验。转速稳定、油压稳定后，完成换挡过程试验。

7）供油系统在侧倾、俯仰状态下系统平衡能力试验

该试验主要验证液压系统是否满足车辆侧倾、俯仰状态下的使用要求。

将传动系统油温控制在标准范围内，空载，分别在传动系统左、右侧倾 25°、前后俯仰 32°条件下进行测试。分别在 1 挡、2 挡条件下，按照不同输入转速进行试验，检验液压系统工作是否正常。

8）黏液调速离合器功能检查

怠速下，风扇不同控制模式下试验，检验控制系统是否工作正常。

9）液力变矩器闭解锁功能检查

检查液力变矩器闭解锁控制功能是否正常，检验动密封是否良好。

输入转速怠速条件，分别进行强制解锁操作、强制闭锁操作，重复 3 次，看变矩器是否正常解锁、闭锁，是否存在冲击。

10）自动换挡功能

自动换挡功能试验主要检验自动换挡控制功能及换挡点是否符合设计要求。

变矩器采用自动闭解锁，方向盘置于中位。模拟油门开度分别设为 50%、60%、70%、80%、90%、100%，平稳提高电机输入转速，实现升挡；平稳降速实现降挡。记录输入/输出转速，判断自动换挡功能是否正常，换挡点是否正确。

11）测试系统功能检查

分别模拟润滑油压低、操纵油压低、某挡位传感器信号异常、紧急制动等信号，观察并记录系统相应情况。

12）转向功能检查

主要进行转向的功能检查以及检查是否有中心转向功能。某综合传动装置采用泵马达转向，其试验方法和试验结果如下。

（1）试验方法。

①停机。将两侧三挡传动箱换挡手柄调到 0.205 传动比位置。两个输出传感器左正、右反标定。在油温（90 ± 5）℃条件下，调节并稳定输入转速为 1 600 r/min，分别从空挡依次换到 1、2、3、4、5、6 挡，再从 6 挡依次换到 5、4、3、2、1、空挡，在各个挡位依次控制转向泵变量摆杆变化范围 0 ～ + α_{max} 位置，记录左、右输出转速。在空挡、转向泵变量摆杆置于 + α_{max} 位置时，左、右输出的转速会有差别，最大转速差不大于 35 r/min，根据输出转速旋转方向和转速差变化，判断空挡中心转向和各挡无级转向功能。

②停机。两输出传感器右正、左反标定。在油温（90 ± 5）℃条件下，调节并稳定输入转速为 1 600 r/min，操纵转阀，分别从空挡依次换到 1、2、3、4、5、6 挡，再从 6 挡依次换到 5、4、3、2、1、空挡，在各个挡位依次控制转向泵变量摆杆变化范围 0 ～ - α_{max} 位置，记录左、右输出转速。在空挡、转向泵变量摆杆置于 - α_{max} 位置时，左、右输出的转速会有差别，最大转速差不大于 35 r/min，根据输出转速旋转方向和转速差变化，判断空挡中心转向和各挡无级转向功能。

（2）试验结果及空载转向功能试验数据如表 5 - 3 - 1 所列。

表 5 - 3 - 1　空载转向功能试验数据

转向	挡位	输入转速 n_i /(r·min⁻¹)	输出转速 n_{o1} /(r·min⁻¹)	输出转速 n_{o2} /(r·min⁻¹)	左、右输出转速差 /(r·min⁻¹)	中心转向、无级转向功能
左转	空挡	1 603	129	127	2	正常
	1 挡	1 603	496	231	265	正常
	2 挡	1 603	664	398	266	正常
	3 挡	1 602	871	606	265	正常
	4 挡	1 603	1 207	942	265	正常
	5 挡	1 602	1 682	1 415	266	正常
	6 挡	1 603	2 373	2 108	265	正常

续表

转向	挡位	输入转速 n_i /(r·min⁻¹)	输出转速 n_{o1} /(r·min⁻¹)	输出转速 n_{o2} /(r·min⁻¹)	左、右输出转速差 /(r·min⁻¹)	中心转向、无级转向功能
右转	空挡	1 603	129	127	2	正常
	1 挡	1 603	232	494	262	正常
	2 挡	1 603	400	662	262	正常
	3 挡	1 602	608	871	262	正常
	4 挡	1 602	945	1 206	262	正常
	5 挡	1 602	1 420	1 679	260	正常
	6 挡	1 603	2 112	2 371	258	正常

2. 性能测试

液力机械综合传动装置的性能测试试验主要包括：①空损值测定；②加载考核试验；③转向加载试验。

性能测试试验主要针对综合传动装置的稳态过程开展，记录各项稳态参数。

1）空损值测试

传动装置的空载功率损失主要有定轴齿轮机构空载损失、行星变速的功率损失、液力元件（包括液力变矩器、液力耦合器、液力减速器，是在传动装置壳体内部高速旋转的典型构件）空载功率损耗等。某综合传动的空载功率损失比例关系，如图 5-3-6 所示，变速机构的空载功率损失最大，约占 33%，主要由摩擦片的带排功率损失导致[22]。

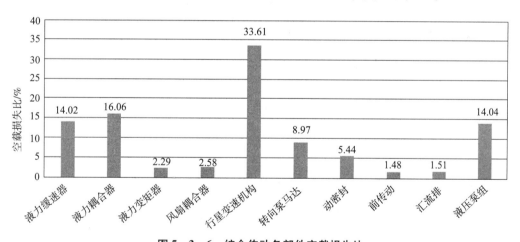

图 5-3-6　综合传动各部件空载损失比

空载功率损失即综合传动装置两侧输出没有负载的情况下在一定输入转速、挡位和油温的条件下，当系统达到平衡，传动的输入功率就是系统消耗的空损功率。空损功率是传动装置评价指标体系中的经济性指标之一。空损试验的主要目的是测试传动装置各挡在不同输入转速和油温下所消耗的功率值。空损试验的条件是有动力源，可以是发动机或者电机，动力源和综合传动之间需要布置转速/转矩传感器。空损值测试试验布置和空载磨合试验一样（图 5-3-4）。

（1）试验方法。以某定轴式液力机械综合传动装置为例，介绍空载损失的试验方法。

将综合传动装置输出端两侧半轴脱开，在油温（95±5）℃条件下，调节并稳定输入转速为（1 400±5）r/min、（1 500±5）r/min、（1 600±5）r/min、（1 700±5）r/min、（1 800±5）r/min、（1 900±5）r/min、（2 000±5）r/min、（2 100±5）r/min、（2 200±5）r/min，依次进行1、2、3挡液力工况，1、4、5、6挡机械工况的空载试验。稳定各工况点2～3 min，采集各挡的输入转速、输入转矩、输出转速、输出转矩，并以此计算各挡的空载损失。

空损功率曲线计算公式为

$$P = \frac{M \cdot n}{9\,549} \tag{5.3.1}$$

（2）试验结果。该综合传动装置的空损记录数据和计算空损如表5-3-2所列，各挡空损曲线如图5-3-7所示。

表5-3-2　传动装置空损值

挡位	输入转速 n_i /(r·min^{-1})	输入转矩 T_i /(N·m)	输出转速 n_{o1} /(r·min^{-1})	输出转速 n_{o2} /(r·min^{-1})	输出温度 θ_{oY} /℃	输入功率 P_i /kW
1挡机械	1 401	120	325	323	91.3	17.7
	1 501	125	349	346	91.6	19.6
	1 601	129	372	369	91.7	21.6
	1 700	133	396	393	91.9	23.7
	1 800	136	419	417	92.3	25.7
	1 902	141	443	440	92.6	28
	2 001	144	466	464	92.8	30.2
	2 110	149	492	490	93.2	32.8
	2 202	152	512	510	93.6	35
1挡液力	1 400	119	319	318	90.8	17.4
	1 501	123	344	341	91.5	19.3
	1 600	127	367	365	91.7	21.3
	1 701	130	390	388	91.8	23.1
	1 801	134	413	411	92.1	25.3
	1 902	138	438	435	92.5	27.5
	2 001	143	461	459	92.9	29.9
	2 101	146	484	482	93.1	32.1
	2 200	150	507	505	93.4	34.4

挡位	输入转速 n_i /(r·min^{-1})	输入转矩 T_i /(N·m)	输出转速 n_{o1} /(r·min^{-1})	输出转速 n_{o2} /(r·min^{-1})	输出温度 θ_{oY} /℃	输入功率 P_i /kW
2挡液力	1 400	125	467	465	93.8	18.4
	1 501	131	501	499	93.7	20.7
	1 602	136	536	534	93.6	22.9
	1 700	142	570	567	93.5	25.2
	1 801	146	603	601	93.5	27.6
	1 901	151	637	635	93.6	30
	2 001	151	671	669	93.8	31.6
	2 101	155	705	704	93.9	34
	2 203	160	740	738	90.3	37
3挡液力	1 400	124	649	647	90.5	18.2
	1 502	129	697	695	90.8	20.3
	1 602	135	745	742	91.6	22.7
	1 701	137	792	791	92.5	24.5
	1 800	142	838	837	93	26.7
	1 899	147	884	885	93.5	29.2
	2 001	149	933	932	93.8	31.2
	2 100	153	979	979	94.2	33.7
	2 202	157	1 027	1 026	94.5	36.3
4挡机械	1 400	139	964	963	94.7	20.4
	1 501	142	1 033	1 032	94.7	22.4
	1 603	148	1 104	1 101	94.6	24.9
	1 700	154	1 171	1 169	94.6	27.3
	1 800	158	1 240	1 238	94.7	29.8
	1 902	163	1 310	1 307	94.8	32.5
	2 001	169	1 378	1 376	95.2	35.3
	2 102	175	1 448	1 446	95.4	38.4
	2 200	180	1 515	1 513	95.7	41.6

续表

挡位	输入转速 n_i /(r·min⁻¹)	输入转矩 T_i /(N·m)	输出转速 n_{o1} /(r·min⁻¹)	输出转速 n_{o2} /(r·min⁻¹)	输出温度 θ_{oY} /℃	输入功率 P_i /kW
5挡机械	1 401	147	1 391	1 389	95.7	21.5
	1 500	153	1 490	1 489	95.6	24
	1 601	158	1 590	1 588	95.5	26.5
	1 701	165	1 690	1 687	95.4	29.3
	1 802	171	1 789	1 786	95.3	32.3
	1 899	177	1 888	1 885	95.4	35.3
	2 001	184	1 988	1 985	95.5	38.5
	2 101	189	2 087	2 085	95.7	41.5
	2 201	198	2 186	2 183	96	45.6
6挡机械	1 401	182	2 028	2 025	90.7	26.7
	1 501	192	2 175	2 171	91.2	30.1
	1 602	202	2 319	2 316	92	33.8
	1 701	212	2 465	2 462	93	37.7
	1 800	221	2 608	2 605	93.7	41.6
	1 901	231	2 754	2 750	94.2	46
	2 001	239	2 899	2 896	94.3	50.1
	2 101	249	3 043	3 039	94.7	54.9
	2 200	261	3 186	3 183	95	60.1

2）加载考核试验

加载考核试验主要考核综合传动装置变速机构的牵引特性和传动效率，不同形式的综合传动加载考核参数设定会有不同。

（1）试验方法。某定轴式液力机械综合传动装置的加载考核方法如下。

①停机，连接综合传动装置输出端两侧半轴（图5-3-5），将两侧三挡传动箱换挡手柄调到空挡位置，正向标定传感器。两侧三挡传动箱换挡手柄调到0.205传动比位置。在空载状态下，挡位依次转到1挡液力工况、2挡液力工况位置，并在上述两个挡位上按表5-3-2调节并稳定输入转速。对两侧输出端加载，稳定2~3 min，保持油温（95±5）℃，记录各工况下的输入转速和输入转矩、左、右侧输出转速和输出转矩，并以此计算各挡液力工况的传动效率。卸载，其挡位置于空挡。

②停机，将两侧三挡传动箱换挡手柄调到0.62传动比位置，在空载状态下，挡位分别转到3挡液力工况、4挡机械工况位置，并分别按表5-3-2和表5-3-3调节并稳定输入

转速，对两侧输出端加载，稳定 $2 \sim 3$ min，保持油温 (95 ± 5)℃，记录各工况下的输入转速和输入转矩、左、右侧输出转速和输出转矩，并以此计算 3 挡液力工况和 4 挡机械工况的传动效率卸载，其挡位置于空挡。

③停机。将两侧三挡传动箱换挡手柄调到 1.115 传动比位置，在空载状态下，挡位分别转到 5 挡机械工况、6 挡机械工况位置，按表 5 - 3 - 2 调节并稳定输入转速，对两侧输出端加载，稳定 $2 \sim 3$ min，保持油温 (95 ± 5)℃，记录各工况下的输入转速和输入转矩、左、右侧输出转速和输出转矩，并以此计算各挡机械工况的传动效率。卸载，其挡位置于空挡。

加载考核试验空损曲线如图 5 - 3 - 7 所示。

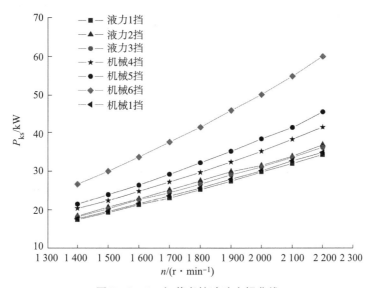

图 5 - 3 - 7 加载考核试验空损曲线

效率计算公式为

$$\eta = \frac{T_{o1} n_{01} + T_{o2} n_{02}}{T_i n_i} \tag{5.3.2}$$

动力因数计算公式为

$$D = \frac{(T_{o1} + T_{o2}) i_c r}{mg} \tag{5.3.3}$$

式中 D——动力因数；

T_i——输入转矩（N·m）；

n_i——输入转速（r/min）；

T_{o1}——左侧输出转矩（N·m）；

T_{o2}——右侧输出转矩（N·m）；

n_{o1}——左侧输出转速（r/min）；

n_{o2}——右侧输出转速（r/min）；

g——重力加速度（m/s^2）。

液力工况下输入/输出转速和转矩见表 5 - 3 - 3，机械工况下输入/输出转速和转矩见表 5 - 3 - 4。

表 5 - 3 - 3 液力工况（1、2、3 挡）下输入/输出转速和转矩

挡位	变矩器传动比 i	输入转速 $n_i/(\text{r} \cdot \text{min}^{-1})$	输入转矩 $T_i/(\text{N} \cdot \text{m})$	输出转速（参考） $n_o/(\text{r} \cdot \text{min}^{-1})$	输出转矩（半轴）（参考） $T_o/(\text{N} \cdot \text{m})$
1 挡	0.55	1 778	1 668	229	4 383
	0.6	1 812	1 643	254	4 082
	0.7	1 895	1 575	310	3 482
	0.8	2 011	1 467	376	2 772
	0.85	2 124	1 349	422	2 374
2 挡	0.55	1 778	1 668	333	3 050
	0.6	1 812	1 643	371	2 841
	0.7	1 895	1 575	452	2 423
	0.8	2 011	1 467	548	1 929
	0.85	2 124	1 349	615	1 652
3 挡	0.55	1 778	1 668	463	2 228
	0.6	1 812	1 643	514	2 075
	0.7	1 895	1 575	628	1 770
	0.8	2 011	1 467	761	1 409
	0.85	2 124	1 349	854	1 207

表 5 - 3 - 4 机械工况（4、5、6 挡）下输入/输出特性

输入转速 $n_i/(\text{r} \cdot \text{min}^{-1})$	输入功率 P_i/kW	输入转矩 $T_i/(\text{N} \cdot \text{m})$	输入转速 $n_i/(\text{r} \cdot \text{min}^{-1})$	输入功率 P_i/kW	输入转矩 $T_i/(\text{N} \cdot \text{m})$
1 400	271	1 866	1 900	313	1 572
1 500	287	1 828	2 000	310	1 479
1 600	299	1 780	2 100	303	1 380
1 800	312	1 654	2 200	292	1 268

（2）试验结果。在大部件试验台上进行试验，被试件左、右输出端连负载，按试验方法规定挡位、转速各工况逐一对被试件进行加载。数据记录见表 5 - 3 - 5 和表 5 - 3 - 6，动力特性曲线和效率曲线分别如图 5 - 3 - 8、图 5 - 3 - 9 所示。

表 5 - 3 - 5　直驶考核液力挡试验数据

挡位	变矩器传动比 i	θ_{oY} /℃	n_i/ (r·min^{-1})	T_i/ (N·m)	n_{o1}/ (r·min^{-1})	T_{o1}/ (N·m)	n_{o2}/ (r·min^{-1})	T_{o2}/ (N·m)	效率 η
1 挡液力	0.55	94.8	1 667	1 777	220	4 491	220	4 490	0.67
	0.6	92.1	1 644	1 813	244	4 226	243	4 216	0.69
	0.7	92.6	1 576	1 895	297	3 630	295	3 626	0.72
	0.8	90.8	1 467	2 011	363	2 929	361	2 930	0.72
	0.85	92.8	1 351	2 123	421	2 405	419	2 407	0.7
2 挡液力	0.55	93.9	1 670	1 777	315	3 121	313	3 118	0.66
	0.6	93.4	1 643	1 810	352	2 914	350	2 913	0.69
	0.7	95.4	1 575	1 894	432	2 494	430	2 493	0.72
	0.8	97.1	1 467	2 009	528	2 017	526	2 013	0.72
	0.85	90.4	1 348	2 122	613	1 635	612	1 634	0.7
3 挡液力	0.55	92.3	1 668	1 777	440	2 266	438	2 268	0.67
	0.6	95.0	1 644	1 811	491	2 131	488	2 131	0.7
	0.7	93.2	1 576	1 896	601	1 814	600	1 816	0.73
	0.8	94.8	1 468	2 011	736	1 457	734	1 458	0.73
	0.85	96.5	1 349	2 123	853	1 189	852	1 191	0.71

表 5 - 3 - 6　直驶考核机械挡试验数据

挡位	输入转速 n_i/ (r·min^{-1})	θ_{oY} /℃	n_i/ (r·min^{-1})	T_i /(N·m)	n_{o1}/ (r·min^{-1})	T_{o1} /(N·m)	n_{o2}/ (r·min^{-1})	T_{o2} /(N·m)	效率 η
4 挡机械	1 400	93.4	1 400	1 867	964	1 169	963	1 169	0.86
	1 500	93.7	1 500	1 829	1 032	1 138	1 031	1 144	0.86
	1 600	94.2	1 601	1 780	1 101	1 108	1 099	1 112	0.86
	1 800	94.8	1 800	1 654	1 239	1 016	1 237	1 016	0.84
	1 900	95.5	1 899	1 573	1 309	962	1 306	950	0.84
	2 000	96.1	2 001	1 478	1 377	889	1 374	888	0.83
	2 100	96.5	2 101	1 381	1 447	820	1 444	818	0.82
	2 200	93.8	2 200	1 269	1 515	737	1 513	734	0.8

挡位	输入转速 n_i/ (r·min^{-1})	θ_{oY} /℃	n_i/ (r·min^{-1})	T_i /(N·m)	n_{o1}/ (r·min^{-1})	T_{o1} /(N·m)	n_{o2}/ (r·min^{-1})	T_{o2} /(N·m)	效率 η
5挡机械	1 400	92.3	1 402	1 865	1 391	806	1 389	805	0.86
	1 500	93.1	1 501	1 828	1 490	783	1 488	786	0.85
	1 600	94	1 601	1 780	1 589	759	1 586	759	0.85
	1 800	94.5	1 801	1 655	1 789	694	1 786	695	0.83
	1 900	95	1 902	1 572	1 889	661	1 886	642	0.82
	2 000	95.6	2 001	1 480	1 986	603	1 983	605	0.81
	2 100	96.1	2 101	1 380	2 087	558	2 083	551	0.8
	2 200	94.3	2 200	1 268	2 184	499	2 181	496	0.78
6挡机械	1 400	92.6	1 400	1 867	2 028	533	2 025	532	0.83
	1 500	93.6	1 500	1 829	2 173	524	2 170	514	0.82
	1 600	94.4	1 599	1 780	2 315	499	2 312	500	0.81
	1 800	94.9	1 800	1 655	2 606	453	2 603	444	0.79
	1 900	95.7	1 901	1 573	2 753	423	2 750	415	0.77
	2 000	96.3	2 000	1 479	2 895	386	2 892	384	0.75
	2 100	90.6	2 096	1 381	3 035	343	3 032	347	0.72
	2 200	93.3	2 203	1 270	3 189	320	3 185	314	0.72

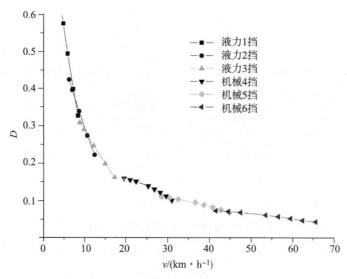

图 5-3-8 牵引特性曲线 (27 t)

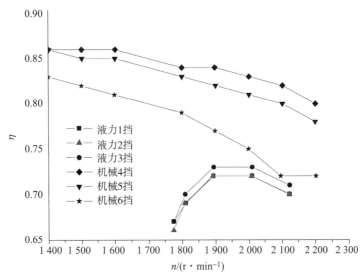

图 5 - 3 - 9   效率特性曲线

3）转向加载试验

转向加载试验用来判断转向能力。转向能力通常以转向泵能够达到的最大压力来体现，也可以通过转向输出的转矩和转速来判断转向能力。某六挡液力机械综合传动装置采用泵马达无级转向，不稳定中心转向。其转向加载试验的方法和结果如下。

（1）试验方法。停机，两个输出传感器左正、右反标定。调节并稳定输入转速为 2 200 r/min，转向泵变量摆杆从中间位置逐步置于 +α_{max} 位置，对两侧输出端进行加载，使系统压力稳定在 35 ~ 45 MPa，采集数据。传动装置应能够稳定工作，无异常噪声和渗漏油现象。卸载，转向泵变量摆杆置于 0 位。

停机。两输出传感器右正、左反标定。调节并稳定输入转速为 2 200 r/min，转向泵变量摆杆从中间位置逐步置于 −α_{max} 位置，对两侧输出端进行加载，使系统压力稳定在 35 ~ 45 MPa，采集数据。传动装置应能够稳定工作，无异常噪声和渗漏油现象。卸载，转向泵变量摆杆置于 0 位。

（2）试验结果与转向加载考核试验数据如表 5 - 3 - 7 所列。

表 5 - 3 - 7   转向加载考核试验数据

转向	n_i/(r·min^{-1})	T_i/(N·m)	泵高压 P/MPa	n_{o1}/(r·min^{-1})	T_{o1}/(N·m)	n_{o2}/(r·min^{-1})	T_{o2}/(N·m)	效率 η	工作情况
左转	1 600	1 010	40.2	82	4 918	75	4 944	0.48	正常
	1 900	1 132	40.1	115	4 954	107	4 976	0.51	正常
	2 202	1 143	40	141	4 920	139	4 933	0.55	正常
右转	1 600	1 002	40	79	4 955	75	4 950	0.47	正常
	1 900	1 133	40.3	109	4 996	106	4 999	0.5	正常
	2 201	1 146	40.1	139	4 982	132	4 999	0.54	正常

3. 道路谱动态加载试验

（1）试验目的。由于综合传动装置是机、电、液耦合的复杂系统，故障往往是在复杂工况下各应力（高温、冲击、振动等）相互作用的结果，必须开展多工况（包括直驶、转向、加速、制动等）下动态试验，才能尽可能模拟实车行驶的实际工况。同时，通过道路谱动态加载试验可考核综合传动装置各个接口可靠性、各个组别长时间匹配工作的可靠性，充分暴露整机控制策略的问题。因此，道路谱动态加载试验的目的在于充分暴露综合传动装置整机的潜在缺陷，尤其是在油门、制动、转向、换挡、道路阻力系数、弯道半径、坡度等条件同时变化的情况下，检验多工况耦合时综合传动装置功能和动态性能、可靠性是否满足设计要求，并及时采取纠正措施，使综合传动装置的可靠性水平得到增长[22]。

如果条件允许，理想情况是以道路谱动态加载试验代替换挡考核试验。

某综合传动装置在特定负载下的转速、转矩、挡位、方向盘转角、制动随时间的变化历程如图 5-3-10 所示。

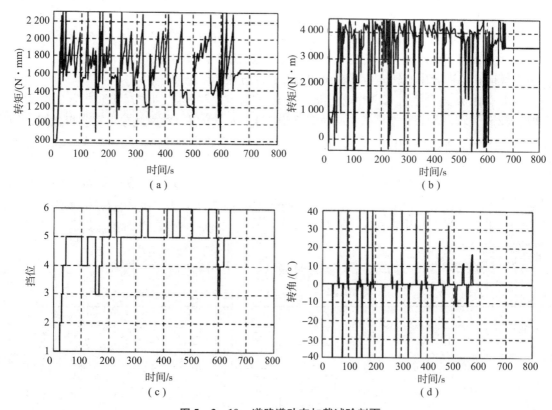

图 5-3-10　道路谱动态加载试验剖面
（a）转速（部分）；（b）转矩（部分）；（c）挡位（部分）；
（d）方向盘转角（部分）

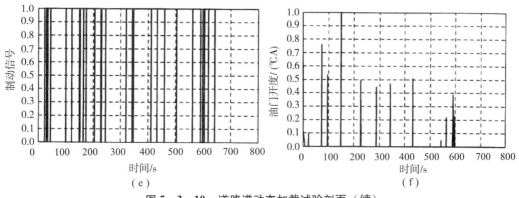

图 5 - 3 - 10　道路谱动态加载试验剖面（续）

（e）制动信号（部分）；（f）油门开度（部分）

（2）试验方法。根据装甲车辆考核道路的情况，依据经验设计综合跑道，根据实际车辆的换挡规律、闭锁规律，开发整车模型，从而得到液力机械综合传动装置的道路负载，综合传动涵盖直驶、转向、爬坡、换挡、制动等各种工况，变矩器涵盖液力和闭锁工况。

道路谱动态加载试验主要包括直驶、转向、爬坡、制动等各种工况下的自动加载试验，试验步骤如下：

①将发动机外特性曲线和部分负荷特性曲线输入驱动电机；

②将道路负载随时间的变化特性输入加载电机；

③确认当前挡位为"自动"，闭锁开关位于"自动"位置；

④启动驱动电机至发动机怠速，检查综合传动各监控数据参数；

⑤启动"自动加载"模式；

⑥试验过程中控制"散热器出口油温"在正常工作范围内；

⑦试验过程中监控综合传动各参数及换挡曲线，发现异常尽快停机。

5.3.3　可靠性试验

1. 可靠性摸底试验

可靠性摸底试验的目的在于暴露综合传动装置整机的潜在缺陷，并及时采取纠正措施，使综合传动装置的可靠性水平得到增长；对综合传动装置故障间隔里程（MTBF）进行摸底。

下面以某定轴式液力机械综合传动装置为例介绍可靠性摸底试验的设计和实施。

1）试验顺序和时间分配

可靠性考核按照稳态试验 350 h（含三次性能试验 80 h，转向考核 45 h）、动态试验 50 h，累计 400 h 台架试验考核。试验顺序及时间分配见表 5 - 3 - 8。

表 5 - 3 - 8　可靠性摸底试验顺序及时间分配

试验顺序	1	2	3	4	5	6
试验项目	第一次性能试验	直驶加载考核	第二次性能试验	换挡考核（动态试验）	转向考核	第三次性能试验
时间/h	30	225	25	50	45	25

这里的性能试验指的是上面介绍的空损值测试、牵引特性和效率试验以及转向加载试验。这里主要介绍直驶加载考核、换挡考核和转向考核。

2）直驶加载考核

（1）试验条件。试验输入转速 1 500 r/min、1 800 r/min、2 000 r/min、2 200 r/min；稳定加载，带转动惯量。

为考核综合传动装置的密封性能，稳态试验的温度要求：油底壳温度为 90～110℃，变矩器出口的油温最高为 115℃。

（2）试验时间分配。直驶加载考核的稳态试验时间为 225 h，分 5 个循环进行试验，每个循环 45 h，具体挡位、载荷、转速分配如表 5 - 3 - 9 所列。每循环试验剖面如图 5 - 3 - 10 和图 5 - 3 - 11 所示。

表 5 - 3 - 9　单循环（45 h）各挡位在不同转速及载荷下的时间分配表

标定载荷 /%	传动比 i	输入转速/转矩 /(r·min^{-1})/ (N·m)	运转时间/min			
			液力 1 挡	液力 2 挡	液力 3 挡	液力倒 1 挡
60	0.55	1 523/1 104	5	14	41	14
	0.65	1 623/1 072	8	19	57	19
	0.75	1 759/1 018	9	22	65	22
80	0.55	1 708/1 379	7	17	51	17
	0.65	1 808/1 321	9	24	71	24
	0.75	1 940/1 232	11	27	81	27
100	0.55	1 778/1 668	1	3	10	3
	0.65	1 850/1 612	2	5	14	5
	0.75	1 947/1 528	2	5	16	5
合计	min		54	136	406	136

标定载荷 /%	转速 /(r·min^{-1})	输入转矩/功率 /(N·m)/kW	运转时间/min		
			机械 4 挡	机械 5 挡	机械 6 挡
60	1 500	1 097/172.3	27	32	19
	1 800	992/187.17	81	97	58
	2 000	888/185.9	135	162	97
	2 200	761/175.3	27	32	19
80	1 500	1 463/229.7	34	41	24
	1 800	1 323/249.4	101	122	73
	2 000	1 184/247.9	169	203	122
	2 200	1 015/233.7	34	41	24

续表

标定载荷/%	转速/(r·min⁻¹)	输入转矩/功率/(N·m)/kW	运转时间/min		
			机械 4 挡	机械 5 挡	机械 6 挡
100	1 500	1 828/287.2	7	8	5
	1 800	1 654/311.8	20	24	15
	2 000	1 479/309.9	34	41	24
	2 200	1 268/292.2	7	8	5
合计	min		676	811	485

在试验时，每个循环按负荷分三个小循环：60%、80% 和 100%；换挡按 1 挡→2 挡→3 挡→4 挡→5 挡→6 挡→回空挡→倒挡进行。以 60% 负荷、液力 1 挡为例：1 523 r/min 换挡后加载 1 104 N·m，运转 5 min；卸载，将转速提高到 1 623 r/min 后加载 1 072 N·m，运转 8 min；卸载，将转速提高到 1 759 r/min 后加载 1 018 N·m，运转 9 min；卸载，将转速降到 1 523 r/min，换入液力 2 挡，进行 60% 载荷、液力 2 挡试验。依此类推。两侧三挡传动箱的传动比调整为：−1、1、2 挡为 0.205，3、4 挡为 0.62，5、6 挡为 1.115。试验剖面如图 5-3-11 和图 5-3-12 所示。

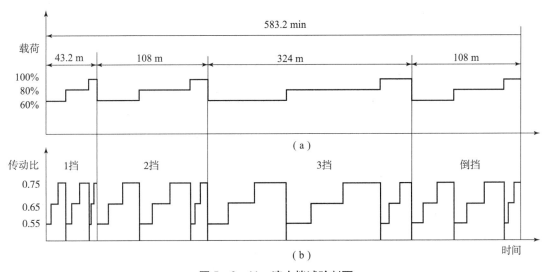

图 5-3-11　液力挡试验剖面

3）换挡考核试验（动态试验）

（1）试验条件。换挡考核试验主要是考核在换挡过程中的冲击载荷作用下，综合传动装置的可靠性。试验台的布置如图 5-3-13 所示。

按照车重和侧减速比、主动轮半径配置综合传动装置每侧试验转动惯量，该车型需要每侧配置 35 kg·m² 的转动惯量。

按照模拟路面阻力系数 0.05 加载。

（2）换挡循环。根据试验台发动机条件，发动机转速为 1 500 ~ 1 900 r/min，低挡换入高挡输入转速为 1 800 ~ 1 900 r/min，高挡换入低挡输入转速为 1 500 ~ 1 600 r/min。

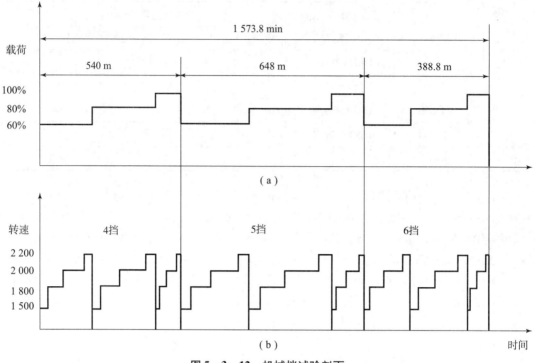

图 5-3-12 机械挡试验剖面

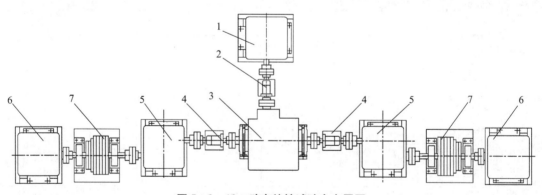

图 5-3-13 动态特性试验台布置图

1—发动机；2—输入转速/转矩传感器；3—综合传动装置（被试件）；
4—输出转速/转矩传感器；5—匹配变速箱；6—加载测功机；7—转动惯量

（3）试验时间分配。总的动态考核时间为 50 h。前进挡换挡时间为 46 h，从 0→1→2→3→4→闭锁→解锁→5→闭锁→解锁→6→闭锁→解锁→5→闭锁→解锁 4→闭锁→解锁→3→2→1→0，称为一个循环，每个换挡动作为 40~50 s，完成一个循环为 15~18 min，共需要进行 154~184 个循环。倒挡时间共 4 h，从 0→-1→0 为一个循环，时间为 2 min，共需要进行 120 个循环。

试验过程中记录换挡循环次数、试验日期时间、试验温度，动态记录输入/输出转速转矩等。

注意：换挡过程中，输入/输出转速平稳后方可进行下一动作。

4）转向考核试验

（1）试验条件。试验输入转速 1 500 r/min、1 800 r/min、2 000 r/min、2 200 r/min；稳定加载，不带转动惯量。

稳态试验的温度要求：油底壳温度 80～110℃，变矩器出口的油温最高为 115℃。

监测转向泵马达外壳补油泵温度，最高不超过 115℃。

本试验可按时间分几次穿插在直驶加载考核试验中进行。

（2）试验时间分配。综合传动装置空挡。输入转速依次为 1 500 r/min、1 800 r/min、2 000 r/min、2 200 r/min，转速分配系数次为 0.2、0.3、0.4、0.1。载荷按照功率流的 50%～60%、70%～80% 标定载荷进行。载荷比为 75%、25%。分左、右两个方向。试验总时间为 45 h，分 15 个循环进行，每个循环约 180 min，每个循环需进行转向试验的次数为 80 次，共计 1 200 次，每个循环具体转速、载荷、试验次数分配如表 5－3－10 所列。

表 5－3－10　单循环（3 h）中心转向在不同转速及载荷下的试验次数分配表

标定载荷 /%	转速 /(r·min⁻¹)	转向泵 高压口压力/MPa	运转时间/min		试验次数/次	
			左转	右转	左转	右转
50～60	1 500	21～27	13.5	13.5	6	6
	1 800	21～27	20.25	20.25	9	9
	2 000	21～27	27	27	12	12
	2 200	21～27	6.75	6.75	3	3
70～80	1 500	31～36	4.5	4.5	2	2
	1 800	31～36	6.75	6.75	3	3
	2 000	31～36	9	9	4	4
	2 200	31～36	2.25	2.25	1	1
合计	180 min		90	90	40	40

转向试验过程中，时刻监视温度，当转向泵的温度超过规定值，立即卸载；剩余时间，待温度合适后补充进行。

每次转向载荷停留在规定最高值时间不许超过 30 s。

（3）试验方法。在试验时，每个循环按左、右转向分两个小循环。

①停机。两个输出传感器左正、右反标定。调节并稳定输入转速为 1 500 r/min，转向泵变量摆杆从中间位置逐步置于 $+\alpha_{max}$ 位置，对两侧输出端进行加载，使系统压力稳定在 21～27 MPa，采集数据。传动装置应能够稳定工作，无异常噪声和渗漏油现象。卸载，转向泵变量摆杆置于 0 位。在输入转速 1 500 r/min 时进行 6 次上述试验；在输入转速 1 800 r/min 时进行 9 次上述试验；在输入转速 2 000 r/min 时进行 12 次上述试验；在输入转速 2 200 r/min 时进行 3 次上述试验。

调节并稳定输入转速为 1 500 r/min，转向泵变量摆杆从中间位置逐步置于 $+\alpha_{max}$ 位置，对两侧输出端进行加载，使系统压力稳定在 31～36 MPa，采集数据。传动装置应能够稳定工作，无异常噪声和渗漏油现象。卸载，转向泵变量摆杆置于 0 位。在输入转速 1 500 r/min 时进行 2 次上述试验，在输入转速 1 800 r/min 时进行 3 次上述试验，在输入转速 2 000 r/min 时进行 4 次上述试验，在输入转速 2 200 r/min 时进行 1 次上述试验。

②停机。两个输出传感器右正、左反标定。调节并稳定输入转速为 1 500 r/min，转向泵变量摆杆从中间位置逐步置于 $-\alpha_{max}$ 位置，对两侧输出端进行加载，使系统压力稳定在 21 ～ 27 MPa，采集数据。传动装置应能够稳定工作，无异常噪声和渗漏油现象。卸载，转向泵变量摆杆置于 0 位。在输入转速 1 500 r/min 时进行 6 次上述试验，在输入转速 1 800 r/min 时进行 9 次上述试验，在输入转速 2 000 r/min 时进行 12 次上述试验，在输入转速 2 200 r/min 时进行 3 次上述试验。

调节并稳定输入转速为 1 500 r/min，转向泵变量摆杆从中间位置逐步置于 $0 - \alpha_{max}$ 位置，对两侧输出端进行加载，使系统压力稳定在 31 ～ 36 MPa，采集数据。传动装置应能够稳定工作，无异常噪声和渗漏油现象。卸载，转向泵变量摆杆置于 0 位。在输入转速 1 500 r/min 时进行 2 次上述试验，在输入转速 1 800 r/min 时进行 3 次上述试验，在输入转速 2 000 r/min 时进行 4 次上述试验，在输入转速 2 200 r/min 时进行 1 次上述试验。

2. 可靠性强化试验

1）可靠性强化试验概念

可靠性强化试验（Realiability Enhancement Testing，RET）也称高加速寿命试验（Highly Accelerated Life Testing）、加速寿命试验（Accelerated Life Testing，ALT）或加速退化试验（Accelerated Degradation Testing，ADT）等，其是采用人为施加较正常使用条件更严酷应力的方法，加速激发潜在的缺陷，分析、改进、提高产品可靠性的试验方法。它解决了传统可靠性模拟试验时间周期长、效率低及费用大的问题。

可靠性强化试验有如下技术特点：

（1）不要求模拟环境的真实性，而是强调环境应力的激发效应，从而实现产品研制阶段产品可靠性的快速增长。

（2）一般采用步进应力试验方法，施加的环境应力是变化的、递增的，应力超出技术规范极限甚至破坏极限。

（3）可靠性强化试验可以对产品施加三轴六自由度振动应力，也可以施加单轴随机振动应力，以及高温变率应力。

（4）为了试验的有效性，可靠性强化试验必须在能够代表设计、元器件、材料和生产中所使用的制造工艺都已经基本落实的样件上进行，并且应尽早进行，以便进行改进。

（5）对于不同类的产品，应按照考核的重点进行强化考核。

对于综合传动装置，可以按照应力环境达到理论上的极限值为指导原则，按照关注重点，开展超速（模拟发动机超速）、超载（模拟爬 32°坡）、超温（模拟传动油温极限）、液压泵马达极限工况（液压泵马达最大压力）条件下的强化试验。可靠性强化试验主要包含直驶加载试验、中心转向加载试验。

2）试验方法

制定试验剖面，步骤如下：

（1）根据确定的失效机理和敏感载荷，结合给定的载荷谱（或任务剖面），确定试验中应施加的载荷类型，包括环境载荷和工作载荷。

（2）确定环境载荷试验项目和剖面，包括环境载荷的种类、环境载荷的量级和持续时间。一般按照步进方式逐步施加，直至发现产品的工作极限应力或破坏极限应力。

（3）确定工作载荷试验项目和剖面，包括载荷的种类、量级和持续时间。一般按照步进方式逐步施加，直至发现产品的工作极限应力或破坏极限应力。

（4）强化试验中施加的最大工作载荷至少高于技术规范极限 $10\% \sim 20\%$（如适用），并考虑工作载荷的施加能充分考核设计裕量，暴露设计缺陷。如有必要且条件允许情况下建议做到破坏极限。

3）案例

（1）转向泵马达强化试验。针对转向泵马达可靠性强化试验主要针对转向泵马达在超速、高温、高压工况下连续运行进行试验。转向泵马达正常工作温度范围为 (90 ± 5)℃，最高压力为 42 MPa，最高转速为 3 300 r/min。设计可靠性强化载荷为：工作温度范围为 (95 ± 5)℃，最高压力为 48 MPa，最高转速为 3 900 r/min。

强化试验共 100 h，每个循环 1 h，分左、右转向两个小循环，试验剖面如图 5 – 3 – 14 所示。试验步骤如下：

①停机。两输出传感器左正、右反标定。调节并稳定输入转速为 3 900 r/min，转向泵变量摆杆从中间位置逐步置于 $+ \alpha_{max}$ 位置，对两侧输出端进行加载，使系统压力达到 48 MPa，稳定工作 12 s；卸载，转向泵变量摆杆置于 0 位，系统稳定后，转向泵变量摆杆从中间位置逐步置于 $+ \alpha_{max}$ 位置，再完成 1 次。如此加载共完成 5 次试验。

②停机。两输出传感器右正、左反标定。调节并稳定输入转速为 3 900 r/min，转向泵变量摆杆从中间位置逐步置于 $- \alpha_{max}$ 位置，对两侧输出端进行加载，使系统压力达到 48 MPa，稳定工作 12 s；卸载，转向泵变量摆杆置于 0 位，系统稳定后，转向泵变量摆杆从中间位置逐步置于 $- \alpha_{max}$ 位置，再完成 1 次。如此加载共完成 5 次试验。

③被试转向泵马达发生不可修复故障或达到所需的循环次数，试验结束。

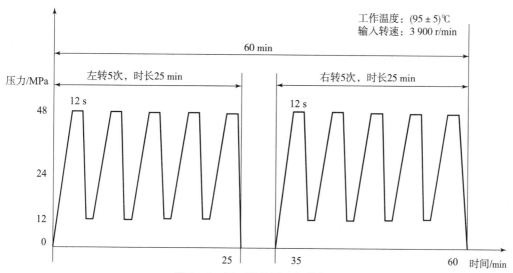

图 5 – 3 – 14　强化试验加载剖面

（2）综合传动装置强化振动试验。坦克装甲车辆振动应力较大，对综合传动装置具有极大的破坏作用。坦克装甲车辆的大修期一般为 10 000 km，如果按等效应力进行台架振动试验，一般需要 400 h，耗时费力，并且工程项目的进度也不允许，所以一般进行强化振动试验。

振动应力最好以实际测量得到的应力进行加载，如果得不到实际振动应力，可以按照国军标 GJB 150—2008《军用装备实验室环境试验方法》规定的振动应力进行加载。

GJB 150—2008 针对坦克装甲车辆不同部位有不同的振动应力要求。某综合传动装置的振动应力表如表 5 - 3 - 11 所列。基础载荷谱如图 5 - 3 - 15 所示。

表 5 - 3 - 11　振动加载基础载荷

试验段	5～500 Hz 底谱量值/$(g^2 \cdot \mathrm{Hz}^{-1})$	扫描次数	窄带 1			窄带 2		
			带宽/Hz	幅值/$(g^2 \cdot \mathrm{Hz}^{-1})$	扫描带宽/Hz	带宽/Hz	幅值/$(g^2 \cdot \mathrm{Hz}^{-1})$	扫描带宽/Hz
01	0.002 1	4	33～41	0.003 7	4	66～82	0.009 8	8
02	0.002 8	2	46～56	0.021 9	5	91～112	0.009 1	10
03	0.002 9	2	60～74	0.034 0	7	120～148	0.021 7	14
04	0.003 4	2	80～100	0.005 0	10	160～200	0.109 3	20
试验段	5～500 Hz 底谱量值/$(g^2 \cdot \mathrm{Hz}^{-1})$	扫描次数	窄带 3			窄带 4		
			带宽/Hz	幅值/$(g^2 \cdot \mathrm{Hz}^{-1})$	扫描带宽/Hz	带宽/Hz	幅值/$(g^2 \cdot \mathrm{Hz}^{-1})$	扫描带宽/Hz
01	0.002 1	4	99～123	0.004 4	16	132～164	0.008 4	16
02	0.002 8	2	138～168	0.077 9	20	184～224	0.017 3	20
03	0.002 9	2	180～222	0.036 4	28	240～296	0.011 1	28
04	0.003 4	2	240～300	0.041 3	40	320～400	0.015 0	40
试验段	5～500 Hz 底谱量值/$(g^2 \cdot \mathrm{Hz}^{-1})$	扫描次数	窄带 5					
			带宽/Hz	幅值/$(g^2 \cdot \mathrm{Hz}^{-1})$	扫描带宽/Hz			
01	0.002 1	4	165～205	0.007 2	20			
02	0.002 8	2	230～280	0.008 1	25			
03	0.002 9	2	300～370	0.005 8	35			
04	0.003 4	2	400～500	0.016 3	50			

注：每个试验段的试验时间为 56.25 min，8 000 km 对应时间 240 h。将表中的试验值增加 2 倍，车辆运行 8 000 km 时对应的试验时间为 225 min。

5.4　综合传动装置部件试验

5.4.1　液力变矩器试验

图 5-4-1 为某主战坦克综合传动装置液力变矩器的台架试验。

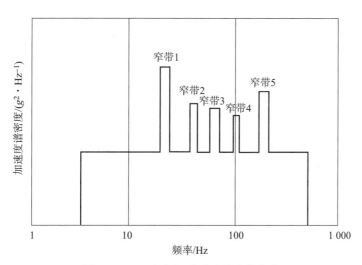

图 5-4-1　台架振动试验基础载荷谱

1. 试验目的

（1）检验液力变矩器制造、装配质量；

（2）测试液力变矩器的特性，检验是否达到设计要求。

2. 试验内容

（1）空载磨合试验；

（2）在泵轮转速 2 000 r/min 的条件下（定转速）测试液力变矩器原始特性；

（3）变矩器解锁，在转速 $n_B = 2\,000$ r/min 时，运行 10 min；

（4）闭锁离合器闭解锁试验。

3. 试验条件

液力变矩器试验不同于综合传动试验的 T 形试验台，其通常采用电封闭式试验台。液力变矩器试验台示意图如图 5-4-2 所示。

液力变矩器虽然为具有独立功能部件，但是其装在综合传动装置箱体内部，做独立试验时需要封闭的包箱来提供对外的机械和液压接口。变矩器是利用液体的动能工作，在试验中还需要配置辅助泵站，提供变矩器补偿油和控制油。

其他试验条件主要为测试传感器及其量程、精度要求，这里不再赘述。

4. 试验方法

1）磨合

该试验是在涡轮部分载荷的情况下，启动发动机，使液力变矩器泵轮轴转速缓慢增加到

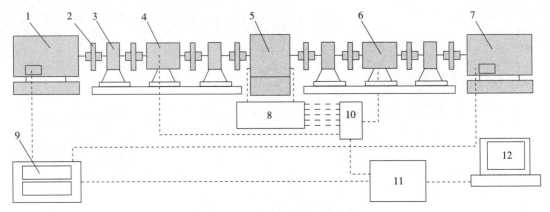

图 5 - 4 - 2　液力变矩器试验台

1—驱动端电机；2—联轴器；3—轴承座；4—输入传感器；5—被试液力变矩器包箱；

6—输出传感器；7—加载电机；8—泵站；9—测功机变频控制器及试验台逻辑控制器；

10—数据采集系统；11—数据处理系统；12—工业计算机及软件系统

1 000 r/min，并稳定运转 10 min 后，继续缓慢提高电机转速至泵轮轴转速为 1 500 r/min，稳定运转 5 min；泵轮轴转速为 2 000 r/min，稳定运转 5 min；泵轮轴转速为 2 500 r/min，稳定运转 5 min。

2）原始特性

出口油温为 $T_2 = 80 \sim 115℃$，入口油压为 $P_i = 0.5 \sim 0.7$ MPa，出口油压为 $P_o = 0.3 \sim 0.5$ MPa。泵轮轴转速为（2 000 轴 ±5）r/min，试验过程中对涡轮轴加载，加载量由预定的转速比 i 来控制，直至加载到最大负荷。每次加载稳定后，同时测得液力变矩器的泵轮轴和涡轮轴的扭矩和转速（T_B、T_T、n_B、n_T），以及进、出口处的油温（t_i、t_o），油压（P_i、P_o）。

3）变矩器闭锁离合器解锁

$n_B = 2 000$ r/min，空载，运行 10 min。

4）闭锁离合器结合分离试验

变矩器入口压力 $P_i = 0.5 \sim 0.7$ MPa，变矩器出口压力 $P_o = 0.3 \sim 0.5$ MPa，出口油温 $T_2 = 80 \sim 115℃$，控制油压 $P_{控} = 1.2 \sim 1.6$ MPa。逐渐将泵轮转速调整到 $n_B =$（2 000 轴 ±5）r/min，涡轮转速（1 700 ±10）r/min，稳定转速后，接合、分离 10 次，接合、分离间隔 1 min。

5. 试验数据处理

（1）将试验数据，按传动比大小顺序列于数据表中。

（2）计算性能参数，绘制原始特性曲线，如图 5 - 4 - 3 所示。

变矩器传动比：　　　　　　　　$i = n_T / n_B$

变矩比：　　　　　　　　　　　$K = T_T / T_B$

效率：　　　　　　　　　　　　$\eta = K \cdot i$

泵轮扭矩系数：　　　　　　　　$\lambda_B = \dfrac{T_B}{\rho g n_B^2 D^5}$

式中　D——循环轴直径（mm）；

n_T ——涡轮转速（r/min）；

n_B ——泵轮转速（r/min）；

T_T ——涡轮转矩（N·m）；

T_B ——泵轮转矩（N·m）。

特性参数如下：

$$i^* = 0.70,\ \eta_{max} = 0.84,\ \lambda_B \times 10^6 = 2.488$$
$$i_M = 0.85,\ \eta_M = 0.81,\ \lambda_{BM} \times 10^6 = 1.89$$
$$\lambda_{B0} \times 10^6 = 3.09,\ K_0 = 2.4$$

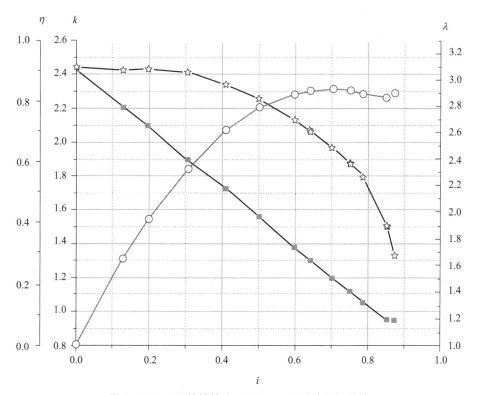

图 5-4-3　泵轮轴转速 2 000 r/min 时的原始特性

5.4.2　变速机构性能调试试验

变速机构作为综合传动装置的一个重要组成部件，需要单独进行性能调试试验。

1. 试验目的

变速机构调试试验的目的如下：

（1）初步检查行星变速机构的制造和装配质量；

（2）测试行星变速机构的主要性能指标。

2. 试验内容

（1）制造与装配质量检查，密封是否可靠、压力是否正常、构件转动是否灵活、挡位是否正确；

（2）空损试验，测试标称条件下的各挡空载损失；

（3）各挡效率试验，测试标称条件下的各挡效率。

性能调试试验内容主要包含空损试验和50%、75%、100%加载试验。

3. 试验条件

变速机构为单输入/单输出机构，其通常采用一字形电封闭试验台。变速机构性能调试试验台如图5-4-4所示。

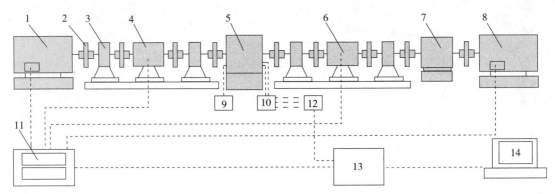

图5-4-4 变速机构性能调试试验台

1—驱动电机；2—联轴器；3—轴承座；4—输入传感器；5—被试变速机构包箱；
6—输出传感器；7—增速箱；8—加载电机；9—换挡控制器；10—泵站；11—测功机变频
控制器及试验台逻辑控制器；12—中继箱；13—数据采集系统；14—工控计算机及软件系统

变速机构不是变速箱，其与变矩器、转向机构、缓速器、操纵控制机构等组成综合传动装置。单独进行变速机构性能调试试验，需要增加包箱、泵站等辅助工装设备，完成变速机构对外的机械和液压、换挡控制接口。

其他试验条件主要为测试传感器及其量程、精度要求，这里不再赘述。

4. 试验方法

1）制造与装配质量检查

连接好试验台，空载状态下，启动试验台，检查系统压力是否正常，是否有漏油现象；逐步接入各个挡位，判断挡位是否正确，压力是否正常，密封是否可靠，是否有冲击异响等。

2）空损试验

加载电机不加载，在额定油温下，挡位依次从最低到最高，转速从最低到最高，间隔一定的转速，分别调节并稳定输入转速，输入转速应包括变速机构对应的发动机最低稳定转速、最大转矩转速和额定转速。稳定各工况点2～3 min，采集各挡的输入转速和输入转矩，并以此计算各挡的空载损失。

3）效率试验

匹配好增速箱，在额定油温下，挡位依次从最低到最高，转速从最低到最高，间隔一定的转速，分别调节并稳定输入转速，输入转速应包括变速机构对应的发动机最低稳定转速、最大转矩转速和额定转速。加载电机按照满功率加载，稳定各工况点2～3 min，采集各挡的输入转速、输入转矩、输出转速、输出转矩，并以此按式（5.4.1）计算各挡的效率：

$$\eta = \frac{T_o n_o}{T_i n_i} \tag{5.4.1}$$

式中　T_i——输入转矩（N·m）；

　　　n_i——输入转速（r/min）；

　　　T_o——输出转矩（N·m）；

　　　n_o——输出转速（r/min）。

5.4.3　转向泵马达试验

在综合传动装置中，转向泵马达将发动机功率通过转向路传递给汇流排的太阳轮，和变速机构传递给行星齿圈的变速功率汇流，通过行星架输出。转向泵和马达有整体式，也有分体式，作为综合传动装置的重要部件，在综合传动装置装配前，需要对转向泵液压马达进行试验，保证质量和各项性能指标符合要求。

1. 试验目的

（1）检验转向泵和液压马达的性能；

（2）检验转向泵和液压马达在常温和高温下的空载、满载性能。

2. 试验内容

（1）空载试验；

（2）效率试验。

3. 试验条件

转向泵和马达试验宜采用一字形开式试验台。某自行火炮综合传动装置转向泵马达试验台如图 5 - 4 - 5 所示。转向泵和马达的连接关系如图 5 - 4 - 6 所示。

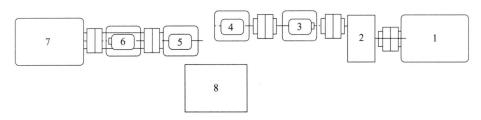

图 5 - 4 - 5　转向泵液压马达试验台

1—电机；2—增速箱；3—传感器；4—泵；5—液压马达；
6—传感器；7—电涡流测功机；8—液压泵、液压马达油箱

其他的试验条件有传感器和试验用油等，不再赘述。

4. 试验方法

1）空载试验

在常温状态下，对液压泵和液压马达组成的闭式回路进行试验，液压泵排量为最大时（液压泵摆杆分别转到左和右的最大位置），液压泵输入转速对应发

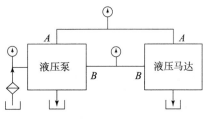

图 5 - 4 - 6　液压泵和液压马达连接图

动机最低稳定转速、最大转矩转速和额定转速时，分别测量最高压力、最低压力、补油压力、输入转速、输入转矩、输出转速、输出转矩、温度，计算空损功率。

2）效率试验

温度分别在常温和高温［（90±10）℃］状态下，对液压泵和液压马达组成的闭式回路进行试验，液压泵排量为最大时（液压泵摆杆分别转到左和右的最大位置），泵输入转速对应发动机最低稳定转速、最大转矩转速和额定转速时，分别对系统加载，加载压力分别为额定压力和一半额定压力，记录最高压力、最低压力、补油压力、输入转速、输入转矩、输出转速、输出转矩、温度。按下式计算闭式回路效率。

机械传动效率，机械效率可用下式计算：

$$\eta_{\mathrm{m}} = \frac{n_{\mathrm{m}} \cdot T_{\mathrm{m}}}{n_{\mathrm{p}} \cdot T_{\mathrm{p}}} \tag{5.4.2}$$

容积效率采用下式计算：

$$\eta_{\mathrm{r}} = \frac{n_{\mathrm{m}}}{n_{\mathrm{p}}} \tag{5.4.3}$$

式中　　T_{m}——液压马达输出转矩（N·m）；

　　　　n_{m}——液压马达输出转速（r/min）；

　　　　T_{p}——液压泵输入转矩（N·m）；

　　　　n_{p}——液压泵输入转速（r/min）。

5.4.4　换挡离合器试验

综合传动装置中换挡普遍采用换挡离合器和换挡制动器，换挡离合器的性能和质量影响综合传动装置的性能，在产品开发中，必须对换挡离合器做性能试验。

1. 试验目的

1）检验换挡离合器的带排损失

湿式多片离合器的结构和原理决定了其必然存在带排转矩。所谓带排转矩，就是指当湿式离合器处于分离状态而空转时，由于湿式离合器的摩擦副间隙中存在冷却润滑油，润滑油在各摩擦副间隙中形成润滑油膜，摩擦副的摩擦片与对偶钢片的相对旋转，必然要对摩擦副间隙中的润滑油膜形成剪切作用，这种由于剪切润滑油膜而产生的转矩称为带排转矩[4]。带排转矩是离合器在不工作时损失的转矩，不但影响系统传动效率，而且在润滑不充分，速差大的情况下会烧蚀摩擦片。

测定换挡离合器的带排转矩的目的是减小带排损失。

2）测定换挡离合器的最大转矩

换挡离合器在工作时，通过压紧机构压紧主被动摩擦片来传递转矩。湿式离合器摩擦副存在两个摩擦系数：一个是动摩擦系数，是主被动摩擦片有速差时的摩擦系数；另一个是静摩擦系数，是主被动摩擦片被压紧，没有磨滑时的摩擦系数，静摩擦系数大于动摩擦系数。动摩擦系数影响离合器的接合过程，影响换挡品质；静摩擦系数影响传递转矩的能力，决定离合器转矩的安全储备。设计完成的离合器，需要测定其能传递的最大转矩，确定储备系数，防止在工作中传动超载损坏离合器，也避免储备系数过大，使离合器的过载保护功能失效。

2. 试验内容

（1）在标定条件下，测试换挡离合器的带排损失扭矩；

（2）在标定条件下，测试离合器能够传递的最大传递转矩。

3. 试验条件

换挡离合器试验可采用典型的一字形封闭试验台。可以和上述的变矩器、变速机构试验采用一个试验台。对于不同的被试件，制作不同的试验包箱，按照试验台配备不同的机械、液压接口即可。试验台示意图如图 5 - 4 - 4 所示。

换挡离合器包箱需要考虑驱动电机和离合器的转速/转矩匹配问题。做带排转矩试验时，离合器的输入转速和转矩要精确测量，增减速机构需要布置在驱动电机和离合器之间，而不能布置在传感器和离合器之间；做带排转矩试验时，要考虑传感器的量程不可太大。

换挡离合器试验，需要采集的主要参数如下：

（1）输入/输出转矩和转速；

（2）控制油压；

（3）润滑油压、油温、流量。

4. 试验方法

1）带排转矩试验

这里以某个换挡离合器为例来说明带排转矩试验方法。

在空载、输入转速为 600 r/min 的状态下检查各个系统参数，调节控制油压、润滑油压，使之达到设计要求，控制油压为 1.4 MPa，润滑油压为 0.3 MPa。观察油泵流量、输出转速等是否与设计值相符。

温度达到试验要求温度，调整润滑油的流量为 10 L/min。

（1）分离离合器，不制动离合器的被动部分，输入转速为 1 200 r/min 时，记录各数据值。

（2）分离离合器，制动离合器的被动部分，转速为 1 200 r/min 时，记录各数据值。

试验需要记录的数据有输入转速、输入转矩、输出转速、输出转矩、离合器润滑流量。

按照试验目的，可以完成不同转速、压力、温度、流量下的带排转矩试验。

2）最大转矩试验

这里以某个换挡离合器为例来说明最大转矩试验方法。

理论上，最大转矩与转速无关，为了能真实反映离合器的最大转矩，按照离合器的工作转速条件开展试验。

在空载、输入转速为 600 r/min 的状态下检查各个系统参数，调节控制油压、润滑油压，使之达到设计要求，控制油压为 1.4 MPa（控制油压范围的最低值），润滑油压为 0.3 MPa。观察油泵流量、输出转速等是否与设计值相符。

温度达到试验要求温度，调整润滑油的流量为 10 L/min。

（1）接合离合器，输入转速为 1 200 r/min 时，记录各数据值。

（2）稳步增加载荷到额定载荷附近，再逐步增加载荷，加载步长前长后短，加载点前疏后密。观察输入/输出转速，直至离合器开始打滑，即为最大载荷。

按照试验目的，可以完成不同转速、压力、温度的最大转矩试验。

5.5 轮式车辆液力机械变速器试验

前面介绍了履带式车辆液力机械综合传动装置及其部件的试验。不同于履带式车辆，轮式车辆采用的变速机构通常为单输入/单输出，主流的变速机构为液力机械行星变速器。本节以某液力机械行星变速器为例简单介绍轮式车辆液力机械变速器试验。

5.5.1 试验设计

某液力机械行星式变速器（图 5 - 5 - 1）主要应用于军用越野车、轮式装甲车、民用特种车等领域，集成了液力传动、行星变速和自动换挡技术，可实现手动、自动换挡一体控制，具有良好的自动适应性，该装置额定功率 500 hp，最大转矩 2 000 N·m，最高转速为 2 100 r/min。配备液力变矩器制动工况变矩比 2.4，表 5 - 5 - 1 所列为该变速器的挡位参数。

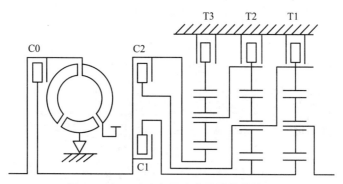

图 5 - 5 - 1 液力行星式变速器传动简图

表 5 - 5 - 1 变速箱换挡参数表

挡位	速比 i	操纵执行机构					
		C0	C1	C2	T1	T2	T3
空挡		○	●	○	○	○	○
1 挡	4.40	○	●	○	○	○	●
2 挡	2.20	●	●	○	○	●	○
3 挡	1.52	●	●	○	●	○	○
4 挡	1.0	●	●	●	○	○	○
5 挡	0.74	●	○	●	●	○	○
6 挡	0.65	●	○	●	○	●	○
倒挡	4.95	○	●	○	●	○	●

注："●"表示接合；"○"表示分离。

试验目的是进行性能试验和可靠性试验。

性能试验主要内容有传动效率试验、失速工况试验、反拖工况试验和散热匹配试验。

可靠性试验主要内容有试验前半载磨合、可靠性试验、可靠性试验之间两次性能试验、可靠性试验后的性能试验。

按照试验内容设计试验台。按照前面介绍的试验台匹配方法，选择一字形电封闭试验台。对试验台要求如下：

（1）驱动设备必须保证液力变速器输入轴最高转速不小于 2 200 r/min，而且连续可调，最大扭矩不小于 2 000 N·m，额定功率不小于 375 kW。

（2）加载设备必须保证液力变速器输出轴最高转速不小于 3 500 r/min，而且连续可调，最大扭矩不小于 18 600 N·m，额定功率不小于 375 kW。

（3）使用被试液力变速器自身的供油泵和油压调节装置。油路系统必须装配容量足够的热交换器和加热器，散热功率不小于 160 kW，流量不小于 150 L/min。

按照试验要求选择电机、匹配增速箱，调速试验台如图 5 - 5 - 2 所示。试验用到仪器参数如表 5 - 5 - 2 所示。

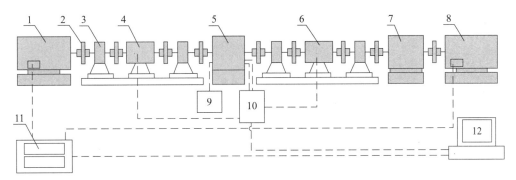

图 5 - 5 - 2　变速机构性能调试试验台

1—630 kW 四级驱动电机；2—联轴器；3—轴承座；4—2 000 N·m 输入传感器；5—被试器；
6—20 000 N·m 输出传感器；7—4 挡增速箱；8—630 kW 六级加载电机；9—换挡控制器；
10—信号数采系统；11—测功机变频控制器；12—工控计算机及软件系统

表 5 - 5 - 2　变速机构性能调试试验用仪器参数

序号	名称	量程	单位	精度
1	变速器输入扭矩	0 ~ 2 000	N·m	±0.5%
2	变速器输入转速	0 ~ 2 500	r/min	±2
3	变速器输出扭矩	0 ~ 20 000	N·m	±0.5%
4	变速器输出转速	0 ~ 4 000	r/min	±2
5	油底壳温度	0 ~ 150	℃	±2%
6	变矩器出口油温	0 ~ 150	℃	±2%
7	变矩器入口油压	0 ~ 2	MPa	±2%
8	变矩器出口油压	0 ~ 2	MPa	±2%
9	液力变速器主油压	0 ~ 2	MPa	±2%

序号	名　称	量程	单位	精度
10	润滑油压	0 ~ 0.5	MPa	±2%
11	前油泵油压	0 ~ 5	MPa	±2%
12	后泵油压	0 ~ 5	MPa	±2%
13	离合器 C1 油压	0 ~ 5	MPa	±2%
14	离合器 C2 油压	0 ~ 5	MPa	±2%
15	制动器 T1 油压	0 ~ 5	MPa	±2%
16	制动器 T2 油压	0 ~ 5	MPa	±2%
17	制动器 T3 油压	0 ~ 5	MPa	±2%
18	闭锁离合器油压	0 ~ 5	MPa	±2%
19	通过热交换器的流量	0 ~ 120	L/min	±2%

增速箱的传动比各挡传动比如下：

1 挡：1.67；

2 挡：0.84；

3 挡：0.421；

4 挡：0.21。

5.5.2　性能试验

1. 传动效率试验

参考 JB/T 9720—2010 中第 8.2 条和 SAE J2453 – 1999 – 08 中第 5.2 条的方法[120]，测试输入轴恒定转速和恒定扭矩条件下，输出轴转速逐渐变化时液力变速器的效率。

传动效率试验前，完成磨合试验。

1）输入轴恒转速试验

（1）试验分别在变矩器解锁和闭锁两种状态下进行。

（2）挂挡后，输入轴转速可按变速器最高转速的 100%、85%、70% 和 50% 分别进行试验。

（3）液力工况下（变矩器解锁），输入轴转矩按变矩器速比等间隔变化，变矩器典型特征点（如最大效率点和偶合器工况点）需要选取。其参数可参考表 5 – 5 – 3。

表 5 – 5 – 3　解锁工况下输入轴扭矩参考值　　　　　　单位：N·m

序号	变矩器速比 i	输入转速 /(r·min⁻¹)	输入转速 /(r·min⁻¹)	输入转速 /(r·min⁻¹)	输入转速 /(r·min⁻¹)
		2 100	1 780	1 465	1 045
1	0.1	1 915	1 297		661
2	0.2	1 902	1 288		659

序号	变矩器速比 i	输入转速/(r·min⁻¹)	输入转速/(r·min⁻¹)	输入转速/(r·min⁻¹)	输入转速/(r·min⁻¹)
		2 100	1 780	1 465	1 045
3	0.3		1 872	1 269	649
4	0.4		1 805	1 225	626
5	0.5		1 702	1 154	589
6	0.6		1 549	1 051	537
7	0.7		1 359	922	472
8	0.8	1 610	1 165	791	401
9	0.85	1 368	989	672	343
10	0.9	1 302	943	639	327
11	0.95	1 067	771	523	268

（4）机械工况下（变矩器闭锁），输入轴扭矩等间隔变化，其参数可参考表 5-5-4。

表 5-5-4　闭锁工况下输入轴扭矩参考值　　　　　单位：N·m

序号	输入转速/(r·min⁻¹)	输入转速/(r·min⁻¹)	输入转速/(r·min⁻¹)	输入转速/(r·min⁻¹)
	2 100	1 780	1 465	1 045
1	150	180	200	250
2	300	360	400	500
3	450	540	600	750
4	600	720	800	1 000
5	750	900	1 000	1 250
6	900	1 080	1 200	1 500
7	1 050	1 260	1 400	1 750
8	1 200	1 440	1 600	1 960
9	1 350	1 620	1 800	—
10	1 500	1 800	1 920	—
11	1 650	1 960	—	—
12	1 700	—	—	—

2）输入轴恒扭矩试验

试验分别在变矩器解锁和闭锁工况下进行。

（1）挂挡后，输入轴扭矩可按变速器最大输入扭矩的 90%、75% 和 50% 分别进行试验。

（2）解锁工况下，输入轴转速按变矩器速比等间隔变化，其参数可参考表 5-5-5。

表 5 - 5 - 5　解锁工况下输入轴转速参考值　　　　单位：r/min

序号	变矩器速比 i	输入转矩/(N·m)	输入转矩/(N·m)	输入转矩/(N·m)
		1 800	1 500	1 000
1	0.1	1 734	1 583	1 290
2	0.2	1 735	1 584	1 295
3	0.3	1 739	1 586	1 303
4	0.4	1 750	1 600	1 330
5	0.5	1 785	1 630	1 372
6	0.6	1 839	1 675	1 436
7	0.7	1 927	1 759	1 534
8	0.8	—	2 013	1 657
9	0.85	—	2 031	1 798
10	0.9	—	2 200	1 843
11	0.95	—	—	2 035

（3）闭锁工况下，输入转速等间隔变化，其参数可参考表 5 - 5 - 6。

表 5 - 5 - 6　闭锁工况下输入轴转速参考值　　　　单位：r/min

序号	输入转矩/(N·m)	输入转矩/(N·m)	输入转矩/(N·m)
	1 800	1 500	1 000
1	150	200	350
2	300	400	700
3	450	600	1 050
4	600	800	1 400
5	750	1 000	1 750
6	900	1 200	2 160
7	1 050	1 400	—
8	1 200	1 600	—
9	1 350	1 800	—
10	1 500	2 000	—
11	1 650	2 160	—
12	1 700	—	—
13	1 800	—	—
14	1 950	—	—
15	2 000	—	—

3）数据整理

将测量的数据以及计算得出的特性数据填入试验数据表，表上还应记录试验项目名称、试验编号、试验挡位、试验件的型号和出厂编号、出厂日期、试验用油、试验时间和地点、试验人员及试验过程中需要说明的问题等。

特性数据按下式计算：

$$k_j = \frac{T_g}{T_B} \tag{5.5.1}$$

$$\eta_j = \frac{n_g T_g}{n_B T_B} \tag{5.5.2}$$

式中　k_j ——液力变速器 j 挡的扭矩比；

　　　T_g ——液力变速器 j 挡的输出扭矩；

　　　T_B ——液力变速器 j 挡的输入扭矩；

　　　η_j ——液力变速器 j 挡的效率；

　　　n_g ——液力变速器 j 挡的输出转速；

　　　n_B ——液力变速器 j 挡的输入转速。

这里列出了典型的一组数据：6 挡恒转速 1 050 r/min 时的试验数据，如表 5 - 5 - 7 所列，对应的输入转速牵引特性图如图 5 - 5 - 3 所示。

表 5 - 5 - 7　闭锁工况下输入轴转速参考值　　　　　单位：r/min

序号	输入转速/ (r·min⁻¹)	输入扭矩 /(N·m)	输入功率 /kW	输出转速/ (r·min⁻¹)	输出扭矩 /(N·m)	输出功率 /kW	速比	变矩比 i	效率 η
			6 挡恒转速 1 050 r/min						
1	1 051	206	23	1 536	48	8	0.7	0.2	0.34
2	1 051	343	38	1 455	144	22	0.7	0.4	0.57
3	1 051	410	45	1 413	190	28	0.7	0.5	0.62
4	1 051	438	48	1 373	220	32	0.8	0.5	0.66
5	1 051	456	50	1 334	243	34	0.8	0.5	0.68
6	1 051	478	53	1 292	269	36	0.8	0.6	0.69
7	1 051	499	55	1 251	298	39	0.8	0.6	0.71
8	1 051	514	57	1 213	322	41	0.9	0.6	0.72
9	1 051	535	59	1 171	349	43	0.9	0.7	0.73
10	1 051	556	61	1 131	373	44	0.9	0.7	0.72
11	1 051	627	69	969	491	50	1.1	0.8	0.72
12	1 051	686	75	807	609	52	1.3	0.9	0.68
13	1 051	717	79	646	710	48	1.6	1.0	0.61
14	1 051	723	80	485	778	39	2.2	1.1	0.50
15	1 051	716	79	323	833	28	3.3	1.2	0.36
16	1 051	714	79	163	888	15	6.5	1.2	0.19

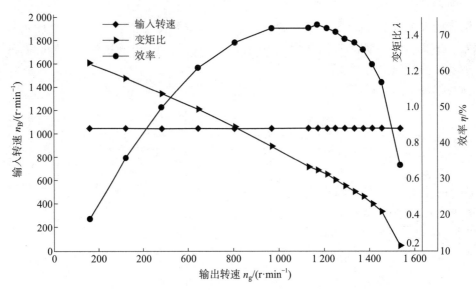

图 5 - 5 - 3　液力变速器定输入转速牵引特性图（6 挡恒转速 1 050 r/min）

2. 失速工况试验

参考 GB/T 7680—2005 中第 5.2 条的方法，测试液力变速器输出轴制动时，输入扭矩、制动扭矩随输入转速的变化关系，以及变矩器出口温度、油底壳温度的变化趋势。

试验在变矩器解锁状态下进行；挂挡后，输出轴保持制动，参考表 5 - 5 - 8 中的数据逐渐提高输入轴转速。

表 5 - 5 - 8　失速工况试验加载参考值

序号	输入转速/(r·min⁻¹)	输入轴扭矩/(N·m)
1	800	385
2	900	487
3	1 000	601
4	1 100	727
5	1 200	865
6	1 300	1 104
7	1 400	1 178
8	1 500	1 351
9	1 600	1 536
10	1 700	1 734
11	1 750	1 837
12	1 800	1 944

3. 反拖工况试验

参考 GB/T 7680—2005 中第5.3.2条的方法[121]，测量反拖工况下，液力变速器输入扭矩、输出扭矩随输出转速的变化关系，以及变矩器出口温度、油底壳温度的变化趋势。

以正常的旋转方向驱动液力变速器的输出轴，试验在反向的功率流下进行。

试验在变矩器解锁状态下进行，行星变速机构挂1挡、2挡和3挡，试验过程中不得换挡。挂挡后，输入轴转速在1 000 r/min、1 200 r/min 和1 400 r/min 时分别进行试验。输出轴转速取值参考表5-5-9。

表5-5-9　反拖工况试验输出轴转速参考值

| 序号 | 输入轴转速/(r·min⁻¹) | | | 输入轴转速/(r·min⁻¹) | | | 输入轴转速/(r·min⁻¹) | | |
| | 1 000 | | | 1 200 | | | 1 400 | | |
	1挡	2挡	3挡	1挡	2挡	3挡	1挡	2挡	3挡
1	250	500	700	300	550	800	350	650	950
2	300	600	800	350	600	850	380	700	1 000
3	340	680	850	380	700	900	400	750	1 050
4	380	760	900	400	750	950	420	800	1 100
5	420	820	950	420	800	1 000	440	850	1 150
6	450	880	1 000	440	850	1 050	450	900	1 200
7	470	920	1 050	450	900	1 100	460	920	1 250
8	480	950	1 100	460	920	1 150	470	940	1 300
9	490	960	1 150	470	940	1 200	480	950	1 350
10	500	970	1 200	480	950	1 250	490	960	1 400
11	—	980	1 250	490	960	1 300	500	970	1 450
12	—	990	1 300	500	970	1 350	—	980	—
13	—	1 000	1 350	—	980	1 400	—	990	—
14	—	—	1 400	—	990	1 450	—	1 000	—
15	—	—	1 450	—	1 000	—	—	—	—

4. 散热匹配试验

参考 GB/T 12539—2018 中第5.2条的方法[122]，模拟液力变速器与柴油机匹配，变矩器速比为0.5，效率为0.7时车辆匀速爬坡的工况，测量变矩器出口流量以及变矩器出口温度、油底壳温度的变化趋势。

以正常的旋转方向驱动液力变速器的输入轴，试验在正向的功率流下进行。

试验在变矩器解锁状态下，变速器挂1挡，试验过程中不得换挡。

挂挡后，提高输入轴转速至1 850 r/min（设计中用于车辆爬坡时，液力变矩器和发动机匹配中的最大转矩时的转速），再提高输入轴扭矩达到1 810 N·m（车辆爬坡时，液力变矩器和发动机匹配中的最大转矩）后稳定运转。

调整散热器流量使变速器油底壳温度达到要求范围。

散热器所需散热功率用下式计算：

$$W = \frac{60Q \cdot C \cdot (t_2 - t_1) \cdot \rho}{1\ 000} \tag{5.5.3}$$

式中　C——工作液单位热容量（2.15 kJ/(kg·K)）；

　　　ρ——工作液密度（825 kg/m³）。

性能试验中还有噪声试验、变速器静扭强度试验等，这里不再介绍。

5.5.3　可靠性试验

可靠性试验的目的是检验、测量、分析液力变速器总成的可靠性，以及轴、轴承、齿轮等主要传动件的疲劳损伤对液力变速器性能的影响。

QC/T 29063.3—2010《汽车机械式变速器总成技术条件》中规定了汽车变速器总成疲劳寿命试验指标要求，如表 5-5-10 所列[123]。当有新的标准时，按最新的标准执行。

表 5-5-10　载货汽车变速器总成疲劳寿命指标　　　　　　　×10⁵

挡数类别	疲劳寿命①/(×10⁵ 次)							
	Ⅰ挡	Ⅱ挡	Ⅲ挡	Ⅳ挡	Ⅴ挡	Ⅵ挡	Ⅶ挡	R挡
四挡箱	4	30	70	/②				2 h
五挡箱	2.4	12	73.9	200	/②			2 h
六挡箱	2	10	30	72.3	200	/②		2 h
七挡箱	1	3	15	30	52.4	200	/②	2 h

注：①指变速器输出轴的循环次数；

②最高挡为直接挡，当该挡为超速挡时，其循环次数与相邻的前一挡为对调。

参考 QC/T 568.3—2010 中变速器疲劳寿命试验的指标[124]，按变速器的计算结果，制定可靠性试验的加载工况见表 5-5-11。

表 5-5-11　可靠性试验加载工况、顺序和时间

序号	参数　　挡位	驱动转速/(r·min⁻¹)	驱动扭矩/(N·m)	驱动功率/kW	总时间/h	循环加载时间/min
1	1 挡	1 800	1 750	330	60	36
2	2 挡（液力）	1 800	1 750	330	90	54
3	2 挡（机械）	2 100	1 700	373	60	36
4	3 挡	2 100	1 700	373	175	105
5	4 挡	—	—	—	—	—
6	5 挡	2 100	1 700	373	170	102
7	6 挡	2 100	1 700	373	85	51
8	R 挡	1 800	1 750	330	2	—
	合计	—	—	—	642	384

试验采用排挡循环试验法对所有需要进行试验的前进挡分为 100 个循环，每一个试验循环加载顺序和加载时间见表 5 - 5 - 12。前进挡完成 100 个试验循环后，倒挡运转 2 h。直接挡不做寿命试验。

表 5 - 5 - 12　排挡循环加载顺序和时间　　　　　　　　单位：min

1 挡	2 挡（液力）	3 挡	5 挡	6 挡	5 挡	3 挡	2 挡（液力）	2 挡（机械）	3 挡	5 挡	6 挡
36	27	35	34	25.5	34	35	27	36	35	34	25.5

正式试验前，应进行加载跑合试验。输入转速可设定为 1 500 r/min，输入扭矩按最大扭矩的 1/2 可设定为 980 N·m，每挡跑合 20 min。

在第 40 次、80 次、100 次寿命考核试验循环完成后，进行传动效率试验。

试验后失效判断以下问题：

（1）齿轮顶部断裂；

（2）齿轮根部出现裂纹或折断；

（3）单个齿面严重顺上、点蚀集中分布，其面积占全齿面超过 20%；或点蚀分散分布，面积占全齿面超过 30%；允许齿面有面积不超过 4 mm²、深度不超过 0.5 mm 的点蚀；

（4）轴断裂；

（5）轴承损坏；

（6）摩擦片断裂；

（7）摩擦片严重烧蚀；

（8）出现其他导致变速器不能正常运转的状况。

5.6　研究性试验

车辆传动系统或部件在使用过程中，不断发现问题，验证问题，解决问题，促进了传动技术的进一步提高；制造工艺水平的提高也促进了传动系统或部件性能的提高；新的理论或技术推动了传动系统向混合驱动、电传动方向发展，新的传动形式、传动产品不断出现；生活水平的提高对车辆等产品提出了更高的要求。无论是传动产品的改进、提高或新研，都需要开展相应的研究试验。

本节针对传动领域的最新研究方向和成果，介绍几种研究性试验。

5.6.1　液力元件内流场试验

车辆上的液力元件主要指液力变矩器、液力缓速器和液力制动器，都是利用液体动能来工作的传动元件。液力变矩器是液力元件的典型代表，本节以液力变矩器为代表介绍液力元件的内流场测试。

液力变矩器属于柔性传动元件，具有可靠性高、自适应性强等优点，可以起到变矩、变速、吸收冲击的作用，在车辆动力传动系统中广泛应用。液力变矩器的内部流动特性决定其外部性能。由于液力变矩器的叶片是一种空间扭曲叶片，其内部流动是复杂的三维黏性流动。目前，研究液力变矩器内部流场的主要手段是计算流体动力学（computational fluid dynamics，CFD）数值仿真和试验测量。液力变矩器流场 CFD 数值仿真是在理论假设和模型简化的基础上完成的，数值计算结果的准确性和可靠性需要试验进行验证[125]。

液力变矩器三个工作轮（泵轮、涡轮、导轮）是旋转的，工作轮叶片是空间复杂曲面，流道是复杂的空间的运动流道，无论是流道的速度场还是压力场，常规的测量手段无法获取更准确的数据。

现在对于液力元件内流场主要采用粒子图像测速技术（particle image velocimetry，PIV）测量和激光多普勒流速仪（laser Doppler velocimeter，LDV）测量，叶片表面压力通过采用预埋压力传感器来测量。

1. 速度场测量

1）液力元件内流场 PIV 测量

基于粒子图像测速技术对液力变矩器工作轮内部流场进行试验研究，可实现液力变矩器内部流场可视化与流动参数的量化提取。根据投入到流场中示踪粒子浓度的不同和粒子直径大小不同，在不同工况下采集工作轮径向切面的流动图像，经过图像标定、图像预处理和连续两帧图像互相关计算，识别并提取全流场区域上的流动特征参数，获得流速场信息和涡量场信息。

液力元件速度场测试系统主要由机械部分、光学部分、图像采集与显示部分组成。机械部分如图 5 - 6 - 1 所示，这里主要介绍光学部分和图像采集与显示部分。

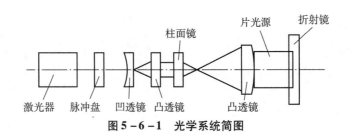

图 5 - 6 - 1　光学系统简图

光学部分主要由激光器、小电机、光学组件等组成[126-127]，激光器用来产生激光；光学部分仪器主要用于产生连续可调的激光脉冲片光源；小电机带动脉冲盘可产生脉冲光源；光学组件由电光源系统、柱面镜和球面镜组成，它将激光脉冲光源转换为激光脉冲片光源，连续可调。

图像采集与显示部分主要包括高清 CCD 摄像机、视频分配器、监视器、图像采集卡及软件等。

为了能够判断示踪粒子运动轨迹大小和方向，利用脉冲盘将连续的激光分割成三段脉冲片光，在测试采集到的粒子流动图像中就会清晰地呈现出 3 段。轨迹线最短的表示粒子流速的箭头，最长的表示粒子流速的箭身，次短线表示粒子流速的箭尾，速度方向是由箭尾指向箭头的[125,128]。

液力变矩器泵轮内部流动 PIV 测试基于激光切面流场测试系统，为了使采集到的图像更加清晰和准确，需采用透明有机玻璃来制作液力变矩器，使激光可以透过变矩器进入到流道内部。

为了捕捉流速，需要在工作液中散布示踪例子。示踪粒子的选取是粒子示踪流场测试技术中的关键问题。PIV 技术中示踪粒子应满足一般要求，如无毒、无腐蚀、化学性质稳定、清洁。此外还有两个基本要求：可见度高，是良好的光散射体；粒子和流体之间的相对运动尽可能小，能够跟随流动。

PIV 技术是利用散布在流场中的示踪粒子所发射的散射光束来测定流体流动的状态，所以对示踪粒子的跟随性有很高的要求。

PIV 试验系统示意图如图 5-6-2 所示。PIV 技术是最基本的流速测量方法，其基本原理既简单又直观，它是通过测量一段时间间隔示踪粒子的位移量来获得粒子的速度大小和方向。脉冲激光束经光学系统形成很薄的片光源照射流场，利用垂直于光平面的 CCD 摄像机将多次曝光的示踪粒子图像记录下来，通过测量某一个时间间隔内粒子在切面上的运动位移量，便可以得到粒子的速度：

$$\mu = \lim_{\Delta t \to 0} \frac{\Delta x}{\Delta t} \tag{5.6.1}$$

式中　Δx ——示踪粒子运动位移；
　　　Δt ——某一时间间隔。

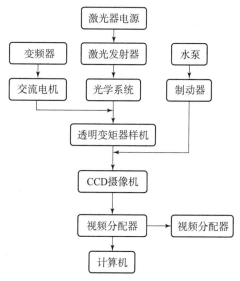

图 5-6-2　PIV 试验系统示意图

PIV 技术的基本原理是在流场中散布合适的示踪粒子，用激光脉冲器发出激光束经过一系列光学元件形成可调制的激光片光源照射流场，通过成像记录系统摄取两次或多次曝光的粒子图像，借助于垂直于光平面的摄像机将粒子的运动记录下来，从而获得一个切面上的流动图像。

PIV 技术是利用散布在流场中的示踪粒子所发射的散射光束来测定流体流动的状态，所以对示踪粒子的跟随性有很高的要求。在进行测试时应该优先选择中性悬浮粒子。粒子的直径越小，粒子的跟随性越好，所以当选用的粒子密度比较大时，可以通过减少粒子的直径保证跟随性[130]。

图 5-6-3 所示为文献 [125] 测试的泵轮不同工况下的速度场图像。

2）液力元件内流场 LDV 测量

LDV 是非直接测量技术，利用流体中运动微粒散射光的多普勒频移获得速度信息。LDV 具有非接触测量、线性特性、较高的空间分辨率和快速动态响应，目前该技术较易实现二维和三维流动的测量，并获得各种流动结构的定量信息，成为近年来流场试验的主导测试手段。

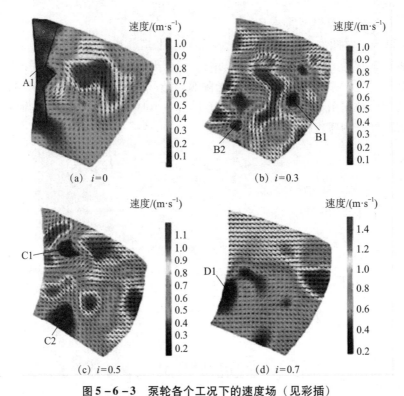

图 5 - 6 - 3   泵轮各个工况下的速度场（见彩插）

注：i 为输出与输入的转速比，输入转速为 273 r/min；A1、B1、B2 为典型流动区域。

下面以某泵轮为例介绍内流场的 LDV 测试[131]。

（1）LDV 测试系统组成。该试验采用 LDV 对液力变矩器泵轮内流场进行测试，用以验证 CFD 仿真分析模型，试验台组成如图 5 - 6 - 4 所示，包括动力及加载电机、试验包箱、液压供油系统、传感器系统、LDA/LDV 测试系统和数据采集处理系统。

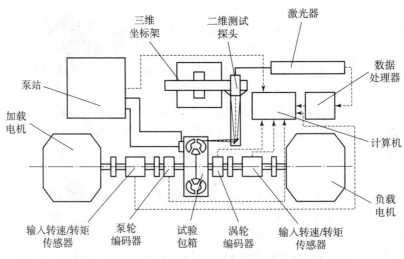

图 5 - 6 - 4   液力变矩器 LDA/LDV 试验台组成

激光测速系统由光路系统（图 5 – 6 – 5）[132]、两台计数型数据处理器、一台双通道频移器、一个计算机系统及三维探头坐标架组成。为了获得旋转叶轮内流场测点的坐标值，备有轴编码器、专用双时间板和相应的计算机软件。

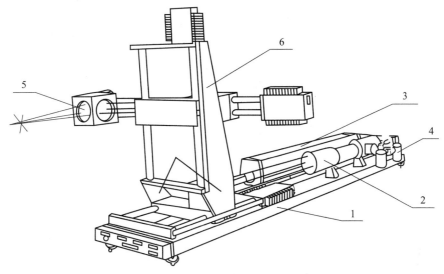

图 5 – 6 – 5　激光测速仪光路系统

1—机架；2—光学组件；3—激光器；4—位移坐标架；5—前透镜；6—光电接收器

激光测试系统框图如图 5 – 6 – 6 所示，其工作原理如下：首先由激光电源及激光器产生激光束；然后由激光测速仪中的光学组件进行分束、分色、扩展等，形成蓝色、绿色和混合色三束光，并聚焦在被测流场中；最后含有速度信息的散射光由光电接收器送到计数处理器中，计数器对来自光电接收器的含有速度信息的微弱信号进行放大、滤波、信息比较，滤除不合格数据，输出合格数据等。最后，计数处理器把各测点所对应的流速信息送到计算机接口，同时，轴编码器把有关测点所对应的坐标信息送到计算机接口，再通过专用软件进行数据处理和整理，由打印机输出所需要的流场流速值[132 – 133]。

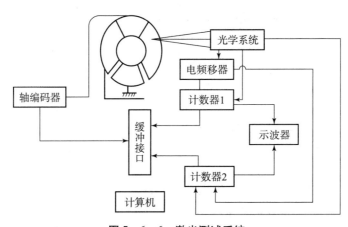

图 5 – 6 – 6　激光测试系统

（2）变矩器试验包箱。为了满足 LDA 测试光束可达性要求，试验用液力变矩器采用开设观测窗口方式，如图 5－6－7 所示。本试验选用窗口①为主要测试窗口，窗口材料为亚克力有机玻璃。在泵轮直径方向选取对称的两个流道开设泵轮观测窗口。

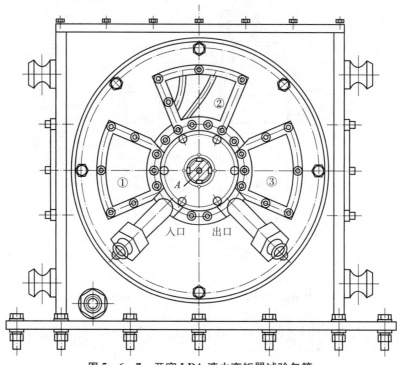

入口　　　出口

图 5－6－7　开窗 LDA 液力变矩器试验包箱

（3）测量速度定义。如图 5－6－8 所示，LDA 二维测试探头发出的绿光和蓝光经过反射镜，从液力变矩器试验包箱的正面窗口射入泵轮测试区域，所测速度为 P 位置圆周方向的切向速度 v_t 和径向速度 v_r。

（4）LDV 测试结果样例。图 5－6－9 给出了试验泵轮中间平面测试切向速度 v_t，图中同样绘制了 CFD 仿真分析数据。从图中可以看出，受离心力的作用，越靠近外环处，切向速度逐渐增大，并且最大速度区域由压力面向流道中间移动，在内环－吸力面一侧产生流动分离现象。

其他的测试结果不再一一列举。

2. 壁面压力测量

上面介绍了液力元件速度场测试，更多是从提升性能角度开展研究；液力元件工作过程中，承受载荷的主要为工作轮叶片，提升叶片强度或优化叶片尺寸形状更依赖于叶片表面压力。由于变矩器内部结构复杂封闭，对压力场的研究一般仅停留于三维数值模拟计算阶段，或通过速度场推算压力场，直接开展叶片表面压力测试开展得很少。

本节介绍变矩器固定导轮叶片表面压力测量技术和方法[134]，对于运转的泵轮和涡轮，可以参照导轮测试方法放置传感器，数据的导出可以采用滑环、遥测或存储方式完成。

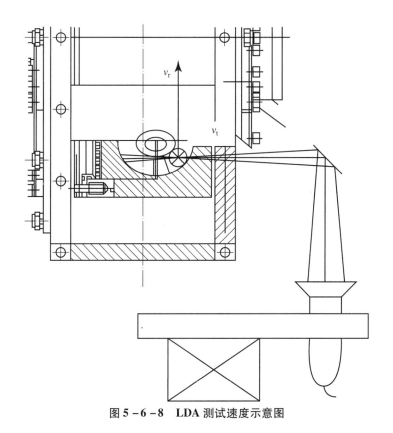

图 5 - 6 - 8　LDA 测试速度示意图

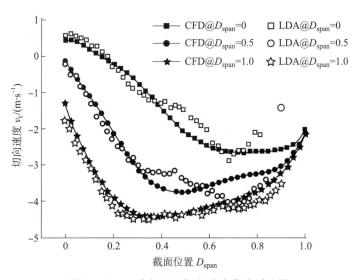

图 5 - 6 - 9　中间平面切向速度曲线对比图

1）试验系统

变矩器导轮叶片壁面压力测试系统布置采用传统的一字形布置（图 5 - 6 - 10），测试系统包括三个部分：控制系统、机械系统和数据采集系统，与液力变矩器常规试验并无二致。

控制系统包括泵站控制系统和电机控制系统；机械系统包括动力端与加载端电机、转速/转矩传感器和变矩器试验包箱；数采系统包括性能数据采集系统和压力数据采集系统，差别主要是壁面压力数据采集系统。

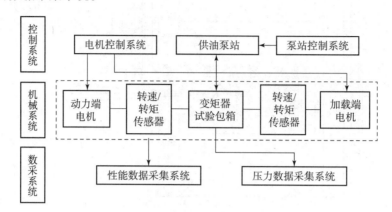

图 5-6-10　液力变矩器导轮壁面压力测量系统

2）压力传感器选型与布置

通过仿真计算，确定导轮叶片表面的压力值变化幅值，根据试验工况选择传感器的量程，本次试验选择动态微型贴片式压力传感器，如图 5-6-11 所示。其主要性能参数如表 5-6-1 所列。

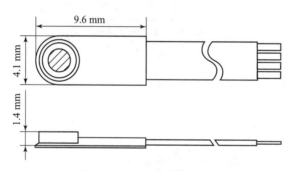

图 5-6-11　传感器尺寸

表 5-6-1　传感器性能参数

名称	数值或性能	名称	数值或性能
额定压力/MPa	1.7	分辨率	无限小
过载压力/MPa	3.4	满量程输出/mV	100
测量类型	绝对压力	工作温度范围/℃	-55~120
额定工作电压/V_{DC}	10	补偿温度范围/℃	+25~80

根据仿真结果，在导轮叶片工作面靠近外环入口处存在最大压力值，中间流线上压力变化能反映导轮叶片表面的压力变化。选择在叶片压力面压力最大处和中间流线上三处布置压力传感器，如图 5-6-12 所示 P_1、P_2、P_3、P_4 位置。

图 5-6-12　压力测点布置（见彩插）

为了满足测试系统信号传输要求，试验包箱需提供布线通道。图 5 - 6 - 13 所示为变矩器试验包箱剖视图，在靠近导轮出口处、外环、导轮固定座打孔，如图中虚线所示，压力传感器信号线从此穿过。

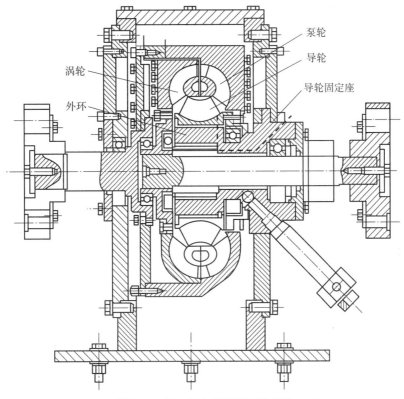

图 5 - 6 - 13　液力变矩器试验包箱

3）数采系统

数采系统示意图如图 5 - 6 - 14 所示，采集仪与四个压力传感器和两个轴编码器相连。两个轴编码器分别安装于输入/输出轴用于记录叶轮的转速与相位信号。压力传感器用 10 V 外接稳压电源供电。计算机中数据采集分析软件具备数据组态显示、存储、回放、分析和导出功能。

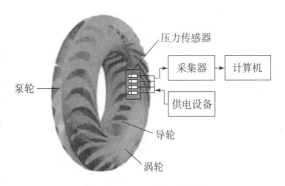

图 5 - 6 - 14　数采系统

采样频率对数据采集的完整性至关重要，根据本试验泵轮和涡轮最大转速，由于非定常流动压力脉动与叶轮转速和叶片数相关，本试验最大基频 $f_{max} = 1\ 200/60 \times 24 = 480$ Hz，根据采样定理和设备性能，选择 5 kHz 作为本次试验的采样频率。

4）压力测试结果样例

图 5 - 6 - 15 所示为压力测试结果，图中还绘制了仿真计算对应位置压力值，试验值与仿真值误差控制在 10% 以内，试验值与仿真值吻合较好。但测试值在液力工况下小于计算

值，这是因为仿真模型未考虑泄漏区影响，实际工作时由于泄漏区的存在导致压力下降。

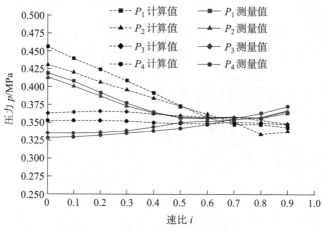

图 5 – 6 – 15　试验压力与仿真压力对比

对于泵轮和涡轮，由于其工作时一直是旋转的，在叶片上布置传感器和导轮是相同的，但是数据不能够直接用导线传出，需要采用遥测、存储或滑环等方式传出数据。

还可以采用压力敏感涂料和温度敏感涂料测量技术实现非接触测量[135 – 136]，并且可以实现全域测量。

5.6.2　离合器的温升特性试验

在车辆传动领域，存在转向离合器、换挡离合器、黏液调速离合器、转向制动器、换挡制动器、主离合器、软启动装置等利用摩擦传递动力的部件。无论是摩擦片还是制动器，主、被动摩擦片之间产生大量摩擦热；摩擦副接触表面接触压力周向的不均匀分布导致周向不均匀摩擦热，进而引起材料的不均匀热膨胀，此过程循环往复并最终导致滑摩表面接触比压出现热失稳；摩擦副元件滑摩过程中径向温度梯度引起了显著周向热应力和变形，造成摩擦副热弹稳定性丧失并导致摩擦副元件翘曲。目前，国内外学者针对湿式离合器工作过程中的研究模型，假设摩擦副接触界面接触压力均匀分布，而试验结果发现，其摩擦界面压力分布差异性较大。因此，摩擦片表面温升特性的研究是开发摩擦元件必不可少的试验内容[137]。

1. 湿式离合器结构特点

图 5 – 6 – 16 所示为湿式离合器结构组成。液压缸在接合油压的推动下，克服膜片弹簧的阻力压紧摩擦副。摩擦副在液压缸的压紧力和卡簧的固定约束作用下传递扭矩，同时产生摩擦热。液压缸的压紧力由接合油压和膜片弹簧的阻力确定[138]。

离合器结构上最重要的特点是主动部分和被动部分都是运动的。

通常认为，冷却润滑油一般从轴上在摩擦副间沿着径向由内向外流动，摩擦副内径相对线速度低，摩擦生热少，冷油先接触内径，内径处温升慢；外径处摩擦副相对线速度高，摩擦生热多，润滑油由内流到外径处不断接收摩擦热，油温升高很多，摩擦副温升高。从内径到外径，摩擦副温升逐步加大，这也由实际的试验得到验证[139]。但是这也未必是绝对的，不同的摩擦片结构、摩擦副转速差、润滑油流量、滑摩时间等都会使摩擦副的温升发生变

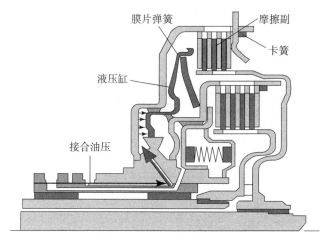

图 5 - 6 - 16　离合器结构

化[140]。对于不同结构和参数的离合器需要通过试验验证温升的仿真结果。

其他利用液体黏性传动的装置，其基本结构都是相同的。

2. 湿式离合器温度场试验台

对于不同功能的湿式离合器，开展温度场试验，试验目的不同，试验台的组成方式也会有不同。但是，基本上都是一字形试验台。

图 5 - 6 - 17 所示为某液黏软启动装置试验台。其摩擦副热特性试验主要是为了测量摩擦副摩擦表面温度的动态变化，验证建立的摩擦副瞬态热传导模型的合理性及有效性，揭示热特性对动力传递特性的影响规律，对摩擦转矩进行准确预测，为液黏离合器控制策略的制定提供一定的理论基础。其重点研究软启动过程中摩擦副温度的变化，研究摩擦副接触压力、相对转速和润滑油流量对温度场的影响[141]。

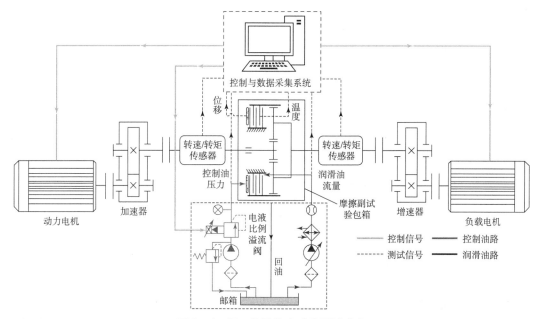

图 5 - 6 - 17　液黏软启动装置试验台

该试验台由机械系统、液压系统、测试系统、控制与数据采集系统组成。机械系统包括动力电机、减速器、摩擦副试验包箱、增速器和负载电机，其中动力电机为试验包箱提供动力，负载电机通过程序控制来模拟不同的负载。液压系统分为润滑油路和控制油路，一方面为液黏离合器摩擦副提供工作介质并起到散热的作用；另一方面通过改变控制油压力来调节摩擦副间隙和承载力，从而实现输出转速和转矩的调节。试验台的测试系统可测量包箱输入/输出转速/转矩、润滑油流量、入口温度和入口压力、控制油压力、油膜厚度、摩擦副接触表面温度等物理参数。动力电机和负载电机都由"交 - 直 - 交"变频器控制，两个变频器之间通过共直流母线实现电能量反馈，使试验台具有电封闭的低能耗的优点，实现功率循环利用，大大减少了试验系统从电网中需求的能量，节省了能源，这对于大功率的试验装置而言具有非常重要的意义。

图 5 - 6 - 18 所示为某液黏调速离合器摩擦试验台，其主要测试混合摩擦工况下摩擦副的热负荷特性，分析摩擦副温度场的分布特点，并采用控制单因素法研究主被动片相对转速、工作介质油的流量和入口压力对摩擦副温度场的影响规律[142 - 143]。

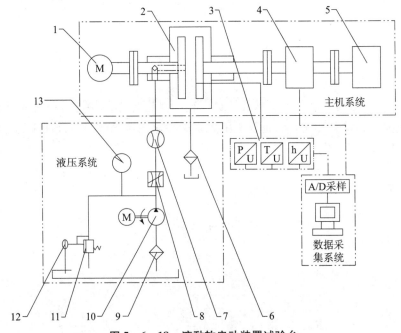

图 5 - 6 - 18　液黏软启动装置试验台

1—变频电机；2—液黏主机；3—传感器；4—转速转矩仪；5—磁粉制动器；
6—冷却器；7—流量计；8—调速阀；9—粗过滤器；10—液压泵；
11—溢流阀；12—空气过滤器；13—压力表

液黏调速离合器试验系统由主机系统、液压系统和数据采集系统三部分组成。转矩仪与磁粉制动器通过联轴器连接，根据试验的需要可以调节磁粉制动器的制动转矩来模拟液黏主机负载的加载。主机系统是整个试验系统的主体部分，包括变频电机 1、液黏主机 2、转速转矩仪 4 和磁粉制动器 5，变频电机的输出端与液黏主机的输入轴通过联轴器相连，根据试验要求调节变频电机的转速驱动液黏主机，液黏主机的输出轴通过联轴器与转速/转矩仪连接，转速/转矩仪用来测量液黏主机的输出转速和转矩。转速/转矩仪与磁粉制动器通过联轴器连接，根据试验的需要可以调节磁粉制动器的制动转矩来模拟液黏主机负载的加载。

图 5-6-19 所示为研究湿式离合器热弹性不稳定试验的试验台，试验台结构和文献 [143] 的液黏调速离合器结构相同，其通过测量摩擦元件在不同滑摩转速下的温度场曲线变化情况，可以推断得到系统发生热弹性不稳定状态的临界速度。利用转速转矩传感器、铠装热电偶温度传感器以及压力传感器等，测量湿式离合器在滑摩过程中转速、转矩、温度场以及压力场的变化规律，通过测量温度场波动情况推断离合器是否处于热弹性不稳定状态，并研究不同摩擦材料对离合器热弹性不稳定性的影响规律[144]。

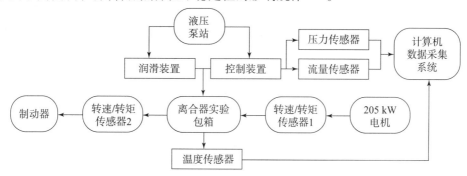

图 5-6-19　湿式离合器试验台示意图

图 5-6-20 所示为某湿式多片离合器温度场试验台架示意图[145]。主体包括电机、转速/转矩传感器、热电偶传感器、压力传感器、液压站、离合器试验包箱、飞轮、制动器、数据采集控制系统。电机替代发动机提供驱动转速，与离合器主动端输入轴连接，在离合器包箱内部，输入轴与摩擦片连接，使主动端摩擦片定速滑转。离合器包箱内部摩擦元件三组钢片和摩擦片交替布置，簧与钢片外齿一同安装在离合器外壳体凹槽内，紧紧抵住钢片外圈，限制元件轴向位移。在滑摩期间使用制动器令离合器从动轴保持静止，从动轴与钢片连接，钢片静止，因此台架中是以摩擦元件的恒定转速差滑摩模拟实际蠕行过程中的相对滑差。径向温度测点布置在静止钢片上，以便钢片温度信号的采集，也便于模拟恒定的转速差。在制动器和离合器包箱之间的从动轴上添加飞轮模拟转动惯量。

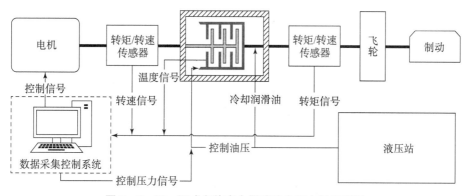

图 5-6-20　湿式多片离合器试验台架布局示意图

图 5-6-21 所示为研究湿式离合器接合过程中的热弹性稳定性试验的试验台，其与文献 [144] 的区别是采用双离合器模拟车辆换挡过程，动力为转动惯量输入。

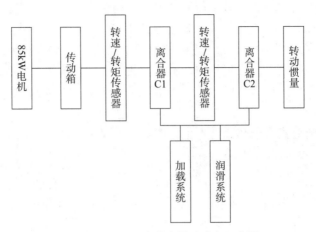

图 5 - 6 - 21　湿式离合器试验台示意图

图 5 - 6 - 22 所示为某湿式离合器试验台结构，离合器结构如图 5 - 6 - 23 所示。试验功能模块包括滑摩温升试验、转矩容量试验、动态特性试验、热失效试验（耐久试验）等。

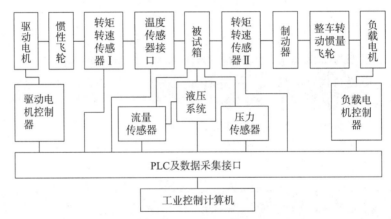

图 5 - 6 - 22　湿式离合器试验台结构

对于温升试验，试验开始前将输入端飞轮的转动惯量调整至目标转动惯量，并启动制动器将湿式离合器输出端固定（摩擦片固定），调节冷却润滑油温度至设定值，设定湿式离合器接合过程的加压特性；分离被试离合器，驱动电机设定为转速模式，启动驱动电机将湿式离合器输入端转动惯量加速至目标转速，当输入端转速达到目标转速，台架自动断开驱动电机，液压控制系统控制被试离合器按照加压特性进行接合，直至输入端转速降为零，一次试验结束，记录接合过程中扭矩、转速及温度值。

还可以按照不同的转速、压力、转动惯量进行离合器的温升试验。

离合器摩擦副的温度场还可以通过专用的摩擦试验机完成[146]，如图 5 - 6 - 24 所示。摩擦试验机可以模拟不同的摩擦形式，可在各种温度、速度及压力下进行试验，其试验结果与真实工况结果有很好的关联性。

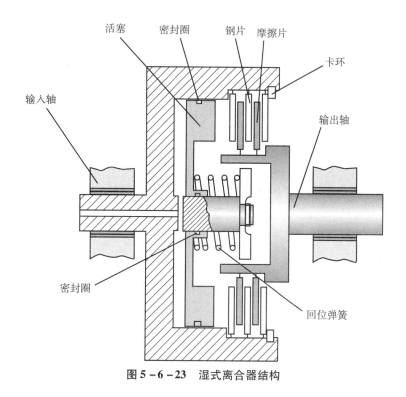

图 5-6-23　湿式离合器结构

图 5-6-24　摩擦试验机

3. 湿式离合器温度场试验方案

离合器摩擦副的典型特点是，主被动摩擦片都是旋转的，为了实现摩擦副温度场的测量，常用的方法是将对偶钢片固定，试验台控制离合器主被动摩擦副的速差，模拟实际离合器的运转工况，这种与实际离合器工况差别可以忽略不计。

1）对偶钢片温度测量

摩擦副的高温区一般出现在对偶钢片，固定对偶钢片测量摩擦片温度场是常用的做法。图 5 - 6 - 25 所示为某液黏软启动装置测量温度场，在对偶钢片上安装传感器的布置图[141]。

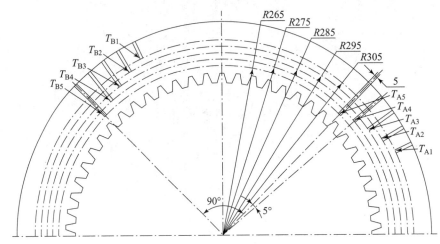

图 5 - 6 - 25　温度传感器测点方案

摩擦副热特性试验对温度传感器的布局要求高，由于温度传感器耐磨性低，不能与摩擦表面直接接触，因而通常测量距离摩擦表面一定距离处的温度，然后通过温度标定就可以获知摩擦表面上对应点的温度。

为了分析不同工况条件下摩擦副表面的温度分布情况及变化规律，由于对偶钢片始终不旋转，所以在对偶钢片表面预埋多个温度传感器来测量摩擦副的温度。由于原来的对偶钢片厚度较小，只有 2.3 mm，不方便直接布置温度传感器。为了能够方便固定温度传感器以及提高对偶钢片的热容量、增加滑摩时间便于局部高温区的充分发展，试验包箱中的对偶钢片采用特制加厚钢片，厚度为 5.5 mm。在对偶钢片的摩擦表面上沿径向开 10 个矩形槽，用于安装温度传感器。矩形槽的宽度为 5 mm，深度为 4 mm，测量摩擦表面以下 1.5 mm 处的温度沿径向和周向的变化规律。

摩擦副热特性试验对温度传感器的选择也提出了较高的要求，要求传感器具有较高的精度、较快的响应时间，并且体积较小以便适应对偶钢片上狭小的布置空间。本次试验采用铠装 K 型镍铬 - 镍硅热电偶温度传感器。铠装热电偶属于微型细丝热电偶，具有可弯曲、耐高压、坚固耐等优点，容易在摩擦副试验包箱内部布置，可靠性较高，可反复利用。

首先将温度传感器的保护管弯成 90° 直角，然后用氧化铜无机胶将传感器固定于对偶钢片的矩形槽内，使传感器尾部与对偶钢片表面垂直，便于与环形活塞的固定，如图 5 - 6 - 26（a）所示。对应对偶钢片上开槽的位置在环形活塞上也开相应的槽，将传感器尾部放入活塞上的槽内并固定，在包箱的联轴器上开圆孔将传感器的线引出，如图 5 - 6 - 26（b）所示。

按照该方案测得的摩擦副的温度结果如图 5 - 6 - 27（a）所示，图 5 - 6 - 27（b）所示为仿真曲线。

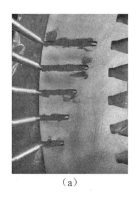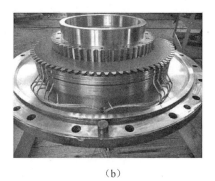

（a）　　　　　　　　　　　（b）

图 5 - 6 - 26　温度传感器布置图

（a）传感器固定图；（b）传感器安装图

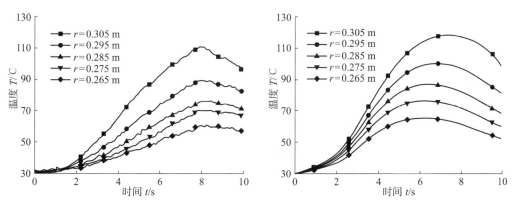

图 5 - 6 - 27　软启动过程摩擦副温度变化曲线

（a）测试曲线；（b）仿真曲线

上述试验方案是在对偶钢片表面开槽，在槽内粘贴传感器；也有在钢片径向打不同深度的小孔，来布置传感器，如图 5 - 6 - 28 和图 5 - 6 - 29 所示[140,147 - 148]。

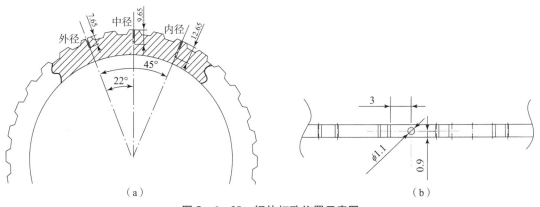

（a）　　　　　　　　　　　　　　　（b）

图 5 - 6 - 28　钢片打孔位置示意图

（a）主视图；（b）俯视图

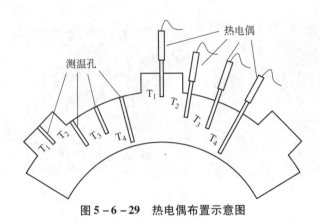

图 5 - 6 - 29　热电偶布置示意图

为了更好地再现实际离合器的运动状态下的温度场，不固定对偶钢片也可以实现温度场的测量，这里主要采用滑环或遥测技术来实现。

某湿式离合器温度场试验研究[138]在包含湿式离合器的变速器综合性能试验系统上进行，温度传感器的安装位置和布置形式如图 5 - 6 - 30 所示。温度传感器布置在离合器钢片的外径、内径以及平均半径处。通过高温固化胶将温度传感器固定在离合器的输入转鼓和输入轴上，并与集流环内环相连接，从而实现同步转动与信号的传输。

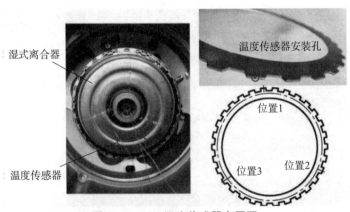

图 5 - 6 - 30　温度传感器布置图

2）摩擦片温度测量

对于摩擦片的温度测量，不同的测量目的也有不同的测量方法。可以采用将主动摩擦片固定，将对偶钢片设置成出入，采取和对偶钢片类似的传感器布置方法。或者将主动摩擦片和对偶钢片互换，固定主动摩擦片进行测温。

摩擦副表面测试的方法包括接触式和非接触式测温两种。接触式测温方法是基于热平衡原理，需保证被试表面与传感元件探头接触。热电偶的工作原理是两种不同的金属组合成闭合电路即热电偶，通过测量微型热电偶的电动势变化，即可得出测温值。

上述介绍的都是接触式测温方法。非接触式测温方法是利用热辐射原理，传感器的探头不必与被试件表面接触，如辐射测温传感器和红外温度传感器。

在实际湿式离合器试验中，由于摩擦表面多是直接接触或存在润滑油，而且摩擦元件厚度较小，热电偶的安装会影响湿式离合器摩擦表面温度场分布，因此采用非接触式温度测试方法，图 5 - 6 - 31 所示为非接触红外温度测试示意图[149]，在压盘不同径向位置处安装红外温度传感器探头，对偶钢片对应位置打孔，测得温度即为对偶钢片与摩擦片摩擦表面近似温度。

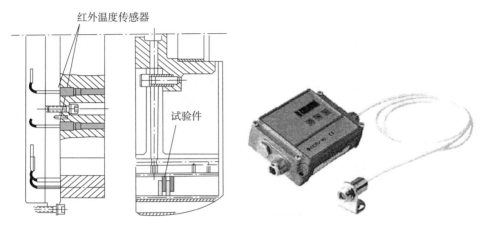

图 5 - 6 - 31　红外温度传感器测试方法

由于试验腔中油雾和粉尘会影响红外温度传感器的测量头，同时试件腔温度过高时会损坏温度传感器，因此可在作动缸内布置压缩空气喷口，用于给红外温度传感器的探头除尘、除油和降温。图 5 - 6 - 32 所示为外探头孔和气孔布置示意图，S 表示探头，h 表示气孔。由于在实际检测过程中，与作动头相接触的是对偶钢片，因此要测量摩擦片表面的温度，必须在最外侧的钢片上和红外温度传感器探头相对应的位置打上小孔，以便让红外线能够探测到摩擦片表面[150]。

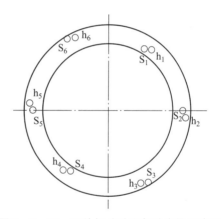

图 5 - 6 - 32　红外探头孔和气孔布置示意图

还可以采用分布式光纤传感器进行摩擦副的温度测量。

光纤测温是一种新型的温度传感技术，光纤传感器用光作为敏感信息的载体，用光纤作为传递信号的媒介，相对于传统的测温方案，其特点是响应速度快、精度高等，目前正逐渐应用于航天工程和道桥安全监测等工程领域中。

某干式离合器摩擦片温度试验采用光纤测量温度，其将温度传感光纤沿摩擦片本身具有的径向倾斜沟槽放置，如图 5 - 6 - 33 所示，沟槽内用少量胶水固定一定长度的光纤套管，然后在套管内传入光纤，每根光纤套管可作为一段温度测量单元，每个单元长度约 25 mm，以 2 mm 的空间分辨率可测量 12 个点的温度变化情况，从而实现径向温度梯度的测量。

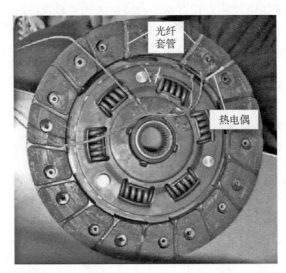

图 5 - 6 - 33　光纤布置在摩擦片沟槽内的示意图

由于摩擦片结构的周向对称性，摩擦接合面的温度仅沿半径方向和轴向有区别，而在同一个厚度同一个半径的圆环上没有温度梯度，所以试验中在摩擦片的压盘接合面和飞轮盘接合面各设置了两个温度测量单元，而没有过多地在周向进行光纤布置[151]。

5.6.3　换挡阀试验

综合传动装置和变速箱的换挡操作是通过换挡离合器接合与分离来完成的，调节换挡离合器的压紧油压，实现离合器接合与分离的摩擦力矩控制，从而保证离合器平稳接合，使车速平稳变化而达到良好换挡品质。离合器压紧油压可以通过换挡阀进行有效的缓冲控制。

离合器的缓冲控制已经从液压缓冲控制发展至电液缓冲控制，通过电液接口的缓冲阀和控制软件实现换挡过程的油压缓冲。电液接口阀可分为高速开关电磁阀和比例电磁阀。高速开关阀具有响应快、抗污染强和成本低等特点，但是由于输出油压脉动难以实现油压的连续精确控制。随着比例电磁阀在近几年的发展，逐渐被应用于汽车液压系统中。比例电磁阀能够根据输入的电信号连续、成比例地输出压力、流量等参数，可实现离合器油压的连续精确控制，保证车辆换挡的平顺性。

图 5 - 6 - 34 所示为某种综合传动装置上的电液比例换挡阀和离合器的结构简图，其用于大功率液力机械综合传动装置，以高响应速度的比例电磁阀为先导阀，双边节流滑阀起流量、压力放大和压力调节的作用，实现离合器油压的缓冲控制[152]。

图 5 - 6 - 34 中比例电磁阀为常闭型，自动变速器电控单元通过改变电磁阀驱动信号，调节控制腔油压，使双边节流滑阀位置发生变化，改变输出至离合器的压紧油压，实现离合器油缸的充放油。对于离合器，工作可以分为快速充油、缓冲充油和快速放油三种状态，在离合器缓冲控制过程中，主要处于缓冲充油阶段。

电液比例换挡阀的响应特性试验方案如图 5 - 6 - 35 所示，液压泵站提供主油压，为双边节流滑阀和主控油压调节阀（减压阀）提供输入油压。所使用比例电磁阀具有溢流功能，

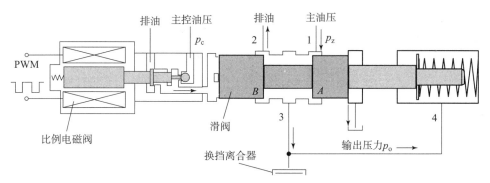

图 5 − 6 − 34　电液比例换挡阀和离合器的结构简图

主油压通过主控油压调节阀后得到主控压力，并输入至比例电磁阀的进油口。使用稳压电源为比例电磁阀提供阶跃电压（1.55 V），保持 310 ms 后断电，测试系统的阶跃响应特性和稳态特性。系统中增加了四个油压传感器和一个电流传感器，实现主油压、主控油压、滑阀左侧控制腔油压、离合器油压和电磁阀电流的测量，并由采集板统一采集数据，采样周期为0.1 ms。

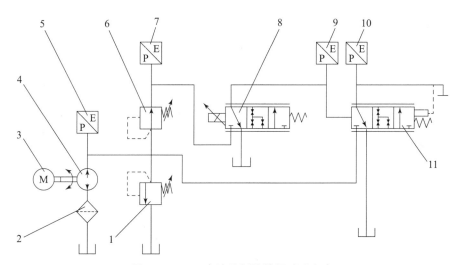

图 5 − 6 − 35　电液比例换挡阀试验方案

1—溢流阀；2—过滤器；3—电机；4—油泵；

5，7，9，10—油压传感器；6—减压阀；8—比例电磁阀；11—双边节流滑阀

试验得到的比例阀开启和关闭时的特性如图 5 − 6 − 36 所示。

某大功率矿用车自动变速器共有 6 个前进挡和 1 个倒挡，变速换挡采用比例电磁阀控制双边节流阀实现换挡控制。其电液换挡操纵系统一般分为 4 个部分：系统供油调压及流量控制部分、换挡操纵及换挡品质控制部分、液力变矩器的闭锁控制部分和液力缓速器的控制部分。油箱内的油液经过油泵进入液压系统，由主油路定压阀 D1 对系统工作压力进行调节，经压力调节后的液压油一路进入液力变矩器，另一路进入换挡操纵系统，通过换挡阀的控制进入换挡离合器或制动器液压缸操纵换挡，该液压系统原理如图 5 − 6 − 37所示。

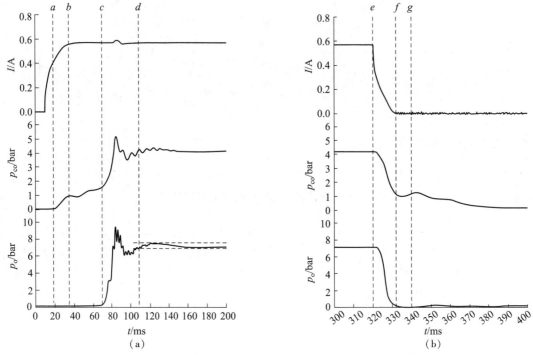

图 5 - 6 - 36 比例电磁阀动态响应

（a）阀开启时；（b）阀关闭时

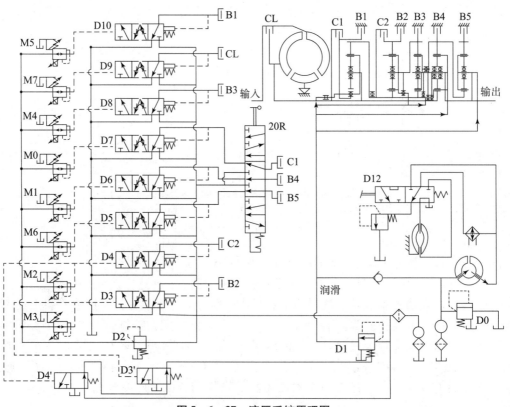

图 5 - 6 - 37 液压系统原理图

换挡液压控制油路采用油泵供油，该控制油路由下列几个阀体构成：

（1）主油路定压阀 D1、减压阀 D2、闭锁调压阀 D9 和换挡调压阀 D3 ~ D8 提供稳定的主油路油压。同时，控制流入换挡操纵部分的油液流量，将多余油液泄给润滑油路。

（2）减压阀 D2，在主油路油液进入电磁阀 M0 ~ M7 之前提供一个稳定的进油压降，保障电磁阀的正常使用，通过控制器的 PWM 控制，调控各换挡调压阀的先导控制油压。

（3）换挡调压阀 D3，根据控制器和 M3 的电液控制信号实现换挡制动器 B2 的充放油缓冲和开关控制。同时，控制通向定压阀底部的增压回路。

（4）换挡调压阀 D4，根据控制器和 M2 的电液控制信号进行换挡离合器 C2 的充放油缓冲和开关控制。同时，控制通向定压阀底部的增压回路。

（5）换挡调压阀 D5，根据控制器和 M6 的电液控制信号进行换挡离合器 B5 的充放油缓冲和开关控制。

（6）换挡调压阀 D6，根据控制器和 M1 的电液控制信号进行换挡离合器 B4 的充放油缓冲和开关控制。

（7）换挡调压阀 D7，根据控制器和 M0 的电液控制信号进行换挡离合器 C1 的充放油缓冲和开关控制。

（8）换挡调压阀 D8，根据控制器和 M4 的电液控制信号进行换挡制动器 B3 的充放油缓冲和开关控制。

（9）换挡调压阀 D9，根据控制器和 M7 的电液控制信号进行闭锁离合器 CL 的充放油开关控制。

（10）换挡调压阀 D10，根据控制器和 M5 的电液控制信号进行换挡制动器 B1 的充放油缓冲和开关控制。

（11）手动应急阀，在控制器故障或系统断电情况下允许驾驶员通过手动切换 C1、B4、B5 等换挡离合器和制动器闭解锁状态，实现保障车辆基本行驶功能的空挡、二挡和倒挡功能。

系统通过 M0 ~ M7 8 个电磁阀的组合，实现换挡控制逻辑，闭/解锁缓冲控制和换挡离合器充放油过程的数字控制。

为研究无阀口、全周阀口和 U 形阀口换挡阀（图 5 - 6 - 38）在工作过程中对离合器油压响应特性的影响，搭建了大功率 AT 换挡阀的试验台（图 5 - 6 - 39）。

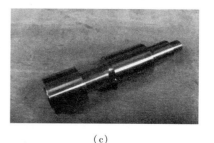

（a）　　　　　　　　　（b）　　　　　　　　　（c）

图 5 - 6 - 38　各种类型双边节流换挡阀阀芯

（a）普通阀芯；（b）全周开口阀芯；（c）U 形开口阀芯

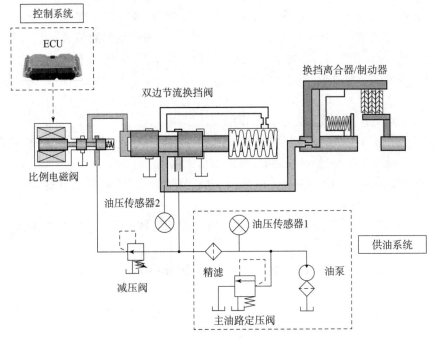

图 5 - 6 - 39　液压系统试验原理

　　对各种类型阀口换挡阀试验施加阶跃控制信号，得到各种类型阀口换挡阀油压响应的曲线，如图 5 - 6 - 40 所示[153]。

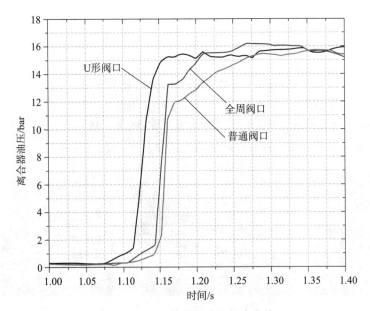

图 5 - 6 - 40　换挡阀油压相应曲线

第 6 章

动力传动系统试验

各项性能指标优良的发动机和传动装置未必能够匹配出性能优良的动力传动系统。实验室低温启动性能良好的发动机，装车后低温启动性能下降，而装车后对整个系统进行全面整改难度大，只能采取局部弥补措施；现有试验方法考核边界不清晰，在进行发动机台架试验时，油门控制一般按由小到大等间隔逐次提高的顺序进行，与实际操作中的随机变化过程差异较大，而且负载电机无法模拟车辆换挡过程；综合传动装置台架试验时，输入扭矩和转速只能选择发动机的典型工况点（如怠速、最大扭矩转速、标定转速、最高空转转速等），无法实现发动机转速的全覆盖，其设计载荷谱与实车载荷谱也存在差异，对台架可靠性试验、耐久性试验的置信度产生一定影响；现有试验方法对新型动力、传动装置的核心能力考核不充分，例如自动换挡特性、液力变矩器闭解锁功能、热平衡能力等方面尚未制定相应试验方法，对动力传动系统的试验考核不全面、不充分。因此，需要对动力传动系统整体进行台架试验，验证系统整体性能。

新型的混合驱动系统包括发动机、发电机、蓄电池、电机、耦合机构、变速机构等部件或装置，单个部件性能无法反映混合驱动整体的性能。因此，需要搭建混合驱动试验系统，对整个混合驱动系统进行试验，验证功率管理和各种性能。

6.1 动力传动系统评价指标

对坦克动力传动舱的基本要求应遵循：确认在采用新技术提高坦克机动性能的同时，应从全面提高作战使用时对坦克的总体性能要求出发，努力缩小动力传动舱尺寸（特别是降低车高）、提高传动效率，以利于增强坦克形体防护、减小坦克被命中概率；利于在增强装甲防护时，控制坦克总质量增加，提高坦克通行（特别是桥梁）能力；并利于在增加单位功率、提高坦克机动性能的同时，减少功率损失不致使发动机功率过大，以便提高坦克使用的经济性。

基于装甲车辆的总体要求，并参照美军、俄罗斯军队对装甲车辆动力传动舱的基本要求，建立动力传动系统的评价指标体系如图 6 – 1 – 1 所示。

动力传动舱的基本性能参数只能作为对动力传动舱的最基本的认识。动力装置和传动装置是车辆的两大核心部件，它们之间的合理匹配决定了车辆的机动性[22]。

6.1.1 动力性指标

装甲车辆动力传动舱的最直接的功能是为装甲车辆提供动力源，动力传动舱的做功能力是通过动力传动舱的功率指标来体现，一般用发动机标定功率、标定转速、转矩、活塞平均

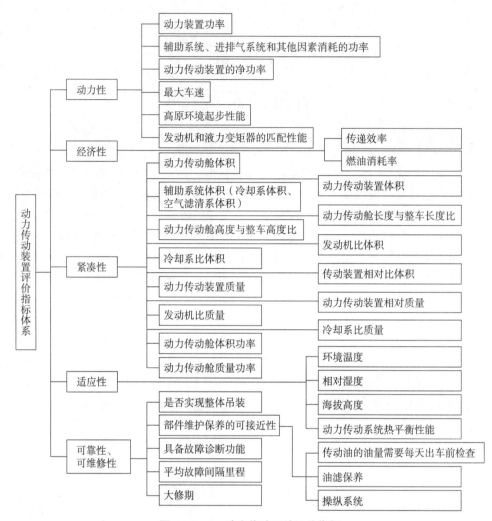

图 6-1-1　动力传动系统评价指标

速度和平均有效压力等表征。

1. 动力装置功率

动力装置功率是指发动机的额定功率。

2. 辅助系统、进排气系统和其他因素消耗的功率

辅助系统、进排气系统和其他因素消耗的功率是指各个系统间功率传递或者发动机功率通过传动系统传递到两侧主动轮的过程中消耗的功率。该功率越小，系统消耗的功率越小，系统效率越高。

3. 动力传动系统的净功率

动力传动系统的净功率又称主动轮功率或者轴功率，净功率越大，系统效率越高。动力传动系统的净功率决定了车辆的动力性。

4. 最大车速

动力传动系统的最大车速是指传动输出模拟水泥路面阻力条件下，传动系统置于最高挡位，发动机油门逐渐增大，系统达到平衡时的理论车速。

5. 高原环境起步性能

高原环境起步性能是指动力传动系统在高原环境下的起步动力因数，该值越大，则动力传动系统的高原动力性越好。

6. 发动机和液力变矩器的匹配性能

动力传动的动力性匹配一般是指柴油机与传动装置中液力变矩器的匹配。一般用下面 8 个指标来评价。

（1）零速比稳定工作点扭矩 M_{i0} 与柴油机外特性曲线中最大扭矩 M_{max} 的比值 K_0，K_0 值越接近于 1，说明启动工况越好地利用了柴油机的最大扭矩：

$$K_0 = \frac{M_{i0}}{M_{max}} \tag{6.1.1}$$

（2）最高效率的稳定工作点扭矩 M_{i*} 与柴油机额定功率时扭矩 M_{max} 的比值 K_{i*}，K_{i*} 值越接近于 1，说明该液力变矩器越能够高效地传递标定功率：

$$K_{i*} = \frac{M_{i*}}{M_{max}} \tag{6.1.2}$$

（3）柴油机和液力变矩器稳定工作区域的面积 A_w 与柴油机独立工作区域的面积 A_d 的比值 I，I 值反映了柴油机与液力变矩器共同工作的稳定工作区域的相对大小：

$$I = \frac{A_w}{A_d} \tag{6.1.3}$$

（4）适应性系数放大因子 χ，χ 反映了液力变矩器对柴油机自适应性的放大作用。柴油机与液力变矩器连接后，液力变矩器的自适应性，使得整个系统的适应性系数得到提高：

$$\chi = \frac{K_{Tf}}{K_f} = \frac{M_{Tmax}/M_{TN}}{M_{max}/M_N} \tag{6.1.4}$$

式中　K_{Tf}——变矩器涡轮输出端的适应性系数；

　　　K_f——发动机曲轴端的适应性系数；

　　　M_{Tmax}——发动机最大转矩转速对应的变矩器涡轮输出端转矩；

　　　M_{max}——发动机最大转矩；

　　　M_{TN}——发动机最大功率转速对应的变矩器涡轮输出端转矩；

　　　M_N——发动机最大功率点转矩。

（5）高效区宽容度 σ，σ 表示了高效率区的宽窄，可由下式计算：

$$\sigma = \frac{n_{T2}}{n_{T1}} \tag{6.1.5}$$

式中　n_{T1}——高效区域对应的最低转速；

　　　n_{T2}——高效区域对应的最高转速。

（6）高效区功率输出系数 φ_N，表示了发动机和变矩器匹配后在高效率区做功的比率，即

$$\phi_N = \frac{\int_{n_{T1}}^{n_{T2}} f(n_T) N_T \mathrm{d}n_T}{N_e} \tag{6.1.6}$$

式中　n_T——涡轮输出转速；

$f(n_T)$ ——车辆实际使用过程中转速分配统计规律；

N_T ——是输出转速为 n_T 时对应的功率；

N_e ——柴油机标定功率。

（7）全区功率输出系数 φ_A，表示了发动机和变矩器匹配后在高效率区做功的比率，即

$$\phi_A = \frac{\int_0^{n_{Tmax}} f(n_T) N_T(n_T) dn_T}{N_e} \tag{6.1.7}$$

式中 n_{Tmax} ——变矩器涡轮轴输出的最大稳定转速。

（8）燃油消耗率系数 ϑ，表示了发动机和变矩器匹配后在高效率区做功的比率，即

$$\vartheta = \frac{g_{eN}}{g_{eTc}} \tag{6.1.8}$$

式中 g_{eN} ——柴油机额定工况燃油消耗率；

g_{eTc} ——柴油机与液力变矩器共同工作区域内换算到涡轮轴端的等效燃油消耗率的平均值。

6.1.2 经济性指标

1. 传递效率

动力传动功率损失是指动力传动系统输出净功率和发动机的输出功率之比。传递效率越高，动力传动系统的经济性越好。

2. 燃油消耗率

动力传动系统燃油消耗率是指动力传动系统发出每千瓦时能量需要燃烧掉的燃油质量。

6.1.3 紧凑性指标

动力传动系统紧凑性指标一般用动力传动舱体积、发动机比体积等 14 个指标来表征。

（1）动力传动舱体积。动力传动舱体积一般用长×宽×高进行计算，一般不含局部凸出。受整车质量和布置空间的限制，随着功率不断加大，对传动装置的功率密度要求越来高。减小动力舱的容积，缩小坦克目标体积和减轻质量，可使整车的生存能力得到进一步提高。

坦克动力舱的体积一般约占整车总体积的 40%，德国 MTU 公司和德国 RENK 公司共同研制的"欧洲动力机组"，体积比"豹"Ⅱ原动力舱减小约 3 m³。

（2）动力传动装置体积。动力传动装置体积一般用长×宽×高进行计算，一般不含局部凸出。

（3）辅助系统体积（冷却系体积、空气滤清系体积）。辅助系统体积一般用长×宽×高进行计算，一般不含局部凸出。

（4）动力传动舱长度与整车长度比。动力传动舱长度与整车长度比能够反映动力舱紧凑性，该比值越小动力舱相对越小，为乘员舱和驾驶舱做的贡献越大。

（5）动力传动舱高度与整车高度比。动力传动舱高度与整车高度比也能够反映动力舱紧凑性，该比值越小动力舱相对越矮，整车也能做得低矮，有效降低了正面被发现和击中的概率。

（6）发动机比体积。发动机比体积是指发动机的体积和动力舱的体积之比，该比值越小，发动机的体积越小。

（7）冷却系统比体积。冷却系统比体积是指冷却系统的体积和动力舱的体积之比，该比值越小，冷却系统的体积越小。

（8）传动装置相对比体积。传动装置相对比体积是指传动装置的体积和动力舱的体积之比，该比值越小，传动装置的体积越小。

（9）动力传动装置质量。动力传动装置质量是指动力传动装置质量之和（不含油），该值越小动力，传动装置越轻，系统质量功率密度越高。

（10）动力传动装置相对质量。动力传动装置相对质量是指动力传动装置质量之和（不含油）与整车质量之比，该比值越小，动力舱越轻，系统质量功率密度越高。

（11）发动机比质量。发动机比质量是指发动机的质量和动力舱的质量之比，该比值越小，发动机相对越轻。

（12）冷却系统比质量。冷却系统比质量是指冷却系统的质量和动力舱的质量之比，该比值越小，冷却系统相对越轻。

（13）动力传动舱体积功率。动力传动舱体积功率是指发动机额定功率和动力传动舱的体积之比，该比值越大，动力传动舱体积功率密度越大，系统越紧凑。

（14）动力传动舱质量功率。动力传动舱质量功率是指发动机额定功率和动力传动舱的质量之比，该比值越大，动力传动舱质量功率密度越大，系统越紧凑。

6.1.4　适应性指标

1. 动力传动系统热平衡性能

动力传动系统的发动机和传动系统都有适应温度的要求，热平衡性能是保证动力舱可靠工作的重要保证。一般要求辅助散热系统能够使传动油温稳定在 90℃ 左右，发动机水温保持在 80℃ 左右。目前国内外对动力传动系统热平衡试验结果主要通过 ATB 特性指标、发动机热适应率、稳定温度曲线和最高可使用环境温度进行评价。

1）ATB 特性指标

ATB 特性指标是指发动机冷却水温达到沸点时所对应的环境温度，可表示为：ATB 等于冷却水沸点温度 −（冷却水温稳定值 − 环境温度）。ATB 特性指标提供了在冷却系统工作下，车辆发动机所能适应的最高环境温度，在该温度下，冷却水温将达到沸点温度。从 ATB 特性上可以看出冷却系统所具有的最大冷却潜力，反映了冷却能力的强弱。

2）发动机热适应率 γ

发动机热适应率 γ 是指车辆在某一排挡行驶时，发动机稳定热负荷特性落在要求的温度范围内（如 55 ~ 105℃）的比率，其给出了发动机冷却水温在该工况条件下处于正常范围的概率，因而也给出了车辆冷却系统处于正常量的概念。

3）稳定温度曲线和最高可使用环境温度

稳定温度曲线给出了达到热平衡时各温度参数所能达到的稳定状态，说明了冷却系统的热平衡特性在发动机满负荷状态下的分布情况；最高可使用环境温度是一个计算参数，用于评价车辆是否能在战技指标规定的最高环境温度下使用。试验时环境温度不得低于 20℃。

通过对试验数据进行处理，可以在发动机外特性上和传动装置得到各测点稳定温度 TS 曲线和可使用的最高环境温度 TA_c 曲线。

各测点稳定温度的外推和环境温度的外推采用国内外通用的计算方法进行，稳定温度的外推公式为

$$TS_1 = TS_t + (TA_1 + TA_t) \tag{6.1.9}$$

式中　TA_t ——试验时的环境温度；

　　　TA_1 ——可使用的最高环境温度；

　　　TS_t ——试验时的稳定温度；

　　　TS_1 ——可使用的最高环境温度时的稳定温度。

环境温度的外推公式为

$$TA_c = (TS_c + TS_t) + TA_t \tag{6.1.10}$$

式中　TS_c ——可使用的温度参数上限；

　　　TA_c —— TS_c 时的环境温度。

2. 海拔高度

海拔高度越高，气压越低，空气中含氧量越少，发动机的燃烧越不充分，从而影响动力性能的发挥，一般高原地区的起步性能、最高车速等都会受到影响。通常要求动力传动系统都能适应 4 000 m 以上的海拔高度。

另外，还有环境温度和相对湿度指标，可以动力装置或传动装置单体进行评价。

6.1.5　可靠性、可维修性指标

1. 是否实现整体吊装

动力传动系统的拆装应使用最少量的工具花费最少的劳动和时间；动力传动系统能否实现整体吊装，是实现战时条件下快速维修、恢复战斗力的必要保障。

2. 部件维护保养的可接近性

动力传动系统经常需要检查和维护保养容易，主要有每日出车前的传动油油量检查、油滤保养和操纵系统的检查。

另外，还有故障诊断功能、平均故障间隔里程和大修期的要求，可以按照动力或传动的单体要求。

6.2　动力传动系统试验

6.2.1　动力传动系统试验台的基本组成

动力传动系统试验台的被试对象为动力装置和传动系统，发动机既作为试验台的动力，又作为被试对象，因此试验台不能采用电机作为动力，试验台不能采用电封闭形式，一般为耗散型的开放式结构。

装甲车辆动力传动系统模拟车辆在高低温、高原以及振动环境下的性能，试验台需要配置对应的模拟环境，动力传动系统综合试验台示意图如图 6 - 2 - 1 所示。

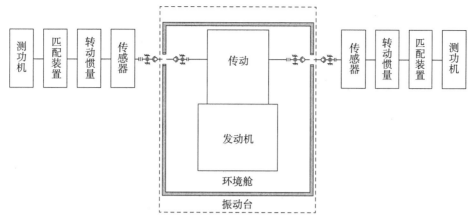

图 6 - 2 - 1　动力传动系统综合试验台

　　动力传动系统试验台主要包括被试动力传动及其辅助系统、加载控制系统、传感及测控系统、环境模拟系统组成。

　　动力传动及其辅助系统包括被试发动机及其辅助系统、传动装置、动力及传动操纵装置、连接装置、匹配装置等；加载控制系统主要是测功及其控制；传感及测控系统主要采集发动机及其辅助系统、传动装置的各种参数以及对匹配装置的控制和系统散热等；这些在前面的动力系统及部件试验、传动系统及部件试验中都有介绍，不再赘述了。如果是对整车进行室内试验，加载测功设备就类似于跑步机的带式加载装置。

　　环境模拟系统主要包括温度模拟、湿度模拟、高原环境模拟和振动环境模拟。当不做环境模拟时，环境模拟系统就不需要了。

　　高原环境模拟系统用来模拟高原环境，使试验过程保持在规定的环境下进行。高原环境模拟舱在前面动力系统及部件试验中已做简单介绍，系统主要包括以下几个部分。

　　（1）压力模拟系统：用于模拟高原地区的低气压环境，由新风系统和尾气排气系统共同组成。

　　（2）温度模拟系统：用于实验室内的温度控制。

　　（3）湿度模拟系统：用于实验室内的湿度控制。

　　（4）循环风系统：均匀布置试验区域内的空气。

　　（5）安全控制系统：用于监测实验室内一氧化碳和碳氢化合物含量，避免人员伤亡。

　　以上是综合环境模拟，按照试验目的和内容，可以配置各种组合式的环境舱，比如仅对温湿度环境模拟或仅对高原环境模拟。

　　振动环境模拟主要用来模拟车辆实车行驶时的路面振动环境。

　　现在的振动试验台主要有机械式、液压式和电磁式三种。在车辆领域，液压振动台和电磁式振动台得到了比较广泛的应用。

　　液压振动台的动力输出源自液压激振器，而液压激振器的构成核心是阀控液压缸。在振动试验中，液压振动台的主要工作流程包括：振动系统的核心控制器根据振动试验的标准参数和相关的振动控制算法输出振动控制驱动信号，输出到液压激振器，驱动液压伺服阀，其对液压振动台的液压缸进行控制，使振动台按照试验给定振动，如图6-2-2所示[154]。液压振动台的优点是在进行振动环境模拟试验时，可以提供比较大的推力；但是，在比较高的频率段工作时，液压振动台系统的工作性能会受到比较明显的影响，系统性能大幅下降，尽量利用其模拟较低的频率段或者中间的频率段的振动环境。同时，由于其机械结构的特点，温度的改变对其工作性能会造成很大影响，而且其成本较高，进行维修也比较复杂[155]。

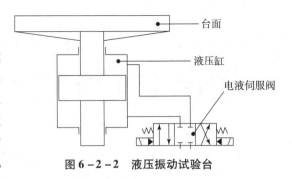

图6-2-2　液压振动试验台

电磁式振动试验台利用电磁式振动台系统中硬件所产生的恒定磁场，使驱动线圈处于其中，通电后的磁场和驱动线圈进行相互作用，产生驱动振动台进行振动的驱动力。电磁式振动台可以在较大的频率范围内进行振动环境的模拟。在复现振动环境时，产生的响应波形和期望波形的相似度较高，而且便于进行控制，在振动系统中的可靠性和适应性较好，如图6-2-3所示。

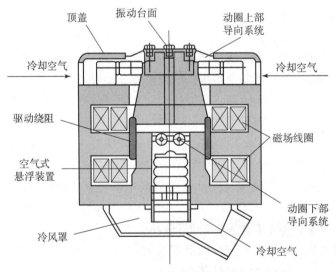

图6-2-3　电磁式振动试验台

坦克装甲车辆动力传动系统所受的地面振动激励主要是垂向振动，垂向单自由度振动环境已经可以满足动力传动系统的振动环境试验要求。如果对振动环境有更高的要求，可以采用六自由度的振动平台。

三轴六自由度振动台结构如图6-2-4所示[156]，由四个水平伺

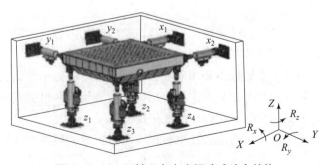

图6-2-4　三轴六自由度振动试验台结构

服作动器组件、四个垂向伺服作动器组件、振动平台和连接铰链等组成，在控制系统和液压源系统的驱动作用下，完成规定的运动规律，并保证波形或频谱的复现精度。

振动试验系统工作原理如图 6-2-5 所示。伺服控制系统的主要作用是将对台面的自由度驱动信号转化为对各单系统（激振器）的驱动信号，通过控制激振器的运动实现平台的运动。为了实现加速度控制，提高控制系统的稳定裕量并拓展系统频宽，还要采用三状态控制和极点配置等技术，实现进一步提高系统的控制精度的目的。

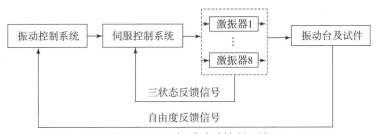

图 6-2-5　振动试验控制系统

某六自由度变胞振动试验台主要包括测试工作台、动平台、回转装置、X 向电磁激振器、Y 向电磁激振器、Z 向电磁激振器及支撑座 7 个部分，如图 6-2-6 所示[157]。该试验台通过控制不同方向、一对或多对电磁激振器的通断电及回转装置的转动实现振动试验台三平移两转动五自由度振动；变胞机构通过回转装置辅助测试工作台旋转 90° 实现变自由度振动，即第 6 个自由度的旋转振动，具有各振动自由度独立可调、结构紧凑、操作维护方便等优点，可满足多种振动测试工作需求。

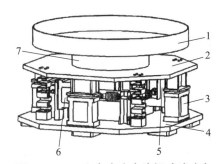

图 6-2-6　六自由度变胞振动试验台
1—测试工作台；2—动平台；3—Z 向电磁激振器；4—支撑座；
5—X 向电磁激振器；6—Y 向电磁激振器；7—回转装置

该六自由度变胞振动试验台结构动力学二维模型与三维模型，如图 6-2-7 所示。振动试验台自由度的选择依据是动力传动系统的试验目的和内容。

6.2.2　动力传动系统试验内容

动力传动系统试验可视为动力舱试验，在履带车辆综合性能试验平台上模拟行驶工况下整车性能等各项试验，代替实车在热区、寒区、高原等极限环境工况下的耐久性行驶试验。

动力舱试验的主要目的如下：

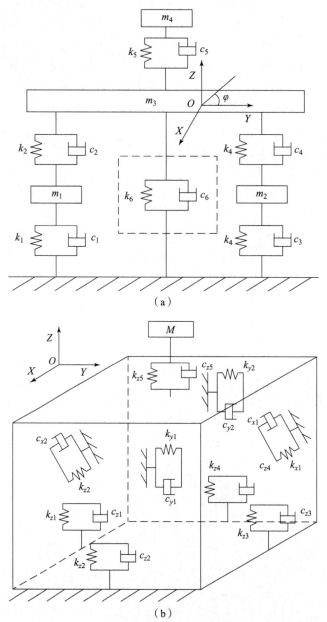

图 6 - 2 - 7 六自由度变胞振动试验台动力学模型

（a）二维模型；（b）三维模型

（1）准确模拟载荷条件，全面验证分系统设计。

（2）验证动力传动及辅助系统性能匹配设计的正确性及合理性。通过动力舱试验系统地验证动力传动的性能和匹配设计，包括车辆自动换挡、动力传动协同控制、散热系统性能匹配和参数优化等。

（3）代替整车行驶试验，节约时间和成本。

动力传动系统试验，将动力装置、传动装置和辅助系统放在一起，充分检验各个分系统之间的匹配情况，尽早发现设计薄弱环节，从而进行改进。主要试验内容包括动力传动性能试验、环境适应性试验、动力传动热平衡试验和可靠性试验等。

动力传动性能试验不需要环境舱。

1. 动力传动性能试验

动力传动系统性能试验主要有动力特性试验、扭振试验、联合制动试验、失速点试验及发动机和液力变矩器匹配试验。

1）动力特性试验

装甲车辆整车动力性能的优劣，除了受发动机性能影响外，还和传动比、传动效率、整车质量、行驶阻力、换挡规律等参数有密切的关系，它们对车辆动力性能的影响程度各不相同。动力特性试验通过试验评估车辆结构参数、环境参数和换挡规律对车辆动力性能的影响，为改进提供依据。

动力特性试验的主要内容是测试动力传动装置在不同油门开度和不同挡位条件下，动力传动输出的动力因数和动态特性，获得最大车速、加速时间和最大爬坡度等。

动力因数试验、最大车速试验、最大爬坡度试验时，不需要配置转动惯量，试验台传动输出两侧加载不同扭矩，模拟不同的路面阻力，通过设定各个挡位、发动机油门开度，达到平衡之后记录转速、扭矩、油门开度等数据，得到动力传动系统输出动力特性曲线，得到最大车速、爬坡度、牵引特性等。

对于加速特性、换挡性能等动态试验，需要配置转动惯量模拟整车转动惯量，可以在模拟水泥路面阻力的条件下，按照自动换挡，通过控制发动机油门，得到加速特性、换挡性能等数据。

动力传动装置整机台架动力特性试验需要记录的原始数据主要包括挡位 G、发动机转速 n_1、油门开度、左输出转速 n_L、左侧输出扭矩 M_L、右输出转速 n_R、右侧输出扭矩 M_R、传动油温 T、变矩器状态等[22]。

2）动力传动扭振试验

在车辆动力传动系统中，由于内燃式发动机燃气压力和惯性力矩呈周期性变化，这些力矩作用在发动机曲轴上形成激励力矩，这是产生扭振的外因；内因是动力传动轴系的惯性和弹性，决定了其固有的扭振特性。因此，对于车辆动力传动系统而言，扭振是普遍存在的，只是轴系的差别和激励的不同，扭振的强弱程度不同而已。动力传动系统扭振直接影响动力传动系统零部件的寿命。

动力传动扭振试验的主要目的是测试传动装置在不同发动机转速和不同负载条件下，传动各个测点的扭转角度幅值和动载的幅值[22]。具体包括以下内容：

（1）检查在车辆使用过程中可能发生的严重的扭振；

（2）检查发动机缺火（一个汽缸不能正常工作）的影响；

（3）记录在加、减挡和越野情况下的扭矩峰值。

动力传动扭振试验的条件是具有扭振测试装置，一般采用基于转速信号的非接触式测量。还需要旋转部件无线测扭装置，可以获得传递的扭矩。

某履带车辆采用动态试验方法进行动力传动系统的扭振试验。试验时发动机从最低稳定转速连续变化到最高稳定转速，同时记录各测点的振动响应。发动机对系统的扭转激振频率随时间连续变化，因此动态试验法能够得到动力传动系统在每个转速下的振动状态，给出系统的振动全貌。图 6 - 2 - 8 所示为该履带车辆实车状态下采用非接触式获取测点的扭振信号的转速测点布置，表 6 - 2 - 1 所列为测点说明[158]。

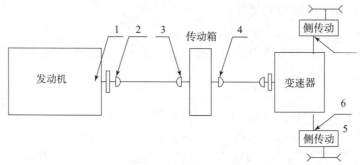

图 6 - 2 - 8　转速测点布置图

表 6 - 2 - 1　测点布置及转速比

序号	位置	齿盘	齿数	转速比 i
1	飞轮	启动齿盘	124	1
2	联轴器输出端	测速齿盘	120	1
3	传动箱输入端	测速齿盘	120	1
4	传动箱输出端	测速齿盘	120	0.84
5	变速箱右侧输出端	测速齿盘	120	$i_1 = 4.76, i_2 = 2.13, i_3 = 1.28,$
6	变速箱左侧输出端	测速齿盘	120	$i_4 = 0.82, i_3 = 0.54$

试验方法和具体安排实施参考如下。

（1）工况 1：在手动模式下，以非常低的发动机转速变化率，在每个挡位下驾驶车辆，目的是记录发动机最小负载时的数据。

（2）工况 2：液力变矩器失速点。

（3）工况 3：记录发动机在两种情形下的测试结果，即在正常工作和一个汽缸发生故障的情形。

（4）工况 4：斜坡（上、下坡），模拟 30° 混凝土坡道阻力进行模拟爬坡试验。记录包括 1 挡→低速 1 挡的情况。

（5）工况 5：模拟混凝土跑道阻力上的行驶（0→70 km/h→0），记录两种模式。2 挡和 4 挡之间 A 模式（自动）换挡，1 挡和 4 挡之间 T 模式（越野）换挡。

（6）工况 6：模拟中心转向、倒车、应急操作下行驶。

3）动力传动联合制动试验

重型高速履带式车辆，车辆质量较大、行驶速度较高，制动系统一般采用双侧机械制动器和液力缓速器联合制动形式，缓速器有安装在综合传动装置变速后，也有安装在变速前，也有和液力变矩器集成在一起。

液力机械联合制动系统采用机械制动的比例控制，匹配液力缓速的恒扭矩控制，响应车辆制动指令的比例控制要求。液力机械联合制动系统充分利用了机械制动和液力缓速制动扭矩的互补特性，液力缓速适时补充机械制动在制动过程中的有限扭矩衰退，如图 6 - 2 - 9 所示。[22]

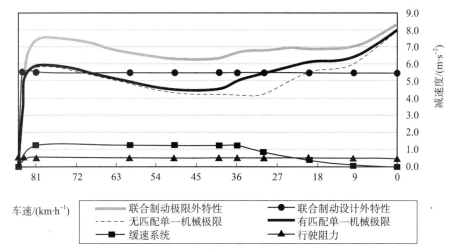

图 6 - 2 - 9　联合制动及其液力缓速分系统单独扭矩控制特性（机械制动与机液联合制动）

动力传动系统联合制动试验的目的主要是测试车辆在高速行驶工况下连续制动的能力，得到不同车速制动时最大制动减速度、制动距离等输出特性，检查联合制动液压系统匹配是否合理，以得到连续制动工况下液力减速器引起的温升对传动装置的影响规律。

动力传动联合制动试验需要在传动两侧输出处和测功机间配置转动惯量模拟整车转动惯量，测功机模拟路面阻力。

试验方法如下：将动力传动系统的车速分别升到 70 km/h、60 km/h、50 km/h，稳定 2 min，踩下制动踏板，制动踏板的行程快慢可以踩下踏板到行程终了的时间为标准，设置为快、中、慢三种状态，直到车速为零，记录制动反馈压力、车速变化、制动系统等动态变化过程。

4）动力传动失速点试验

失速工况也称为制动工况，车辆可利用低速时大变矩比获得大的输出转矩，进行爬坡等恶劣行驶工况。动力传动系统失速点的匹配影响动力传动输出的最大力矩和起步性能，与动力传动动力性评价指标相对应。

动力传动系统失速点试验的主要目的是模拟车辆掉弹坑等极端工况下，传动输出的最大扭矩。

在试验时，将动力传动两侧输出端制动，将综合传动装置置于变矩器强制解锁状态下（液力工况），踩下发动机油门到最大，系统稳定运行 1 min，记录此过程发动机转速变化、传动轴油温变化、传动输出扭矩变化等数据[22]。

5）发动机和液力变矩器匹配试验

液力变矩器具有变矩功能，提高了发动机低速扭矩，扩大了发动机的扭矩范围；变矩器的自动适应性，使动力传动系统具有了自动适应地面阻力变化的能力。液力变矩器和发动机匹配得当，可以使动力传动系统获得更好的机动性能。

发动机和液力变矩器匹配试验的主要目的是测试不同转速和油门开度的匹配特性。

发动机和液力变矩器的匹配试验，发动机和液力变矩器都是被试件，匹配性能试验台构成如图6-2-10所示。

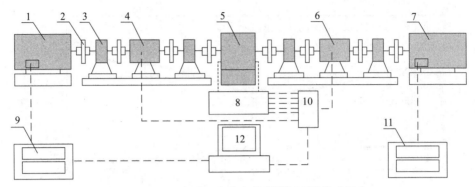

图6-2-10 发动机和液力变矩器匹配性能试验台

1—发动机；2—联轴器；3—轴承座；4—输入传感器；5—被试液力变矩器包箱；
6—输出传感器；7—测功机；8—泵站；9—发动机控制；10—数采系统中继箱；
11—测功机控制；12—数据处理系统

匹配试验采用油门/转速控制方式。试验时，调定补偿油压力和温度，调节柴油机油门，设定泵轮转速1 000~2 100 r/min共计9个点；发动机每个转速下，通过测功机加载，调节涡轮转速，变矩器传动比可取0.98、0.95、0.9、0.85、0.8、0.75、0.7、0.65、0.6、0.55、0.5、0.4、0.3、0.2、0.1、0，涡轮转速每个设定工况稳定后记录10 s的数据并取平均值。记录数据有泵轮转速、泵轮转矩、涡轮转速、涡轮转矩、油温等信息。

根据试验数据绘制发动机和变矩器共同输出扭矩曲线。其中最低稳定怠速为 $n_{h0} = 0$，最大扭矩为 $T_{hmax} = T_{h0}$；其最高转速为 n_{hmax}，最低扭矩为 $T_{hmin} \approx 0$；其额定功率点为 (n_{hp}, T_{hp})。从 (n_{h0}, T_{h0}) 到 (n_{hmax}, T_{hmin}) 的一条加载与卸载的扭矩平均值曲线相当于其外特性曲线，如图6-2-11所示。

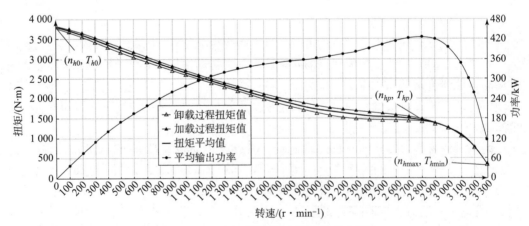

图6-2-11 发动机和液力变矩器匹配曲线

2. 环境适应性试验

传动系统和发动机组装成系统后，会增加发动机的启动阻力。动力传动系统的适应性试验主要是开展低温冷启动试验和高原起步模拟试验。

1）低温冷启动试验

发动机启动过程分为两个阶段，第一阶段是启动电机带动发动机飞轮旋转并达到一定转速，使得在压缩终点汽缸内达到燃油自燃发火的温度，这个转速称为发动机的启动转速。第二阶段是发动机转速达到启动转速后，发动机各汽缸开始燃烧做功，通过克服发动机系统阻力和传动系统阻力，其转速持续上升，并在怠速状态达到平衡。发动机启动过程示意图如图 6 - 2 - 12 所示。

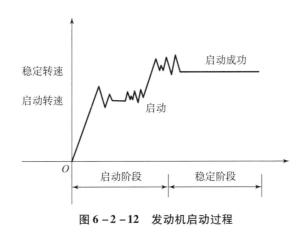

图 6 - 2 - 12　发动机启动过程

现在的液力机械综合传动装置采用动力换挡，传动系统中没有主离合器断开发动机和传动部分的动力传递，发动机直接和变矩器的泵轮连接；传动系统中的液力变矩器工作轮内存有部分工作液，在低温状态下，油液黏度增加，启动过程中，会给泵轮很大的阻力，这是低温启动过程中需要克服的主要的额外启动阻力。另外，在低温状态下，传动轴类密封的阻力也会增大；再者，和发动机直接连接的传动部分的油泵，也会因油液温度低黏度大形成较大的阻力。

因此，装有液力机械综合传动装置的车辆在启动过程中，发动机除了需要克服发动机自身阻力外，还需要克服传动系统的阻力，增加了启动难度，低温状态更甚。

低温冷启动试验的主要目的是获得不同温度条件下，动力传动装置的启动扭矩峰值以及动态变化曲线，以确定采取相应降低启动转矩的措施。

低温冷启动试验内容是：在实验室低温条件下，对冷冻后的动力传动系统车辆进行低温冷启动试验，考核和验证车辆冷启动性能。

低温冷启动试验条件除了低温舱外，和其他的性能试验一样。试验台的结构如图 6 - 2 - 1 所示。

对于传动装置各部件启动阻力的测定，可以单独测试，也可以结合发动机仪器测试，这里不再讨论。这里主要介绍动力传动系统低温冷启动动态测试。

试验时，将环境温度分别降到 - 35℃ 、 - 39℃ 和 - 43℃ 下，传动装置油温不进行加热，启动发动机，观察能否顺利启动；将环境温度分别降到 - 35℃ 、 - 39℃ 和 - 43℃ 下，传动装置油温分别加温到 17℃ 、30℃ 、50℃ 、100℃ ，启动发动机，观察能否顺利启动。记录相关数据，从试验数据中得到动力传动系统启动扭矩的瞬态峰值和稳态均值随温度变化呈非线性变化趋势，得到不同油温的启动扭矩。

2）高原环境起步性能试验

对于全域机动车辆而言，高海拔环境下的使用条件和环境状况相对于平原地区有很大差异，对车辆的机动性会产生较大影响。高海拔条件下，空气密度下降，进气量小，燃烧不充分，发动机输出功率下降；传动系统叠加的启动阻力，更恶化了车辆的高原启动性能。在装备试验中多次发现，不同型号车辆在平原地区起步性能良好，但在 4 500 m 以上的高海拔环境下存在起步困难问题。

高原环境起步性能试验的主要目的是测试高原试验环境条件下，动力传动系统起步动态过程的特性，包含起步时间、加速度等，检验发动机功率满足车辆起步的能力，考核车辆在发动机功率下降和传动阻力叠加的起步性能。

高原环境起步性能试验在高原环境实验室内完成，高原环境实验室能够模拟高原状态空气压力和成分含量。高原环境实验室的性能要求同发动机的高原环境试验，不同之处在于增加了传动系统和增加了地面模拟阻力。路面阻力通常通过制动器的摩擦力矩进行模拟。

高海拔环境起步性能台架试验动力舱模拟海拔 4 500 m 的大气环境。试验前，动力舱充分预热运行，动力传动系统油水温度均在正常范围内。动力舱测功机分别模拟平坦的土路、5°～10°土坡两种阻力。启动发动机，当发动机、传动系统油水温度达到起步要求时，按照试验说明书要求挂起步挡，启动车辆，在车辆正常起步行驶后，停止试验，在同条件下进行 3 次起步试验，记录相关参数。

试验可分别模拟高海拔下不同温度和不同路面的起步性能。

3. 动力传动热平衡试验

坦克装甲车辆动力工作过程中燃油燃烧的大部分能量没有以机械能量的形式输出，而是以热能的形式使发动机的温度升高；传动系统中损失的机械能也以热能的形式促使传动装置的温度升高；为保证动力传动系统的可靠运行，必须通过散热系统控制动力舱的温度不超过限度。冷却散热系统的控制效果用热平衡性能进行评价。随着装甲车辆吨位、发动机功率、机动性能的不断提高，其动力系统和传动系统的热负荷问题日渐突出；对于装备在热区或沙漠地区的车辆，对热平衡能力的要求更高。

1）平原地区动力传动系统热平衡试验

在平原地区，装甲车辆动力传动系统热平衡试验，主要参照 GJB 59.44—1992《装甲车辆试验规程　动力传动系统热平衡性能试验》进行，通过传动装置两侧进行加载模拟地面负荷，获得各种车速和负载组合条件下，传动油温、发动机水温等平衡值，获得 ATB 特性指标、发动机热适应率、稳定温度曲线和最高可使用环境温度。

现行通常做法是：坦克装甲车辆开进实验室，支起并固定车体，断开履带，主动轮（或通过传感器）连接测功机进行试验。由于是在室内试验，发动机的排烟需要通过排烟道排到室外。

2）高原环境条件下动力传动系统热平衡试验

高原环境下，对于涡轮增压发动机，采用涡轮增压器后部分补偿了因海拔高度升高引起的进气密度下降的问题，起到高原恢复功率的作用；但涡轮增压器在发动机启动或低转速区的增压作用有限，发动机高原功率恢复不足。

柴油机在高原地区工作时由于进气量减少，过量空气系数变小，燃烧不良，因而柴油机排气温度升高。试验结果表明，海拔高度每升高 1 000 m，涡轮增压柴油机在等喷油量的情况下，排气温度升高 20 ~ 30℃。

随大气压力的降低，水的沸点降低，冷却水带走的热量减少；随大气密度的下降，流经散热器的空气流量下降，空气带走的热量减少。

因此，相比平原条件，高原环境条件下，大气压力降低、空气密度下降，使发动机功率下降、燃烧恶化、排温升高、热负荷增加，散热效能下降，动力传动系统的热平衡被破坏。在高原条件下，经常发生发动机水温过高报警，影响车辆正常使用。

高原环境动力传动系统热平衡试验的目的是测试高原试验环境条件下，散热系统的热平衡能力是否满足车辆的高原使用要求。

动力传动系统高原环境热平衡试验通过试验台模拟高原环境，采用等速等负荷道路试验方法。

（1）模拟海拔 4 500 m 高度气候条件，模拟平坦的试验路面道路阻力，选取装甲车辆常用挡位 3、4、5 挡，每个挡位上选取三种发动机转速：1 600 r/min、1 900 r/min、2 200 r/min。

（2）以规定的试验工况匀速行驶，持续行驶到各测温点的温度稳定，且持续行驶 5 ~ 10 min。

（3）试验从低挡低转速到高挡高转速顺序进行，当发现在某挡某转速下发动达到热平衡状态时，则停止试验。

（4）绘制同一排挡不同车速的温度 – 车速曲线，以及发动机转速相同、同一排挡不同的温度 – 发动机转速变化曲线。

6.3　混合动力驱动系统试验

6.3.1　混合动力驱动系统形式

混合动力驱动系统，是指车辆采用两个或两个以上动力源来驱动行驶，这样的车辆称为混合动力车辆，其驱动系统则为混合动力驱动系统。

混合动力驱动系统的最大特征是车辆由多种动力源单一或复合驱动。混合动力车辆可以包括油 – 电混合、燃料电池 – 锂电池混合、液压动力混合和多重燃料混合动力驱动系统。当前混合动力电动车辆（Hybrid Electric Vehicle，HEV）是在传统的发动机为动力基础上增加动力电池组作为电能存储装置，通过电动机/发电机将电能转化为机械能，并与发动机协同一道来驱动车辆行驶。本书中提到的混合动力驱动系统为油电混合动力驱动系统。

混合动力驱动系统依据发动机机械功率是否直接驱动车辆行驶，分为串联式、并联式和混联式。

1. 串联式混合动力驱动系统

串联式混合动力驱动系统的能量复合通常以电能形式存在，发动机不与驱动轮发生机械连接，其主要作用是把机械能转化为电能，系统再采用电机把电能转化为机械能，驱动车辆行驶，其结构原理示意图如图 6 – 3 – 1 所示。

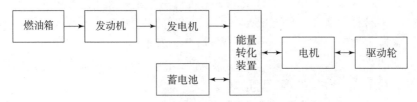

图 6 – 3 – 1　串联式混合动力驱动系统结构示意图

1）履带式车辆

履带式车辆最典型的串联式混合动力驱动系统如图 6 – 3 – 2 所示，该混合动力驱动系统一方面通过对双侧驱动电机的控制实现整车动力学行驶，另外还可以通过发电控制发动机和动力电池组实现能量的高效使用。该同步发电机也可以工作在电动状态，用于启动发动机或短时加速以存储多余的再生制动功率。

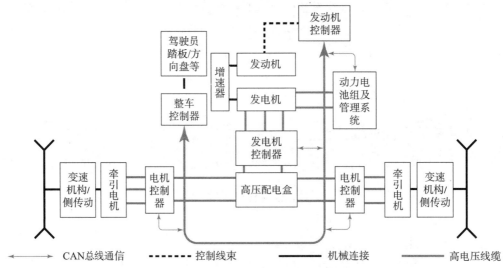

图 6 – 3 – 2　履带车辆串联式混合动力驱动系统结构

德国伦克公司早期电力机械综合传动方案如图 6 – 3 – 3 所示。该方案采用发动机驱动发电机发电，分别驱动直驶电机和转向电机实现双流传动。单纯的发动机驱动发电机发电后，再驱动电动机，类似于使用发电机和电动机代替传动装置，只把动力传动机构电气化。当发动机熄火时，车辆无法行驶，动力源单一，这不属于混合动力驱动系统。当该方案中加入蓄电池后，就形成了串联式混合动力驱动的方案。

英国昆腾（Qinetiq）公司推出了 E – X – Drive 混合动力驱动系统（图 6 – 3 – 4），该方案通过一个差速机构使两侧驱动电机相连，使之在直驶时刚性耦合，而转向时又可形成速度差。其串联式混合动力驱动系统可以实现多个能量源混合供电。

图 6 – 3 – 5 所示为另一种串联式混合动力驱动系统方案。该方案应用了机械横轴来传递转向再生功率。该方案与传统的机械双流传动系统很相似，发动机带动发电机向驱动电机供电，通过直驶电机带动左、右侧车轮直线行驶；转向时，转向电机提供转向功率，通过汇流行星排形成两侧履带速度速差。该种直驶和转向驱动是分开进行的，系统直线行驶稳定性好，转向易于控制；有效地减小了电机的质量和体积，实现了电机的小型化。

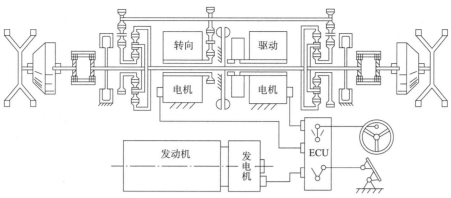

图 6-3-3　德国伦克公司电力机械综合传动方案

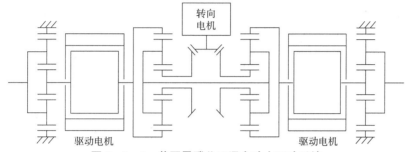

图 6-3-4　英国昆腾公司混合动力驱动系统

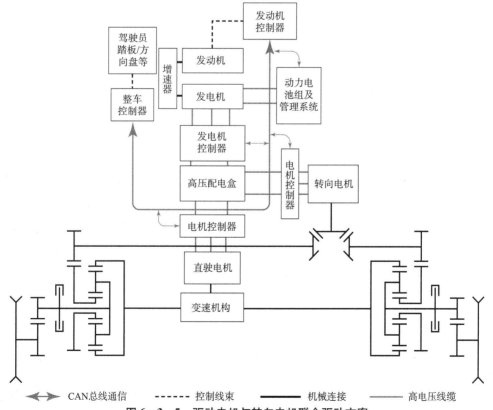

图 6-3-5　驱动电机与转向电机联合驱动方案

2）轮式车辆

串联式混合驱动系统的特征在于能量复合多发生在电能或液压能环节，采用能量转化装置实现机械能转化。电能和液压能量传递所依赖的介质具备柔性特征，使得串联式混合动力驱动系统布置具有灵活性，尤其适合分布式混合驱动构型。

图6-3-6所示为典型的分布式8×8串联混合动力驱动系统。动力由发动机 - 交流发电机组和蓄电池共同组成，共同向电能母线供电，8个交流感应驱动电机布置在轮辋内（轮毂电机）或轮边出（轮边电机），实现8×8、8×6、8×4、8×2的多轴驱动或单轴驱动。该串联式布置灵活，结构简单。

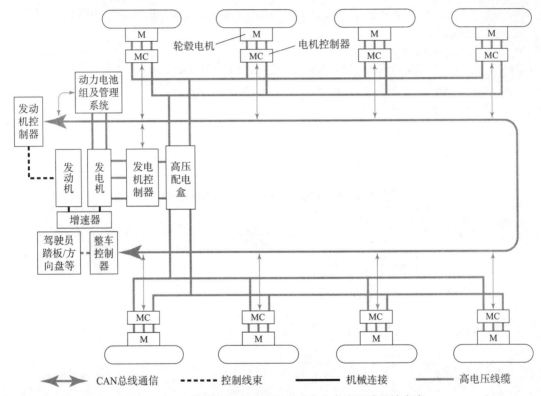

图6-3-6　轮式车辆串联式混合动力分布式驱动系统方案

图6-3-7所示为8×8串联混合动力集中式驱动系统。动力仍然由发动机 - 交流发电机组和蓄电池共同组成，共同向电能母线供电，1个驱动电机代替8个轮边（毂）电机。系统仍然需要分动箱、机械差速机构和转向控制机构。

2. 并联式混合动力驱动系统

并联式混合动力驱动系统是在多动力源的车辆驱动系统中，发动机机械功率可以直接驱动车辆行驶，电机也可以参与车辆驱动，两者也可以共同输出力矩完成对车辆的驱动。并联式动力混合驱动系统结构示意图如图6-3-8所示。

1）履带式车辆

履带式车辆直驶和转向必须完全依赖驱动系统来实现，并联式混合动力驱动系统要求发

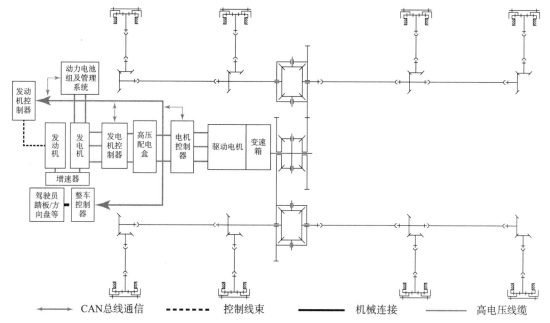

图6-3-7 轮式车辆串联式混合动力集中驱动方案

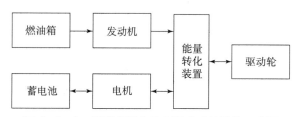

图6-3-8 并联式混合动力驱动系统结构示意图

动机和电机通过机械共同或单独驱动直驶或转向，导致系统机构过于复杂。因此，履带并联式混合动力驱动系统很少见。

图6-3-9所示为一种含有三个电动机/发电机的无横轴的并联式混合动力驱动系统的方案。该方案驱动模式如下：

（1）低速时可以利用左侧和右侧电机进行驱动，高速时再由驱动电机驱动，这样在电机选型时左、右侧电机可选低速大扭矩电机，而电动机/发电机可选高速电机，这样就降低了对电机性能的要求。

（2）高速时由内燃机直接驱动，并且驱动发电机/电动机为电池充电，这样可以使内燃机工作在高效区，提高了燃油经济性。

（3）当在高速大转矩工况下行驶时，可以利用电机和内燃机共同驱动。此时，电池为电机供电。

2）轮式车辆

通常依据能量耦合位置或电动机/发电机位置与变速器相对位置，将并联式混合动力驱

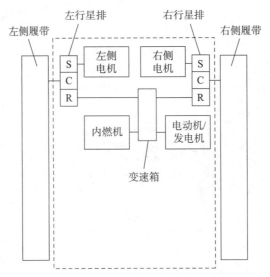

图 6 - 3 - 9　履带式并联式混合动力驱动系统

动系统分为前变速器并联式（Pre - transmission） 和后变速器并联式（Post - transmission）。
前述履带式车辆并联式混合动力驱动系统即为前变速器并联式。

图 6 - 3 - 10 所示为美国伊顿公司开发的单轴并联式商用车混合动力驱动系统，该系统
中动力混合发生在变速箱之前，由于电机转子通过单向离合器与内燃机动力输出连接，也称
为单轴并联式混合驱动系统。发动机依靠单向离合器实现动力切换，电机既可以在加速时通
过力矩叠加助力，也可通过再生制动实现制动能量回收。该系统存在纯电动驱动、发动机单
独驱动、混合驱动、再生制动以及发动机发电等多种工作模式。

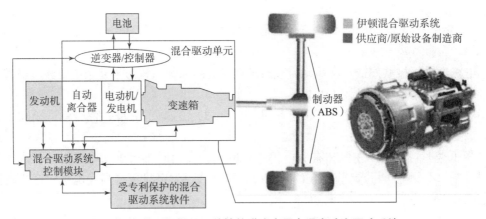

图 6 - 3 - 10　伊顿公司单轴并联式商用车混合动力驱动系统

图 6 - 3 - 11 所示为 Enova 公司开发的后变速器并联式混合动力驱动系统，动力耦合发
生在变速器之后，电机功率直接传递到主减速器，再生制动时也不经过变速器。其工作模式
有纯电机驱动、发动机单独驱动、混合驱动、发动机发电以及再生制动等。

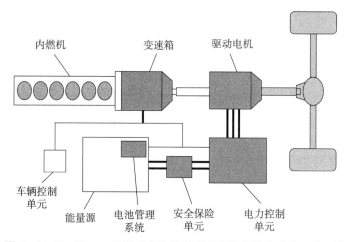

图 6 - 3 - 11　Enova 公司后变速器并联式商用车混合动力驱动系统

3. 混联式混合动力驱动系统

混联式混合动力驱动系统是串联与并联的综合，兼具二者的技术特征，其结构形式和控制方式有利于充分发挥两种驱动形式各自的优点，结构如图 6 - 3 - 12 所示。

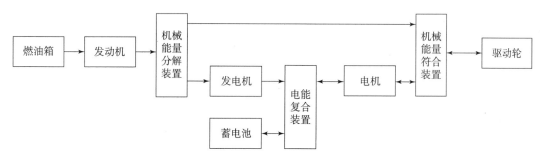

图 6 - 3 - 12　混联式混合动力驱动系统结构示意图

系统中发动机的能量一部分用来直接驱动车辆，一部分用来转化为电能，通过电机来驱动车辆。必要时，发动机机械能量可以全部用来驱动车辆，也可以全部转化为电能。电机也可以单独或与发动机一同来驱动车辆。

1）履带车辆

图 6 - 3 - 13 所示为典型的履带混联式混合动力驱动系统。

该混合动力驱动系统为典型的双流传动系统。系统中有发动机、电机 1、电机 2、转向电机和耦合机构等组成。耦合机构一般为行星排，分别连接发动机、电机 1 和电机 2。电机 1 和电机 2 按四象限工作，在不同的工况下为不同的特性，有的工况下是电动机，有的工况下是发电机。

该混合动力驱动系统的工况如下：

（1）电池供电驱动静音行驶模式。

（2）发动机驱动纯机械工作模式。

（3）发动机和电动机混合驱动，蓄电池不工作。中低负荷工况下，发电机单独提供电动机所需的电能，电动机功率与发动机的分流功率耦合，共同驱动车辆行驶。

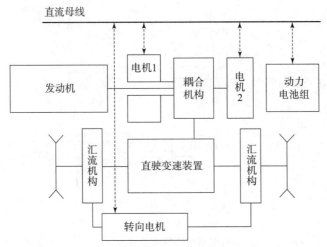

图 6 - 3 - 13　履带混联式混合动力驱动系统结构示意图

（4）发动机和蓄电池共同工作。在大负荷工况下，发电机和蓄电池一起提供电动机所需电能，电动机与发动机的分流功率耦合，共同驱动车辆行驶。可获得最大驱动力。

（5）发电机反拖启动发动机模式。

（6）行车充电模式。

（7）停车充电模式。

（8）再生制动模式。

（9）行进中转向。

（10）中心转向。

直驶电机和转向电机共同工作，实现中心转向。

美国通用汽车公司提出的"多模混联式混合驱动方案"代表着履带式车辆混合驱动系统的新进展和较高水平，如图 6 - 3 - 14 所示。该方案既可以由发动机动力输出直接参与两侧主动轮的驱动，同时，发动机可以驱动发电机发电供直驶电机和转向电机使用，依靠多个离合器接合或分离来实现多模驱动是其突出技术特征。为了提高系统效率和功率，该方案引入了电储能装置，用于吸收多余或再生功率，或者补充电能。

2）轮式车辆

丰田公司普锐斯轿车以及通用汽车沃蓝达轿车的混合动力是典型的混联式驱动模式。丰田普锐斯混联式混合动力驱动系统结构如图 6 - 3 - 15 所示，系统采用一个行星轮系把发动机、发电机和电动机功率耦合起来，发动机连接行星架，发电机连接太阳轮，电动机则连接齿圈，动力由齿圈输出到驱动轮。由于行星轮系的力学特性，任何时候发动机转矩既可以施加于齿圈，与驱动电机实现并联式混合，也可以施加于太阳轮，拖动发电机发电，与电池组一起向驱动电机供电。这种灵活的工作方式使混合驱动系统整体优化的可能性大幅增加，可更好地满足地面车辆驱动的功率需求。

通用沃蓝达系统刚好与普锐斯系统相反（图 6 - 3 - 16），其行星轮系采用行星架将动力输出到车轮，齿圈通过可控的离合器与来自发动机和电机的功率相连。发动机可以通过离合器断开，系统具有纯电、串联以及并联多种模式。

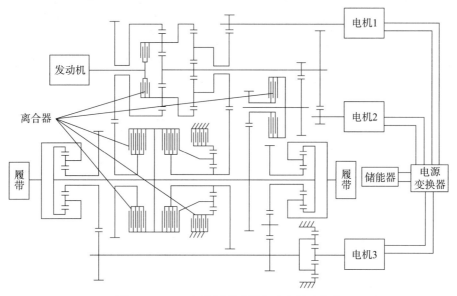

图 6 - 3 - 14　多模混联式混合动力驱动方案

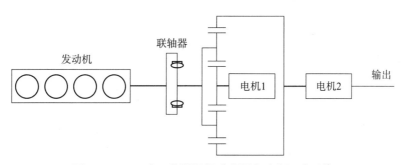

图 6 - 3 - 15　丰田普锐斯混联式混合动力驱动系统

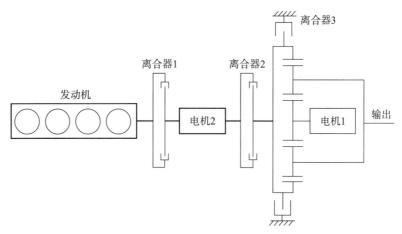

图 6 - 3 - 16　通用沃蓝达混联式混合动力驱动系统

图 6 - 3 - 17 所示为另外一种典型的多模混联式混合动力驱动系统。该系统利用三个行星轮系耦合发动机、电机 A 和电机 B，依靠四个离合器接合或分离实现不同的工作模式，以充分发挥发动机和电机的驱动功率特性。该驱动系统能够实现纯电驱动、发动机和若干电机混合驱动以及发动机单独驱动。在多个工作模式下，该系统可以实现发动机到车轮间不同的传动比，以适应不同的车速条件和阻力需求[159,160]。

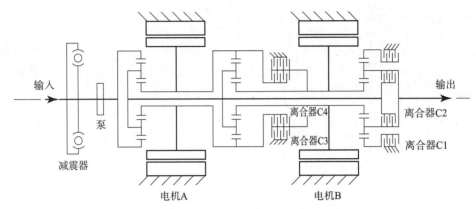

图 6 - 3 - 17　通用多模混联式混合动力驱动方案

6.3.2　混合动力驱动系统试验

混合动力驱动系统是一个复杂的系统，相比传统的动力驱动系统，关键技术包括参数匹配、电力驱动、能量存储与管理、控制策略、模式转换等，针对不同的关键内容，需要在试验台上进行相应的测试和验证。

通过前面各章的介绍，动力、传动系统以及动力传动系统的台架试验，就是利用室内各种类型的测功机模拟实际道路载荷进行加载，通过测控系统控制系统运行，测试各种所需数据。对于混合动力驱动系统的试验也不例外。

1. 混合动力驱动试验技术

混合动力驱动系统，在传统的动力驱动系统中增加了电动机、发电机、耦合机构、动力电池等，试验增加了电机及其控制、动力电池及能量管理和发动机 - 电动机协调控制等内容。在试验中，涉及的新的混合动力试验台的控制技术包括发动机控制技术、发动机 - 电动机控制技术、动力电池控制技术，以及动力试验台负载模拟技术和混合动力动态控制技术等[161]。

1) 发动机控制技术

发动机总成的各部件按功能主要分为燃油供给、点火、进排气、冷却、润滑等系统。发动机的工况，主要是基于负荷和速度，结合冷却液温度来区分的，具体包括冷启动、暖机、怠速、部分负荷、全负荷、加减速等。

传统发动机控制是 ECU 根据驾驶员的操作信号（随道路条件和负载变化）和车辆运行状态信号实时控制燃料喷射、点火正时、进气等参数，实现车辆加速、减速等行驶工况。与传统车辆相比，混合动力车辆控制过程中增加了发动机和电机功率匹配协调控制，需根据整车需求结合二者输出特性进行。混合动力车辆沿用传统车辆中柴油发动机的电控燃油喷射系统，整车控制器接收加速踏板信号或制动踏板信号及行车状态，根据控制策略确定发动机控制信号向 ECU 发送控制指令，ECU 根据控制指令要求调整燃油喷射系统及相关系统使发动机的工作状态处于最优效率区间。

2）发动机 - 电机控制技术

混合动力车辆对电机控制有自身的特点：调速范围大，动态响应快，在恒转速、恒功率区效率高等。同时要有能适应频繁的启动/停止和切换工作模式的能力。目前，混合动力常用电机主要有异步电机和永磁同步电机。当电机需要四象限工作时，还需要电机和发动机之间的切换控制，同时协调动力电池的充放电控制。

3）动力电池控制技术

动力电池能量管理是混合动力驱动系统的关键技术之一。动力电池管理系统（Battery Management System，BMS）由一系列的电压、电流和温度测量算法组成，用来估计电池的基本参数，并设定充电/放电功率的极限值。BMS 技术水平决定了动力电池的使用寿命以及充/放电功率等技术指标，设计时要考虑其特征：荷电状态（State of Charge，SOC）估计、监控单体及电池组健康状态（Status of Health，SOH）、温度监控、充放电功率控制、电池均衡技术、数据记录等。

图 6-3-18 所示为 BMS 的基本组成，对动力电池的 SOC 进行准确的识别和估计将是动力电池控制技术研究的重点和难点。而在实际应用中，主要是利用采集到的每块单体电池充放电特性的历史数据，建立动力电池 SOC 的较精确的数学估算模型。BMS 直接或间接监控动力电池的工作全过程，包括充放电过程管理、温度检测与管理、电压电流检测与管理、SOC 估计和故障诊断等方面。

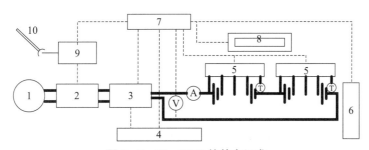

图 6-3-18　BMS 的基本组成

1—电动机；2—逆变器；3—继电器箱；4—充电器；5—动力电池组；6—冷却风扇；
7—动力电池组管理系统 BMS；8—荷电状态 SOC 显示器；9—车辆中央控制器；10—驾驶员控制信号输入

混合动力车辆，尤其是作业车辆，其充电和放电模式的切换是非常频繁的，而且过程中电压电流的变化很大，因此混合动力车辆对动力电池有着自己的特殊目标：要求其具有较大充放电功率的能力和较高的效率；要求在快速充放电过程中和复杂多变工况条件下动力电池具有相对稳定性。动力电池管理系统主要是根据传感器采集的电压电流和温度来估计荷电状态 SOC，并及时发送至整车控制器，以便整车控制器进行电机和发动机之间功率的协调分配控制，同时控制电池的充放电电流，并在危险工况下断开动力电池与电机的连接，避免过大电流对电池系统造成损害。

混合动力驱动系统的各个部件试验和传统动力传动系统并无二致，这里不再重复介绍。

按照前面的分类，不分轮式和履带式车辆的形式，简单介绍串联式、并联式、混联式混合动力驱动系统试验。

2. 串联式混合动力驱动系统试验

串联式混合动力驱动试验台应该具备以下功能：

（1）发动机、蓄电池和电机等部件性能的测试；

（2）油耗仪传感器及其他传感器的测试和数据采集；

（3）能源管理系统和电机控制器的测试；

（4）作业工况的模拟（吊车、牵引、推土），整车动力性及能耗试验。

此外，混合动力驱动试验台还应该具有较强的适用性，当试验对象改变时，应尽量减少对试验台的布置和结构的变动。试验台的设计应具有性能可靠、操作简单、使用安全等特点[162-164]。

为了使混合动力驱动试验台的使用范围广，试验模拟对象覆盖面宽，使试验台具有较强的通用性和扩展性，通常采用模块化设计思想，以功能分析为基础，按分层结构的思路将系统划分为若干在功能和结构上相互独立的基本单元，并使模块系列化、标准化，以达到在一定范围内功能特性相近的模块可以相互选用的目的，来满足不同的设计需求。

某串联式混合动力拖拉机的后轮独立驱动系统结构如图6-3-19所示[159]。其精简了离合器和变速器等，既可以保证较大的驱动扭矩，又能更容易实现驱动系统的电子差速和无级变速，且降低了噪声、减轻了整机质量，使整体结构紧凑。

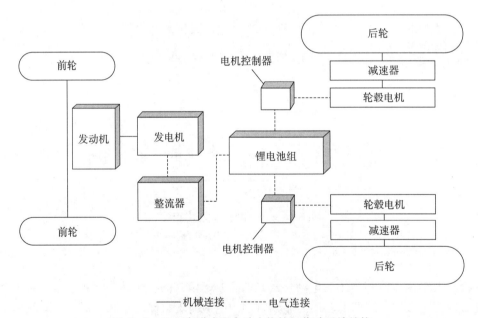

——机械连接   ------电气连接

图6-3-19　串联式混合动力拖拉机传动系统结构

该驱动系统主要由发动机、发电机、整流器、锂电池组、轮毂电机控制器、轮毂电机、减速器等组成。发动机为第一动力源，通过发电机和整流器向轮毂电机提供电能；锂电池组为第二动力源，直接向轮毂电机提供电能，可利用发动机-发电机组充电或直接从电网充电。

混合动力拖拉机试验台由发动机测试模块、驾驶员输入模块、电源模块、电机控制及其测试模块、负载模拟模块以及数据采集模块六大主要模块和部分连接及固定装置组成。根据部分模块设计的尺寸要求，并结合实验室的具体情况，在已有的试验台地基的基础上，制定了如图 6 – 3 – 20 所示的结构方案。

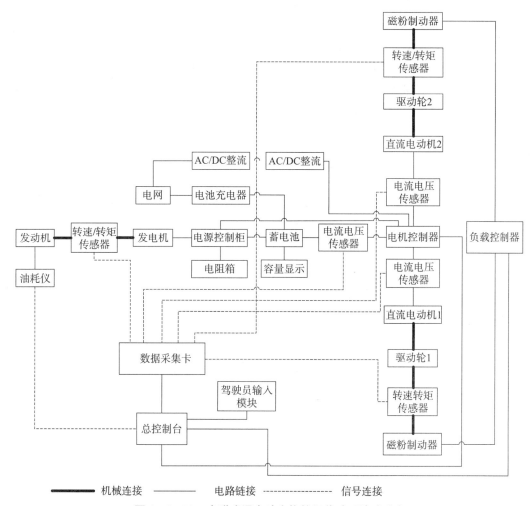

图 6 – 3 – 20　串联式混合动力拖拉机传动系统试验台

试验方案采用的是直流电机和相应的电源供应方式，当模拟对象改用交流电机时，只需改变相应的电源供应方式，体现了模块化设计的思想。方案中发动机、转速/转矩传感器、发电机以及直流电机、驱动轮、转速/转矩传感器、磁粉制动器两大机械连接部分按"一"字形排列在试验平台上，便于机械连接，相邻部件之间通过联轴器连接。总体上，动力从发动机输出，经过发电机将机械能转化为电能，通过一系列的电气连接，进入电机的输入端，再经过驱动轮、转速/转矩传感器传递给磁粉制动器，能量最终以热能的形式消耗掉。

为电机提供了 5 种电源供应方式：①由发动机和发电机组成的小型发电机组发出的电能经过相关变换得到可直接使用的直流电供电机使用；②发电机发出的电能经过相关变换给蓄电池充电，再由蓄电池向电机提供电能；③由发电机和蓄电池共同向电机提供电能；④由外部电网经过相关变换得到可直接使用的直流电供电机使用；⑤由外部电网先给蓄电池充电，再由蓄电池向电机提供电能。

方案中发动机、蓄电池及其充电器、直流电机及其电机控制器是可变的试验对象，转速/转矩传感器、电源控制柜及电阻箱、电压电流传感器、驱动轮、磁粉制动器及负载控制器、数据采集卡、主控制台是不变的试验设备。当进行不同功率和不同类型的混合动力拖拉机的模拟试验时，只需更换相关的试验模块便可进行不同的试验研究。

3. 并联式混合动力驱动系统试验

某混合动力公交车采用单轴并联式技术方案，发动机和电机的动力输出轴在同一直线上。在传统车上进行改装，发动机、电机可以分别单独或者联合驱动车辆，并联式混合动力总成的结构如图 6-3-21 所示。

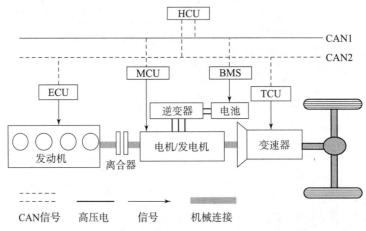

图 6-3-21　并联式混合动力公交车传动方案

根据公交车动力总成的实际物理结构搭建了如图 6-3-22 所示的试验台，主要包括动力总成的各个零部件、燃油供给系统、冷却系统、试验台压力气体供给系统、试验台进排气系统、测功机以及试验台控制检测系统[165]。

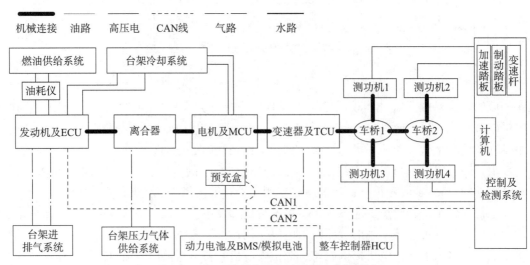

图 6-3-22　并联式混合动力公交车试验台

该试验台架使用了 4 台电涡流式测功机，可以适时精确地模拟车辆道路阻力，解决了单个测功机不能提供足够道路负载的困境，另外还可以很好地模拟车辆后轴驱动功能。试验台架的冷却系统有多条冷却水流通路，满足动力总成对冷却系统的要求。试验台架压力气体供给系统可以人工手动调节输出气体的压力，满足气动式选换挡机构和气动时离合器执行机构对气压的要求。

试验台架的通信和控制方式如图 6 - 3 - 23 所示。整个测试系统主要利用控制器局域网（CAN）总线网络实现控制信息的交互。本动力总成试验台架 CAN 网络包括 CAN1、CAN2、CAN3，其中 CAN1 和 CAN2 用于整车控制器（HCU）与发动机控制器（ECU）、变速器控制器（TCU）、电机控制器（MCU）、电池控制器（BMS）各个控制器之间信息的交互。CAN3 与一台计算机相连，计算机中装有标定软件数据采集软件。控制系统主要包括整车控制器 HCU、ECU、MCU、TCU、BMS。HCU 作为主控制单元，根据驾驶人的意图需求来判断输出整个动力总成的目标转矩，然后根据控制逻辑中的经济性策略来进行发动机和电机之间的转矩分配，两者共同为车辆提供行驶动力；换挡时 HCU 发送需求目标挡位给 TCU，TCU 接收指令后，控制选换挡执行机构动作完成挡位的更新。之后离合器接合，各个控制单元之间的信息交互关系如图 6 - 3 - 23 所示。

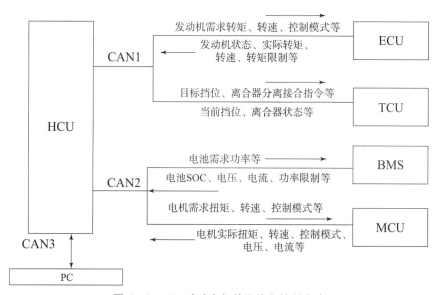

图 6 - 3 - 23　试验台架的通信和控制方式

试验台完成试验循环工况、0～50 km/h 加速试验、最高车速试验、最大爬坡度试验等。

某双轴并联混合动力客车动力总成由发动机、离合器、动力合成箱、机械自动变速器、驱动电机、动力电池、驱动桥和车轮组成（图 6 - 3 - 24）。控制系统采用 CAN 网络拓扑结构，整车控制系统主要由 HCU、ECU、MCU、变速器控制器（含 TCU）以及 BMS 等组成。整车控制器需要通过 CAN 实现与各总成控制器之间的信息交换和控制要求，并且实现整车的各种工作模式、模式间切换以及不同模式下的功率分配策略，完成在各种总成故障状态下的安全处理及一些特殊极限工况下的控制系统软件安全机制[166]。

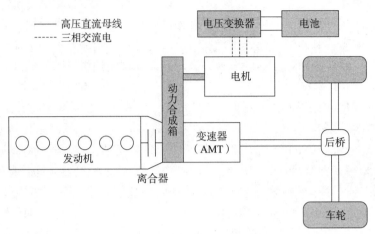

图 6 - 3 - 24　并联式混合动力方案

为了在整车控制器中实现控制逻辑和算法，需要进行测试和试验验证，建立了图 6 - 3 - 25 所示的半实物仿真测试平台，完成了工况跟随试验（图 6 - 3 - 26）、起机模式试验（图 6 - 3 - 27）、功率分配模式试验（6 - 3 - 28）、故障注入试验（6 - 3 - 29）。

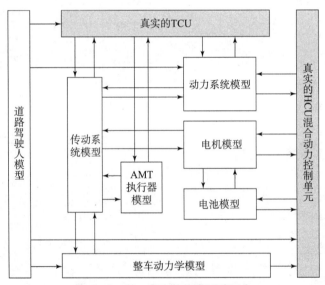

图 6 - 3 - 25　半实物仿真测试平台

4. 混联式混合动力驱动系统试验

某混联式混合动力客车传动系统结构示意图如图 6 - 3 - 30 所示。

发动机曲轴和 ISG 转子连接，然后通过离合器和变速箱连接。原发动机的飞轮取消，由电机转子连接。电池通过 DC/AC 逆变器给 ISG 和 TM 提供电源，并存储来自两个电机的电能。驱动电机首先通过一个定速比的齿轮力矩耦合装置在变速箱和驱动轴耦合；然后通过驱动轴、后桥、半轴和车轮连接。

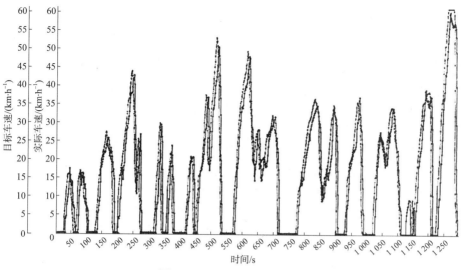

图 6-3-26 工况跟随试验

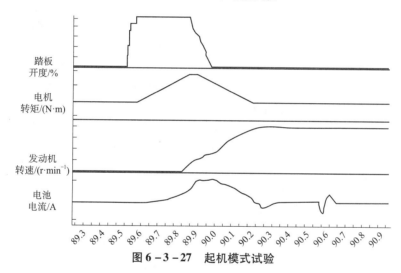

图 6-3-27 起机模式试验

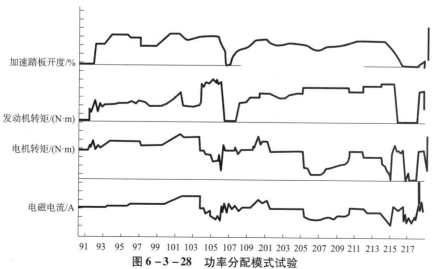

图 6-3-28 功率分配模式试验

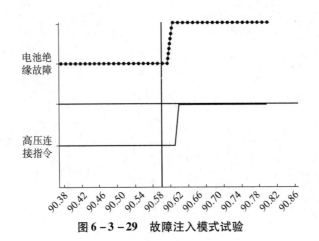

图 6 - 3 - 29　故障注入模式试验

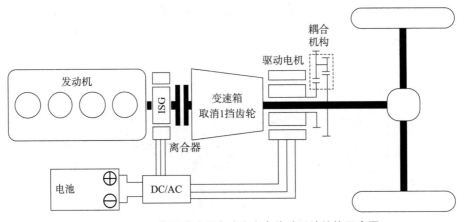

图 6 - 3 - 30　某混联式混合动力客车传动系统结构示意图

动力驱动系统包含了三个动力输出单元：发动机、ISG 电机和驱动电机。各个动力单元的动力输出根据控制策略决定，不同的能量分配方式决定了混联式混合动力汽车的能量流路径的多样性。对应不同的能量流路径，在能量管理系统（EMS）中可以划分出 7 种不同的工作模式，包括：电机驱动，串联行车充电，驻车充电，发动机驱动，并联充电，电机助力和制动能量回馈模式。

混合动力总成测试台架主要由以下部件组成：发动机、ISG 电机、TM、动力电池、变速器、整车控制器（VCU）、测功机、CAN 转 RS - 232 板卡、励磁控制板卡、CANcaseXL、CANoe 软件和测控软件。混联式试验台架系统的结构原理图如图 6 - 3 - 31 所示。ISG 电机安装在发动机的飞轮壳位置，电机转子代替原发动机的飞轮。ISG 电机输出轴通过离合器与变速器输入轴连接。驱动电机的一端通过转矩耦合器和变速器输出轴连接，另一端通过传动轴与测功机连接[167 - 169]。

该混联式混合动力系统在中国城区典型工况下的台架试验结果如图 6 - 3 - 32 ~ 图 6 - 3 - 35 所示，包括发动机扭矩、ISG 扭矩和驱动电机扭矩的分配图，发动机工作点分布图，SOC 的变化曲线和试验车速与期望车速的比较图等。

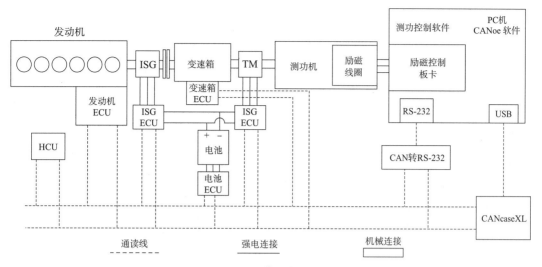

图 6 - 3 - 31 混联式试验台架示意图

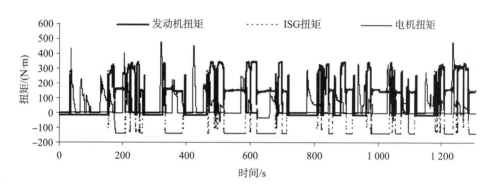

图 6 - 3 - 32 扭矩图分配图

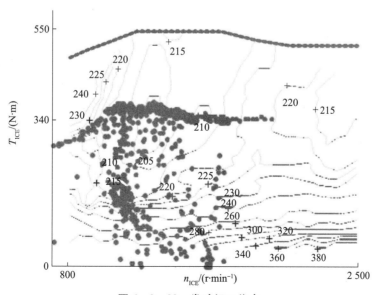

图 6 - 3 - 33 发动机工作点

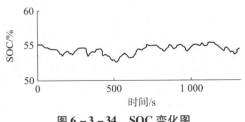

图 6 - 3 - 34　SOC 变化图

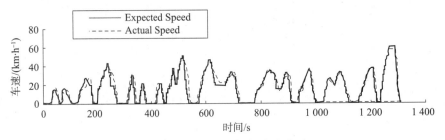

图 6 - 3 - 35　试验车速/参考车速

　　混合动力车辆最重要的一个优点就是利用制动回收能量[170]，制动能量回收试验也是一个重要的试验内容。某混联式混合动力再生制动试验平台如图 6 - 3 - 36 所示。

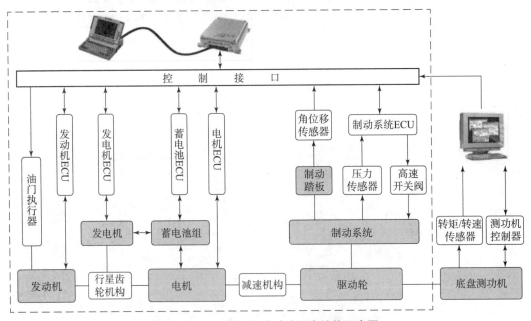

图 6 - 3 - 36　再生制动试验平台结构示意图

　　混联式混合动力汽车再生制动试验平台的组成包括混联式混合动力总成、制动系统、驱动轮、试验台架、固定装置、测试及控制系统等。

　　混合动力汽车的制动系统分为机械制动系统和再生制动系统。试验平台的试验台架为固定各动力总成组件的可移动式台架，通过固定装置与地面连接；固定装置用于固定试验台架与底盘测功机的相对位置；测试及控制系统采用底盘测功机、dSPACE 实时控制系统及 VCX 车辆通信模块等仪器设备。

图 6-3-36 中虚线框中部分即为混合动力再生制动试验平台组成部件及其控制单元。试验平台具备实车运行的全部动力总成及其控制单元，并将其安装在可移动式四轮支撑形式的试验台架上。动力总成输出端通过减速机构与驱动轮连接，驱动轮与底盘测功机转鼓接触连接，制动系统及其控制单元也安装在试验台架上，试验台架通过固定装置与地面连接。

试验平台采用 dSPACE 系统作为其实时控制器，并通过控制接口与发动机、发电机、电机、蓄电池组及制动系统的 ECU 等进行通信，实现按照设定的控制策略对各动力总成及制动系统部件的控制。dSPACE 系统能够方便地加载设计的制动控制策略，控制再生制动能量的回收。试验平台采用底盘测功机作为功率吸收及加载装置，用于模拟道路路面。结合图 6-3-36 可知，制动踏板位置经角位移传感器将其电压信号输入到 dSPACE 实时控制器中。底盘测功机的转矩/转速信号由转矩/转速传感器采集并输入到测功机控制主机中，同时输入到 dSPACE 实时控制器中。

试验平台的动力源包括发动机和电机，其控制器分别为发动机 ECU 和电机 ECU。采用底盘测功机作为道路模拟装置。试验平台通过各传感器、ECU 及 dSPACE 系统来完成数据采集及控制功能。传感器将采集的信号传送给 ECU，首先经 ECU 的运算处理后通过 CAN 总线传送给 dSPACE 主控系统；然后 dSPACE 主控系统将控制指令经 CAN 总线发送给各 ECU，并由各 ECU 完成执行机构的控制任务。

图 6-3-37 所示为试验台模拟滑行工况下再生制动试验结果。

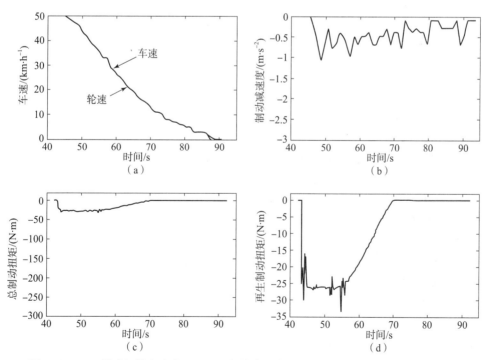

图 6-3-37　制动初始车速为 30 km/h，制动强度为 0.3 时各参数随时间的变化曲线

（a）车速和轮速；（b）制动减速度；（c）总制动转矩；（d）再生制动转矩

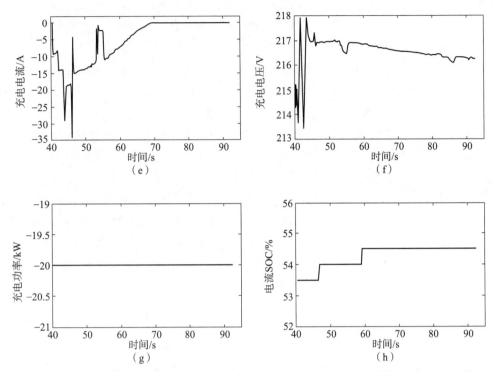

图6-3-37　制动初始车速为30 km/h，制动强度为0.3时各参数随时间的变化曲线（续）

（e）充电电流；（f）充电电压；（g）充电功率；（h）电流SOC

滑行工况是指汽车从某一初始速度在平直的路面上空挡，并且不踩刹车和油门的情况下进行的自由滑行行驶，直到汽车完全停止为止。滑行时间和滑行距离是评价汽车滑行性能的重要指标。对于混合动力汽车的滑行中，控制电机启动进行再生制动，在产生再生制动转矩用于滑行中的制动阻力矩的同时，还可进行制动能量的回收。因此，测试滑行工况下制动控制策略的有效性具有重要意义。

履带式车辆用机电复合传动系统属于混联式混合动力，由功率耦合机构、发动机、电动机、发电机、动力电池组、能量管理综合控制器等组成。综合控制器的能量管理策略及对各部件的控制是实现机电复合传动系统性能的关键[171]，综合控制器必须进行试验验证。某型机电复合传动系统开展了基于HILS的机电复合传动系统综合和控制器试验，其平台结构如图6-3-38所示。

在设计的机电复合传动HILS平台上对整车控制器ECU进行典型工况的在线测试。测试典型工况包括全油门加速性能测试、驾驶循环工况测试、某极限工况（反复急加速急减速）测试。测试结果如图6-3-39所示。其中，油门/制动踏板位置进行归一化处理，范围为［-100%，+100%］；正值

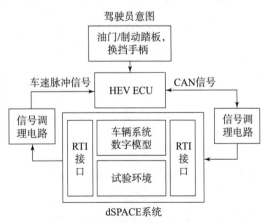

图6-3-38　机电复合传动HILS平台结构

表示油门踏板位置，负值代表制动踏板位置。系统工作模式编号：0 代表停车模式；2 代表纯电动模式；3 代表发动机启动模式；4 代表混合驱动模式；7 代表制动模式。

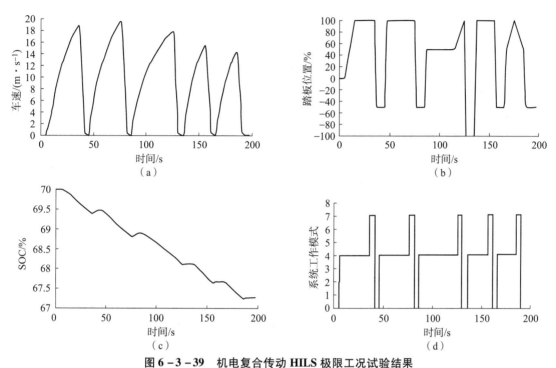

（a）　　　　　　　　　　　　　　　（b）

（c）　　　　　　　　　　　　　　　（d）

图 6 - 3 - 39　机电复合传动 HILS 极限工况试验结果

（a）车速曲线；（b）踏板位置曲线；（c）SOC 曲线；（d）系统工作模式曲线

参 考 文 献

［1］刘学工，徐保荣．坦克装甲车辆试验［M］．北京：兵器工业出版社，2015.

［2］郑慕侨，冯崇植，蓝祖佑．坦克装甲车辆［M］．北京：北京理工大学出版社，2003.

［3］郑慕侨．车辆试验技术［M］．北京：国防工业出版社，1989.

［4］李国强，张雨，张进秋．动力传动系统试验技术［M］．北京：兵器工业出版社，2015.

［5］姜同敏．可靠性与寿命试验［M］．北京：国防工业出版社，2012.

［6］袁天．轴向受压加筋板极限强度非线性相似准则与试验研究［D］．武汉：武汉理工大学，2019.

［7］赵彩艺．金属粉末注射成形过程的计算机模拟理论与应用进展［J］．铸造技术，2020，41（10）.

［8］曹伟．注塑成型模拟理论与数值算法发展综述［J］．中国科学，2020，50（6）.

［9］潘宏侠．装甲车辆动力传动系统载荷谱测试方法研究［J］．振动、测试与诊断，2009，29（1）.

［10］赵晓鹏．雨流计数法在整车载荷谱分析中的应用［J］．科技导报，2009，27（3）.

［11］黄书明．车载发动机路谱载荷映射合成法的初步研究［D］．杭州：浙江大学，2007.

［12］杨建辉．装甲车辆平衡肘载荷识别与载荷谱测试研究［D］．太原：中北大学，2010.

［13］樊继东，贺焕利．汽车测试技术［M］．北京：机械工业出版社，2017.

［14］胡向东．传感器与检测技术［M］．北京：机械工业出版社，2016.

［15］潘宏侠，黄晋英．机械工程测试技术［M］．北京：国防工业出版社，2009.

［16］徐科军．传感器与检测技术［M］．北京：电子工业出版社，2018.

［17］杜向阳，周渝斌．机械工程测试技术基础［M］．北京：清华大学出版社，2009.

［18］唐岚，李涵武．汽车测试技术［M］．北京：机械工业出版社，2012.

［19］赵立军，白欣．汽车试验学［M］．北京：北京大学出版社，2017.

［20］丛华，樊新海，邱绵浩．装甲车辆试验学［M］．北京：北京理工大学出版社，2019.

［21］陈关君，咸婉婷，刘宗瑞，等．齿轮轴承温度遥测系统设计［J］．传感器与微系统，2012.

［22］徐保荣，李远哲，张金乐，等．装甲车辆动力传动系统试验技术［M］．北京：北京理工大学出版社，2020.

［23］GJB 1527—92，装甲车辆柴油机通用规范［S］．国防科学技术委员会．

［24］GJB 59.58—95，装甲车辆试验规程　高原地区适应性试验总则［S］．国防科学技术委

员会.

[25] GJB 59.26—91. 装甲车辆试验规程 湿热地区适应性试验总则 [S]. 国防科学技术委员会.

[26] GJB 282.1—87. 装甲车辆环境条件 工作环境温度 [S]. 国防科学技术委员会.

[27] 江嘉堃，李向荣，陈彦林，等. 增压方式对柴油机配气相位的影响规律研究 [J]. 车用发动机，2020，251 (6).

[28] 詹祖焱. 船舶发动机试验台测控系统开发 [D]. 武汉：武汉理工大学，2018.

[29] GJB 769.1—89. 装甲车辆用柴油机台架试验性能参数测量要求 [S]. 国防科学技术委员会.

[30] 黄宁，段家修，尧命发，等. 许斯都车用柴油机启动性能研究 [J]. 小型内燃机与摩托车，2003，23 (6).

[31] 张斌. 高压共轨柴油机启动研究 [D]. 长春：吉林大学，2007.

[32] GJB 5464—2005. 装甲车辆用柴油机台架试验方法 [S]. 国防科学技术委员会.

[33] 杨震寰. 动力系统原理与设计 [M]. 北京：兵器工业出版社，2015.

[34] GB/T 18297—2001. 汽车发动机性能试验方法 [S]. 北京：中国标准出版社.

[35] 杜巍，赵庆隆，刘福水. 基于全缸缸压测量的柴油机机械效率 [J]. 农业工程学报，2014，30 (2).

[36] 薛福英、陈浩，邓红喜，等. 机油消耗量对增压柴油机排放影响的试验研究 [J]. 车辆与动力技术，2013，132 (4).

[37] 李文祥，葛蕴珊，李骏，等. 低排放柴油机的机油消耗量控制技术研究 [J]. 内燃机工程，2004，25 (6).

[38] 付礼程，王宪成，张更云，等. 柴油机润滑系统机油泄漏检测模型的研究 [J]. 车用发动机，2016，200 (3).

[39] 吴波，王增全，左正兴，等. 基于试验载荷谱的汽缸盖失效机理仿真分析 [J]. 汽车工程，2018，40 (2).

[40] 洪汉池，林勇明，黄丁智，等. 柴油机排放控制系统耐久性试验前后排放特性分析 [J]. 河北科技大学学报，2013，34 (6).

[41] 楼狄明，宋业栋，胡志远，等. 电控共轨柴油机燃用乳化柴油的耐久性试验研究 [J]. 小型内燃机与摩托车，2011，40 (3).

[42] 章海峰. 车用柴油机热冲击试验台的设计 [J]. 内燃机，2013 (1).

[43] 李栋，高长俊. 发动机冷热冲击试验台架分析及优化 [J]. 汽车与新动力，2019 (1).

[44] 张顺钰. 发动机热冲击台架升级改造设计 [J]. 轻型汽车技术，2020 (6).

[45] 张勇，陈晓阳，王炳刚. 某天然气发动机冷热冲击试验分析 [J]. 现代车用动力，2019 (8).

[46] 董鹏. 发动机冷却液温度控制系统设计及开发 [D]. 长春：吉林大学，2017.

[47] 王旭东，熊春华，鲁长波，等. 高原环境下柴油机燃用聚醚型含氧燃料热平衡试验研究 [J]. 兵工学报，2018，39 (8).

[48] 龚正波，骆清国，张更云，等. 柴油机全工况热平衡台架试验研究 [J]. 车用发动机，2009，182 (3).

［49］ GJB 5464—2005.装甲车辆用柴油机台架试验方法［S］.国防科学技术委员会.

［50］ 骆清国，龚正波，冯建涛，等.基于热平衡台架试验的高强化柴油机冷却系统研究［J］.兵工学报，2009，30（10）.

［51］ 曹洪浩，骆清国，龚正波，等.基于智能化控制冷却的柴油机全工况热平衡台架试验［J］.车辆与动力技术，2012，125（1）.

［52］ 张晶，贺海文，罗韬，等.装甲车辆动力系统高原适应性试验研究［J］.内燃机工程，2018，38（2）.

［53］ 张长岭，刘福水，商海昆，等.高原地区柴油机机油流动损失仿真与试验研究［J］.兵工学报，2015，36（2）.

［54］ 商海昆，张付军，李长江，等.涡轮增压柴油机高原供油策略调节方法研究［J］.2015中国汽车工程学会年会优秀论文（选登）.

［55］ 杨勇，李志刚，沈宏继，等.风冷柴油机高原恢复功率台架模拟试验研究［J］.车用发动机，2005，156（2）.

［56］ 贾桢，许世永，张晖，等.发动机高温湿热环境模拟系统的试验技术研究［C］//中国内燃机学会2005年内燃机联合学术年会.

［57］ 刘少明，李强，王波.柴油机低温启动困难机理探讨［J］.移动电源与车辆，2016（4）.

［58］ 陈龙，郑建.低温环境对柴油机排放性能的影响［J］.柴油机设计与制，2019，25（3）.

［59］ 赵晓晓.柴油机轴系扭振及硅油减振器设计研究［D］.济南：山东大学，2013.

［60］ 程勉宏，龚鹏，李播博.发动机扭转振动试验研究［J］.汽车实用技术，2020（18）.

［61］ 郑长亮，王贵勇，毕玉华.某四缸机曲轴扭转振动测试与分析［J］.科学技术与工程，2012，12（25）.

［62］ 李兆文.柴油机燃烧噪声影响机理及控制研究［D］.天津：天津大学，2009.

［63］ 张俊，刘峰春，杨天军，等.某2.8L柴油机台架噪声试验研究［J］.内燃机与配件，2020，（11）.

［64］ 刘广璞，黄晋英，潘宏侠.某军用柴油机噪声测试与分析［J］.华北工学院测试技术学报，2000，33（3）.

［65］ 李曙光，杨锐.发动机试验台架隔声措施研究［J］.摩托车技术，2015（09）.

［66］ 侯政良，冯垣洁，杨志强，等.基于LMS Pimento的某柴油机噪声测试及分析［J］.内燃机，2020（06）.

［67］ 何旭，伍岳，马骁，等.内燃机光学诊断试验平台和测试方法综述［J］.实验流体力学，2020，34（3）.

［68］ Yang Q，Liu Z C，Hou X H，et al. Measurements of laminar flame speeds and flame instability analysis of E30 - air premixed flames at elevated temperatures and pressures［J］. Fuel，2020，259：116223.

［69］ 姜延欢，李国岫，孙作宇，等.湍流强度对CH4/H2预混火焰结构特性的影响［J］.燃烧科学与技术，2017，23（6）：505 - 510.

［70］ 孙帅帅.天然气发动机预燃室射流引燃模式可视化研究［D］.北京：清华大

学，2018.

[71] 宋昌庆. 缸径双火花塞天然气发动机缸内燃烧特性研究 [D]. 长春：吉林大学，2019.

[72] 蒋一洲. 乙醇燃料激光点火火焰传播特性可视化试验研究 [D]. 北京：清华大学，2018.

[73] 荣美霞. 柴油喷雾与着火特性试验研究 [D]. 北京：北京理工大学，2015.

[74] 赵天朋，刘永峰，何旭，等. 柴油在 O_2/CO_2 氛围下燃烧特性模拟和试验 [J]. 内燃机学报，2017，35（5）.

[75] 李冀辉，汪洋，徐帅卿，等. 活塞运动规律对点燃式 HFPE 燃烧过程影响的仿真研究 [J]. 内燃机工程，2017，38（6）：23 – 28，34.

[76] Qi Y L，Wang Z，Wang J X，et al. Effects of thermodynamic conditions on the end gas combustion mode associated with engine knock [J]. Combustion and flame，2015，162（11）：4119 – 4128.

[77] Assanis D，Wagnon S W，Wooldridge M S，An experimental study of flame and autoignition interactions of isooctane and air mixtures [J]. Combustion and Flame，2015，162（4）：1214 – 1224.

[78] Tanoue K，Jimoto T，Kimura T，et al，Effect of initial temperature and fuel properties on knock characteristics in a rapid compression and expansion machine [J]. Proceedings of the Combustion Institute，2017，36（3）：3523 – 3531.

[79] Strozzic C，Sotton J，Mura A，et al. Experimental and numerical study of the influence of temperature heterogeneities on self – ignition process of methane – air mixtures in a rapid compression machine [J]. Combustion Science and Technology，2008，180（10 – 11）：1829 – 1857.

[80] Takaka K，Isobe N，Sato K，et al. Ignition characteristics of 2，5 – dimethylfuran compared with gasoline and ethanol [J]. SAE International journal of Engines，2015，9（1）：39 – 46.

[81] 何邦全. 直喷二甲醚在汽油机中压缩自燃特性的试验研究 [J]. 内燃机工程，2019，40（4）.

[82] 刘海峰，李明坤，唐青龙，等. 燃料特性对双燃料燃烧影响的可视化试验 [J]. 内燃机学报，2017，35（4）.

[83] 张周，张景宇，马骁，等. 均质化学计量比燃烧下 GDI 发动机碳烟生成可视化解析 [J]. 内燃机学报，2019，38（4）.

[84] 张双，陈泓，李钰怀，等. 喷油策略对直喷发动机燃烧影响的可视化研究 [J]. 现代车用动力，2018，169（1）.

[85] 朱宏飞，张双，江枭枭，等. 喷油策略对发动机喷雾及燃烧的可视化研究 [J]. 汽车实用技术，2020.（12）.

[86] Van Overbruggen T，Bahl B，Dierksheide U，et al，Tomographic particle – image velocimetry in an IC engine [C]//Proc of the 10th International Symposium on Particle Image Velocimetry. 2013.

[87] 雷基林，宋国富，申立中，等．非道路卧式柴油机缸盖温度场的试验研究［J］．昆明理工大学学报（自然科学版），2013，38（3）．

[88] 薛松，黄瑞，徐钢，等．发动机汽缸盖温度场测试试验系统研究［J］．现代机械，2019（5）．

[89] 王伯雄，王雪，陈非凡，等．工程测试技术［M］．2 版．北京：清华大学出版社，2012．

[90] 许思传，王大强，张建华，等．柴油机缸盖温度场试验研究［J］．农业机械学报，1996，27（4）．

[91] 赵维茂，张卫正，原彦鹏，等．柴油机功率强化前后汽缸盖的温度场模拟与试验［J］．农业机械学报，2009，40（3）．

[92] 朱义伦，邓康耀．动机缸头冷却水流场试验研究［J］．上海交通大学学报，2000，34（4）．

[93] 张振扬，马宏伟，薛颀，等．PIV 技术在柴油机缸盖水套流场测量中的应用［J］．内燃机学报，2017，35（5）．

[94] 谷芳，崔国起，吴华杰，等．柴油机缸盖水套冷却流场的 LDV 试验研究［J］．汽车工程，2010，32（8）．

[95] 张振扬，马宏伟，薛颀，等．PIV 技术在柴油机缸盖水套流场测量中的应用［J］．内燃机学报，2017，35（5）．

[96] 王俊杰，黄瑞，陈晓强，等．柴油机汽缸盖水套流场的试验测试与数值研究［J］．机电工程，2018，35（7）．

[97] 李忠．汽车柴油机耐久试验方法与活塞典型失效模式浅析［J］．汽车零部件，2017（07）．

[98] 谢建新，康博，胡雪芳．工程机械柴油机活塞熔顶故障的试验分析［J］．筑路机械与施工机械化，2017，34（2）．

[99] 李慧．基于温度场试验的铝合金活塞疲劳寿命预测研究［D］．太原：中北大学，2012．

[100] 饶晓轩，黄荣华，陈琳，等．基于存储法测温试验的活塞强度与疲劳分析［J］．汽车技术，2020，11．

[101] 谢琰，席明智，刘晓丽，柴油机活塞温度场试验研究及有限元热分析［J］．柴油机设计与制造，2012，18（3）．

[102] 文均，雷基林，于跃，等．柴油机活塞顶面热状态变化规律试验研究［J］．工程科学与技术，2019，51（4）．

[103] 李宏才，闫清东．装甲车辆构造与原理［M］．北京：北京理工大学出版社，2016．

[104] 冀强．履带车辆综合传动系统性能试验台的设计［D］．济南：山东大学，2011．

[105] 郭晓林．综合传动装置液压二次调节试验台的设计与试验研究［J］．机床与液压，2005（8）．

[106] 李宏才，闫清东，马越．共直流母线综合传动装置电封闭试验台［J］．机电工程技术，2012，41（01）．

[107] 刘洋．车辆综合传动系试验台测控系统研究［D］．郑州：河南大学，2013．

［108］冀强，焦现炜，方建华，等．履带车辆综合传动系统试验台的开发［J］．四川兵工学报，2011，33（11）．

［109］刘云鹏，李平康，杜秀霞，等．新型综合传动试验台的设计与实现［J］．机床与液压，2009，37（9）．

［110］王岸．共用直流母线的整流－逆变系统应用及过电压分析［J］．机电工程技术，2010，39（9）：103－105.

［111］王万新．公共直流母线在交流传动中的应用［J］．电气传动，2002（5）：57－58.

［112］刘震涛，刘宏瑞，叶晓，等，发动机连杆拉压模拟疲劳试验台研制［J］．机电工程，2011（6）：653－658.

［113］屈维谦，王久和．变频调速原理及变频方案可靠性的分析［J］．北京机械工业学院学报，2008，23（2）：28－31.

［114］董南萍．交流变频调速技术及其合理应用［J］．信息产品与节能，2001（1）：12－15.

［115］王中应，傅顶和．汽车驱动桥总成齿轮疲劳试验台的研究与设计［J］．汽车科技，2008（1）：25－27.

［116］楼赣菲．直流母线电封闭变速箱试验台测控系统的设计［D］．合肥：合肥工业大学，2007.

［117］李洪亮．电封闭同步带疲劳寿命试验台控制系统［D］．长春：长春理工大学，2009.

［118］高婷．基于直接转矩控制的交流变频调速实验平台的研究［D］．哈尔滨：哈尔滨工业大学，2010.

［119］何晓航，丁圻训．ABB变频器在3000kW交流电机试验台上的应用［J］．电气制造，2008（10）：39－41.

［120］JB/T 9720—2010. 工程机械　变速器性能试验方法［S］．中国机械工业联合会．

［121］GB/T 7680—2005. 液力变矩器　性能试验方法［S］．中国机械工业联合会．

［122］GB/T 12539—2018. 汽车爬坡试验方法［S］．国家市场监督管理总局/中国国家标准化管理委员会．

［123］QC/T 29063.3—2010. 汽车机械式变速器总成技术条件　第三部分：中型［S］．工业和信息化部．

［124］QC/T 568.3—2010. 汽车机械式变速器总成台架试验方法　第三部分：中型［S］．工业和信息化部．

［125］柴博森，王玉建，刘春宝，等．基于粒子图像测速技术的液力变矩器涡轮内流场测试与分析［J］．农业工程学报，2015，31（12）．

［126］褚亚旭，崔志军，马文星．液力变矩器内部流场的激光切面法初步测量［J］．液压与气动，2005（3）．

［127］王玉建．基于粒子图像测速的液力变矩器流场测量方法［D］．长春：吉林大学。2016.

［128］才委，马文星，刘春宝，等．液力变矩器泵轮内部流动PIV测试与分析［J］．江苏大学学报，2014，35（3）．

［129］褚亚旭，崔志军，马文星．液力变矩器内部流场的激光切面法初步测量［J］．液压与

气动, 2005 (3).

[130] 祝自来, 李宏才, 闫清东, 等. 液力变矩器内流场 LDV 测试散射粒子的选取 [J]. 实验技术与管理, 2013, 30 (12).

[131] 李晋, 闫清东, 王玉岭, 等. 液力变矩器泵轮内流场非定常流动现象研究 [J]. 机械工程学报, 2016, 52 (14).

[132] 李德生, 液力变矩器三维流动理论的计算方法与试验研究 [D]. 长春: 长春理工大学, 2007.

[133] Lee Chinwon, Uang Wookjin Lee Moo, Lim WonSik, Three dimensional flow field simulation to estimate torque converter [J]. SAE 2000 01.

[134] 闫清东, 宋泽民, 魏巍, 等. 液力变矩器导轮叶片表面压力测量与分析 [J]. 机械工程学报, 2019, 55 (10).

[135] Liu T, Sullivan J P. 压力敏感涂料与温度敏感涂料 [M]. 周强, 陈柳生, 马护生, 等译. 北京: 国防工业出版社, 2011.

[136] 陈振华, 周晓龙, 张宗波, 等. 压力与温度敏感涂料用高分子粘结剂的研究进展 [J]. 表面技术, 2020, 49 (05).

[137] 李和言, 王宇森, 陈飞, 等. 多片湿式离合器配对摩擦副径向温度分布 [J]. 广西大学学报 (自然科学版), 2017, 42 (3).

[138] 吴邦治, 秦大同, 胡建军, 等. 考虑摩擦副接触应力场和冷却流场的湿式离合器温度场分析 [J]. 机械工程学报, 2020, 56 (22).

[139] 吴健鹏, 马彪, 李和言, 等. 考虑接触面局部散热的湿式离合器摩擦片滑摩温升特性 [J]. 北京理工大学学报, 2019, 39 (9).

[140] 李和言, 王宇森, 陈飞, 等. 多片湿式离合器配对摩擦副径向温度分布 [J]. 广西大学学报 (自然科学版), 2017, 42 (3).

[141] 王其良. 液黏离合器软启动瞬态热机耦合特性及热屈曲变形规律研究 [D]. 太原: 太原理工大学, 2019.

[142] 陈哲. 液黏调速离合器摩擦副热_机耦合分析及结构优化 [D]. 南京: 江苏大学, 2018.

[143] 杨夏明. 液黏调速离合器摩擦副混合摩擦工况热力学特性研究 [D]. 南京: 江苏大学, 2017.

[144] 赵家昕. 换挡离合器接合过程热弹性不稳定性研究 [D]. 北京: 北京理工大学, 2014.

[145] 张杰. 湿式多片离合器摩擦温度场研究 [D]. 镇江: 南京理工大学, 2018.

[146] 伊然. 液黏调速离合器混合摩擦阶段热特性分析 [D]. 北京: 北京理工大学, 2016.

[147] 周启豪. 起步工况湿式离合器滑摩与热负荷特性研究 [D]. 镇江: 江苏大学, 2020.

[148] 司俊领. 湿式离合器对偶钢片温度场数值仿真与试验研究 [D]. 南京: 江苏大学, 2020.

[149] 吴鹏辉. 高速大功率湿式离合器摩擦特性与动态强度数值分析及试验研究 [D]. 杭州: 浙江大学, 2019.

[150] 祝红青. 湿式离合器滑摩特性和热负荷特性研究 [D]. 杭州: 浙江大学, 2012.

[151] 席军强, 陈宏宇. 基于分布式光纤测温的离合器摩擦表面温度场测量 [J]. 中国公路

学报，2020，33（8）.

［152］刘嘉舜，陶刚，孟飞，等．电液比例换挡阀特性试验研究［J］.液压与气动，2014（2）.

［153］祁岩．某大功率液力自动变速器换挡阀结构优化设计研究［D］.北京：北京理工大学，2016.

［154］杨树军．超振幅抑制型机械振动试验台技术的开发［D］.哈尔滨：哈尔滨工业大学，2017.

［155］李文珊．货物运输电磁振动试验台的设计与计算机测控技术［D］.天津：河北工业大学，2016.

［156］蔡佳敏，张兵，黄华，等．三轴六自由度液压振动台性能分析［J］.液压与气动，2020（12）.

［157］王成军，严晨，段浩．六自由度变胞振动试验台结构设计与动态分析［J］.科学技术与工程，2020，20（10）.

［158］赵海波，项昌乐，耿冲，等．履带车辆动力传动系统扭振的测试与分析［J］.机械设计与制造，2007（6）.

［159］邹渊，胡晓松．地面车辆混合驱动系统建模与控制优化［M］.北京：北京理工大学出版社，2015.

［160］闫清东，李宏才．装甲车辆构造与原理［M］.北京：北京理工大学出版社，2003.

［161］侯海原．混合动力拖拉机试验台设计研究［D］.南京：南京农业大学，2014.

［162］王兵．串联式混合动力拖拉机试验台的研究与开发［D］.南京：南京农业大学，2015.

［163］雷意．串联式柴电混合动力拖拉机加载试验台的设计与试验［D］.南京：南京农业大学，2017.

［164］鲁植雄，侯辛奋，邓晓亭．串联式混合动力拖拉机驱动系统设计匹配与牵引试验［D］.天津：河北工业大学，2016.

［165］张龙聪，秦兴权，张兆龙，等．混合动力公交车动力总成台架试验研究［J］.2016中国汽车工程学会年会论文集.

［166］刘吉顺．混合动力客车控制策略及硬件在环试验研究［C］.2011中国汽车工程学会年会论文集.

［167］陈燕平．基于CAN总线的混合动力大客车动力系统台架试验研究［D］.上海：上海交通大学，2011.

［168］陈燕平，殷承良，张勇．混合动力大客车动力总成试验台架的构建及试验研究［J］.汽车工程，2011，33（6）.

［169］刘振峰，顾力强．混联式混合动力客车动力系统经济性台架试验仿真研究［J］.传动技术，2011，25（4）.

［170］孙远涛．混联式混合动力汽车再生制动控制理论与试验研究［D］.哈尔滨：哈尔滨工程大学，2015.

［171］王伟达，项昌乐，刘辉，等．基于HILS的机电复合传动综合控制器设计与试验［C］.中国汽车工程学会越野车分会2012年学术年会.

彩　　插

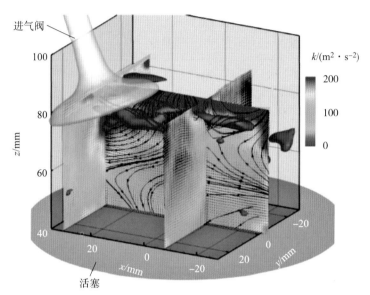

图 4 - 6 - 13　光学发动机汽缸内三维流场

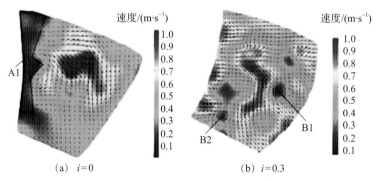

（a）　$i=0$　　　　　　　　　　　（b）　$i=0.3$

图 5 - 6 - 3　泵轮各个工况下的速度场

注：i 为输出与输入的转速比，输入转速为 273 r/min；A1、B1、B2 为典型流动区域。

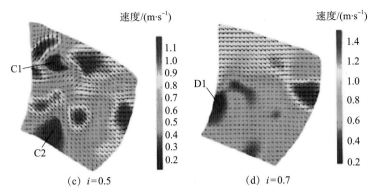

(c) $i=0.5$ (d) $i=0.7$

图 5 - 6 - 3 泵轮各个工况下的速度场（续）

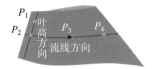

图 5 - 6 - 12 压力测点布置